ZHONGDA DONGWU YIBING
ZONGHE FANGKONG JISHU

重大动物疫病综合防控技术

崔 平　李进涛　栗文文　主编

中国农业科学技术出版社

图书在版编目（CIP）数据

重大动物疫病综合防控技术 / 崔平，李进涛，栗文文主编 . -- 北京：中国农业科学技术出版社，2025.9.
ISBN 978-7-5116-7328-2

Ⅰ . S851.3

中国国家版本馆 CIP 数据核字第 2025HC4743 号

责任编辑　张国锋
责任校对　李向荣
责任印制　姜义伟　王思文

出 版 者	中国农业科学技术出版社
	北京市中关村南大街 12 号　邮编：100081
电　　话	（010）82109705（编辑室）（010）82106624（发行部）
	（010）82109709（读者服务部）
网　　址	https://castp.caas.cn
经 销 者	各地新华书店
印 刷 者	北京科信印刷有限公司
开　　本	170 mm×240 mm　1/16
印　　张	14.75
字　　数	300 千字
版　　次	2025 年 9 月第 1 版　2025 年 9 月第 1 次印刷
定　　价	58.00 元

◆◆◆ 版权所有·侵权必究 ◆◆◆

《重大动物疫病综合防控技术》编委会

主　编　崔　平　李进涛　栗文文

副主编　李志亮　宋江伟　杨晓茹　戈　成
　　　　　杨新荣　孙　杰

编　委　步波涛　杨大亮　王健春　王　娜
　　　　　张克强　尹春博　包细明　张璐璐
　　　　　王　斌　魏大伟

前　言

动物疫病防控是确保畜牧产业安全、畜产品质量安全、生态环境安全和公共卫生安全的重要保障，关乎畜牧业健康发展、畜产品稳定供给和人民群众生命健康。近年来，随着我国畜禽养殖日趋向集约化、规模化、智能化方向发展，动物传染病防控体系日臻完善，动物疫病监测网络不断健全，为疫情预警和防控决策提供科学依据。坚持"预防为主"的方针，全面推行重大动物疫病强制免疫制度，确保畜禽应免尽免。制定了完善的重大动物疫病应急预案，定期组织开展应急演练，建立了应急物资储备制度，储备了充足的疫苗、消毒药品、防护用品、扑杀工具等应急物资，确保在疫情发生时能够及时调用，保障应急处置工作的顺利开展。

但是，仍有部分养殖场（户）防疫意识淡薄，偏远地区和基层单位，监测设备和技术手段相对落后，疫情监测与预警分析机制还不够完善，基层动物防疫工作相对薄弱。为适应现代畜牧业发展需要，树立预防为主、防治结合、防重于治的理念，提高基层畜牧兽医工作者的业务水平，使畜牧兽医工作者、养殖技术人员及管理干部全面系统地掌握重大动物疫病防控技术知识和专业技能，保障畜牧业健康可持续、高质量发展，我们组织编写了这本《重大动物疫病综合防控技术》。全书共分八章，一至六章从动物免疫、重大动物疫病诊断、动物疫病监测和检疫、消毒、重大动物疫情处理等方面，系统介绍了重大动物疫病防控的基础理论、基础知识和重大动物疫情应急响应、应急处理技术；七至八章分别介绍了15种人兽共患传染病、10种重大动物疫病的综合防控技术。

《重大动物疫病综合防控技术》注重法律性、科学性、先进性、实用性和实践性的有机结合，力求内容丰富，科学实用，重点突出。

本书获得云南省基础研究计划省科技厅－昆医联合专项面上项目（项目编号：202401AY070001-065）、昆明医科大学医学实验动物学学科团队项目（项目编号：2024XKTDPY17）资助。本书在编写过程中，得到了许多同人的关心和支持，并且参考了一些专家、学者的相关文献及养殖户的实际经验，在此深表感谢。也感谢北京中惠农科文化发展有限公司为本书做的宣传推广工作！

编　者

2025 年 4 月

目录

第一章 动物免疫 ... 1

第一节 冷链体系建设 ... 1
一、概念 ... 1
二、冷链体系的设备设施及管理 ... 1
三、冷链体系的管理 ... 4

第二节 疫苗的贮存和运输管理 ... 5
一、疫苗贮存管理 ... 5
二、疫苗运输管理 ... 6

第三节 免疫接种 ... 7
一、免疫接种的分类 ... 7
二、疫苗类型及特性 ... 8
三、疫苗使用注意事项 ... 11
四、免疫接种操作技术 ... 12
五、疫苗接种反应及疫苗的联合使用 ... 17
六、强制免疫和强制免疫计划 ... 18
七、免疫程序 ... 20
八、影响免疫效果的因素和免疫效果的评价 ... 22
九、免疫标识 ... 24

第二章 重大动物疫病的诊断 ... 27

第一节 临床诊断 ... 27
一、疫病诊断主要方法 ... 27
二、临床诊断程序 ... 28
三、体温测定 ... 28
四、脉搏（心率）测定 ... 30
五、呼吸频率测定 ... 31
六、血压测定 ... 32
七、眼结膜的检查 ... 33

八、浅表淋巴结及淋巴管的检查 ·················· 35
第二节　流行病学调查 ································· 35
　　一、流行病学调查的程序及内容 ·················· 36
　　二、流行病学调查统计分析 ······················· 36
第三节　病理学诊断 ··································· 38
　　一、病理剖检 ······································· 38
　　二、病理组织检查 ·································· 41
　　三、动物实验 ······································· 42
第四节　实验室检验 ··································· 42
　　一、常规检查 ······································· 42
　　二、病原体检查 ···································· 42
　　三、免疫学检查 ···································· 43
　　四、分子生物学检测 ······························· 43

第三章　动物疫病监测 ····························· **44**
第一节　动物疫病监测的基本原则与职责分工 ··· 44
　　一、动物疫病监测的基本原则 ···················· 44
　　二、职责分工 ······································· 45
　　三、结果报送和信息反馈 ························· 46
第二节　动物疫病监测的总体要求与任务 ········· 47
　　一、总体要求 ······································· 47
　　二、动物疫病监测的重点任务 ···················· 47
第三节　样品采样 ····································· 48
　　一、采样原则 ······································· 49
　　二、采样准备 ······································· 50
　　三、样品采集与处理 ······························· 51
　　四、样品记录 ······································· 55
　　五、样品保存 ······································· 55
　　六、样品运送与包装 ······························· 56
　　七、废弃物无害化处理 ···························· 56
第四节　监测方法 ····································· 56
　　一、流行病学调查 ·································· 56
　　二、临床症状检查 ·································· 59
　　三、实验室监测 ···································· 59

第四章 动物检疫 ··· **61**

第一节 检疫申报 ·· 61
一、检疫申报要求 ·· 61
二、审查与受理 ·· 62

第二节 动物检疫 ·· 62
一、产地检疫 ·· 62
二、屠宰检疫 ·· 63
三、进入无规定动物疫病区的动物检疫 ······························ 64

第三节 官方兽医与动物检疫证章标志管理 ························ 65
一、官方兽医的管理 ·· 65
二、协检人员的管理 ·· 65
三、动物检疫证章标志的管理 ······································ 66
四、监督管理 ·· 66
五、法律责任 ·· 68

第五章 消 毒 ··· **69**

第一节 常用消毒方法 ·· 69
一、消毒的相关概念 ·· 69
二、消毒的种类 ·· 69
三、消毒对象 ·· 70
四、消毒的方法及其选择 ·· 70

第二节 常用消毒药物与选择使用 ·································· 72
一、环境消毒药 ·· 72
二、皮肤、黏膜消毒防腐药 ·· 78
三、消毒药品的选择、配制和使用 ·································· 84

第三节 器具、畜（禽）舍、场所消毒 ······························ 85
一、不同消毒对象的消毒方法 ······································ 85
二、影响消毒效果的因素 ·· 88

第六章 重大动物疫情处理 ·· **90**

第一节 重大动物疫情应急处理的原则 ······························ 90
一、动物疫病的分类 ·· 90
二、重大动物疫情的应急处理原则 ·································· 92

第二节 疫情应急处理的组织体系与职责 ···························· 97

一、指挥机构及其职责 … 97
　　二、应急处理机构及职责 … 98
　第三节　突发重大动物疫情分级与应急响应 … 99
　　一、突发重大动物疫情分级 … 99
　　二、突发重大动物疫情应急响应的原则 … 102
　　三、突发重大动物疫情的应急响应 … 102
　　四、应急处理人员的安全防护 … 105
　　五、突发重大动物疫情应急响应的终止 … 105
　　六、三类动物疫病疫情控制措施 … 106
　第四节　动物疫情的监测和报告 … 107
　　一、动物疫情监测 … 107
　　二、动物疫情报告 … 107
　第五节　疫情应急处理技术 … 109
　　一、隔离 … 109
　　二、封锁 … 110
　　三、染疫动物尸体的处理 … 112
　第六节　重大动物疫情处置保障措施 … 118
　　一、技术保障 … 118
　　二、队伍保障 … 119
　　三、交通运输保障 … 119
　　四、紧急医疗卫生救援保障 … 119
　　五、治安保障 … 119
　　六、经费保障 … 119
　　七、应急物资保障 … 119

第七章　常见人兽共患传染病防控技术 … **120**

　第一节　高致病性禽流感 … 120
　第二节　狂犬病 … 125
　第三节　炭疽 … 128
　第四节　布鲁氏菌病 … 130
　第五节　弓形虫病 … 139
　第六节　棘球蚴病 … 144
　第七节　钩端螺旋体病 … 148
　第八节　沙门氏菌病 … 151

第九节	牛结核病	154
第十节	日本血吸虫病	156
第十一节	日本脑炎（流行性乙型脑炎）	158
第十二节	猪链球菌Ⅱ型感染	160
第十三节	囊尾蚴病	161
第十四节	片形吸虫病	164
第十五节	华支睾吸虫病	166

第八章　其他重大动物传染病防控技术　169

第一节	猪瘟	169
第二节	非洲猪瘟	172
第三节	口蹄疫	181
第四节	高致病性蓝耳病	184
第五节	猪肺疫	186
第六节	新城疫	187
第七节	小反刍兽疫	190
第八节	牛结节性皮肤病	195
第九节	绵羊痘和山羊痘	198
第十节	小鹅瘟	200

附录　中华人民共和国动物防疫法　204

参考文献　223

第一章　动物免疫

第一节　冷链体系建设

疫苗从生产、运输、贮存、使用的整个过程中，各个环节都必须配备冷藏、冷运设备，从而确保疫苗的效价和产品质量，这一系列设备、设施及其保障机制称为冷链体系。包括冷藏车、疫苗运输车、低温冷库、普通冷库、普通冰箱、疫苗冷藏箱、冷藏包及冰袋等疫苗冷藏贮存和冷藏运输的设备及其保障体系。

一、概念

（一）兽用疫苗

由病原微生物、寄生虫或其组分或代谢产物所制成的用于人工主动免疫的兽用生物制品。

（二）疫苗冷链与冷链体系的环节

为保证疫苗从疫苗生产企业到接种单位运转过程中的质量而装备的贮存、运输冷藏设施、设备叫疫苗冷链。

目前，动物疫苗冷链体系的环节包括疫苗从生产厂家到市级动物疫病预防控制中心或直达县级动物疫病预防控制中心，再到乡镇畜牧兽医站（服务中心），最后到村级防疫员。

（三）冷库

1. 高温冷库

高温冷库又称为恒温冷藏库，一般指温度范围在 2～8℃的恒温冷藏库。

2. 低温冷库

低温冷库又称为冷冻库，一般指温度范围在 -25～-15℃的冷冻库。

二、冷链体系的设备设施及管理

冷链体系的设备设施主要有：市级冷藏车、疫苗运输车、低温冷库、低温冰箱、普通冷库和普通冰箱等；县级疫苗运输车或冷藏车，低温冷库、低温冰箱、普通冷库、普通冰箱、疫苗冷藏箱等；乡级普通冰箱、疫苗冷藏箱；村级防疫员冷藏包（盒）、普通冰箱、冰袋等。

（一）冷链设施设备要求

1. 常用冷链设施设备

常用的兽用疫苗冷链设施设备有高温冷库、低温冷库、冷藏车、医用冷藏箱、医用冷冻保存箱、贮存型液氮罐、运输型液氮罐、运输冷藏箱（包）、冰袋和冷链温度记录仪等。

2. 冷链设施设备技术要求

（1）冷库。冷库设计、施工验收和安全要求应符合《冷库设计标准》（GB 50072—2021）、《冷库施工验收标准》（GB 51440—2021）和《冷库安全规程》（GB/T 28009—2021）的相关技术要求。冷库通过验收合格后，方可投入使用。冷库须配备温度自动监测、显示、记录、调控和报警的设备，冷库停电或运行温度异常时，设备至少向3名指定人员发出报警信息。冷库需配备备用制冷机组、备用发电机组或安装双路电路。

（2）冷藏车。冷藏车应符合《道路运输 易腐食品与生物制品 冷藏车安全要求及试验方法》（GB 29753—2023）和《保温车、冷藏车技术条件及试验方法》（QC/T 449—2010）的相关技术要求。冷藏车应具有自动调控温度、显示温度、存储和读取温度监测数据的功能，同时配备温度监测报警设备，驾驶室内应配备温度控制显示器。冷藏车内应备有备用冷链温度记录仪。

（3）医用冷藏箱。医用冷藏箱应符合《医用冷藏箱》（YY/T 0086—2020）的相关技术要求。

（4）医用冷冻保存箱。医用冷冻保存箱应符合《医用冷冻保存箱》（YY/T 1757—2021）的相关技术要求。

（5）液氮罐。液氮罐应符合《液氮生物容器》（GB/T 5458—2012）的相关技术要求。

（6）运输冷藏箱（包）。运输冷藏箱（包）应符合《兽医运输冷藏箱（包）》（NY/T 1623—2008）的相关技术要求。

（7）冷链温度记录仪。冷链温度记录仪应符合《冷链温度仪》（GB 35145—2017）的相关技术要求。

3. 冷链配置

（1）从事兽用疫苗生产、经营、配送、贮存、供应和使用等活动的单位应配备与生产需求相适应的冷链设施设备。

（2）兽用疫苗生产企业应根据生产的兽用疫苗种类和产量配备冷库、医用冷藏箱、医用冷冻保存箱、液氮罐和冰袋等冷链设施设备，冷链设施设备做好功能划分，面积和数量满足生产经营需求。

（3）兽用疫苗经营企业应配备冷藏车、冷库、医用冷藏箱、医用冷冻保存箱、液氮罐（运输型和贮存型）、冷链温度记录仪和冰袋等冷链设施设备。冷链设施设备种类与容积应与经营的兽用疫苗种类和规模相适应。应至少配备容积不低于30米^{2}的独立冷库1个，或配备冰柜、冰箱至少3个，冰柜、冰箱总容量不少于1 500升；经营细胞结合型活疫苗的应具备相应的液氮贮存条件。

（4）兽用疫苗配送单位应根据配送疫苗种类、数量和运输距离配备冷库、冷藏车、医用冷藏箱、医用冷冻保存箱、液氮罐、运输冷藏箱（包）、冰袋和冷链温度记录仪等冷链设施设备。

（5）兽用疫苗贮存供应单位应根据贮存疫苗种类和数量配备与需求相适应的冷库、冷藏车、医用冷藏箱、医用冷冻保存箱、液氮罐、运输冷藏箱（包）、冰袋和冷链温度记录仪等冷链设施设备。

（6）畜禽养殖场等兽用疫苗使用单位应配备满足生产经营需求的冷库、医用冷藏箱、医用冷冻保存箱、液氮罐、运输冷藏箱（包）、冰袋和冷链温度记录仪等冷链设施设备。

（二）冷链管理

1. 冷链管理的基本要求

（1）建立健全疫苗冷链设施设备管理，冷链设施设备消杀，冷链设施设备档案管理，疫苗冷链储运管理，人员管理和应急管理等管理制度。

（2）冷链设施设备管理人员须具备冷链管理专业知识；冷链设施设备须做到专人管理，专物专用，定期保养。

（3）建立健全冷链设施设备档案。

（4）建立健全冷链设施设备使用记录。

（5）制订应急预案，出现突发状况时，及时进行处理，并填写冷链设施设备故障记录表。

（6）定期对冷链设施设备运行状况进行评估，根据需要制订冷链设施设备的补充、更新需求计划。

（7）畜牧兽医主管部门和相关单位应做好内部监管并定期对冷链设施设备管理、使用人员开展相关法律法规和专业知识培训。

2. 冷库管理

冷库管理应符合《冷库管理规范》（GB/T 30134—2013）的相关规定。

（1）冷藏车管理。冷藏车使用完毕后要做好清洁卫生及消杀工作。冷藏车长期停放时，应将冷却液和燃油放尽，切断电源，锁闭车门、窗，停放于通风、防潮及有消防设施的场所并按产品说明书的规定进行定期保养。

（2）医用冷藏箱管理。冷藏箱应放在远离热源、干燥、阴凉、通风的地方，避免阳光直射且周边留出散热空间。冷藏箱摆放、使用环境和电源要求应符合《医用冷藏箱》（YY/T 0086—2020）的相关规定，电源线路与插座应专线专用。摆放冷藏箱的室内应装有空调等降温设备，确保室内环境温度符合要求。冷藏箱应保持清洁卫生，定期进行消杀。

（3）医用冷冻保存箱管理。冷冻保存箱应放在远离热源、干燥、阴凉、通风的地方，避免阳光直射且周边留出散热空间。冷冻保存箱摆放、使用环境和电源要求应符《医用冷冻保存箱》（YY/T 1757—2021）的相关规定，电源线路与插座应专线专用。摆放冷冻保存箱的室内应装有空调等降温设备，确保室内环境温度符合要求。冷冻保存箱应保持清洁卫生，定期进行消杀。

（4）液氮罐管理。贮存型液氮罐和运输型液氮罐须分开存放，分类管理。液氮罐应直立放置于阴凉、干燥、通风良好的室内，轻拿轻放。液氮罐中不可装入其他低温介质，只能充装液氮。定期检查液氮罐，防止液氮泄漏；定期添加液氮，确保液氮面始终处在安全线以上。液氮罐定期做好清洗工作。运输型液氮罐每次使用完毕后做好清洗工作，贮存型液氮罐可根据使用情况定期清洗，一般每年清洗一次。

（5）运输冷藏箱（包）管理。冷藏箱（包）日常不用时，应存放于冷库内预冷，使用前应保证预冷时间不低于2小时。使用完毕后应将冷藏箱（包）擦拭消毒晾干后放入冷库。

（6）冰袋管理。冰袋在使用前应在 –10℃以下充分冻结，原则上冷冻时间应在48小时以上，最少不低于24小时。冰袋在取出冷库后应进行释冷至表面霜化完全。

（7）冷链温度记录仪。冷链温度记录仪贮存环境应符合《大容积钢质无缝气瓶》（GB/T 35145—2023）的相关规定。冷链温度记录仪应定期校准，并用75%的酒精擦拭消毒。

三、冷链体系的管理

（一）科学选用设备

根据生产规模和近期规划测算出冷藏和冷冻的疫苗量。在实际库容量中留出20%余地为总库容量（米^3）。选用专用冰袋，它是在塑料袋内封装冷却剂（一般为碳酸钠和硝酸铵，比例3∶2）和水液的塑料袋，冰袋使用前应冷冻12小时，即冻结后再用，防疫员使用的冰袋应每天更换一次。

（二）建立设备管理制度

对冷链设备定期维修、保养和更换，基层防疫员所使用的保温盒和冰袋属易损设备，一般 2～3 年更换一次。

（三）建立定期培训制度

定期培训人员掌握设备、设施使用方法，充分发挥设备潜能。

（四）建立健全管理制度

各级冷链设施要有专人管理，对疫苗进库出库要做好登记、建立台账，掌握各种冷链设备的运行情况，及时发现问题，并提出改进意见和解决办法，以保证所有冷链设备处于良好工作状态。

第二节　疫苗的贮存和运输管理

科学地贮存、运输疫苗，保证疫苗效价，是确保免疫质量的重要环节。

一、疫苗贮存管理

（一）温度合适

疫苗贮存严格按照说明书要求的温度保存。灭活疫苗一般存放于 2～8℃；冻干疫苗一般要求 -25～-15℃冻存；细胞结合型疫苗，如马立克氏病活疫苗等必须在液氮中（-196℃）贮存。

（二）分区管理

疫苗成品入库后要按待验区、待处理区、合格品贮存区、不合格品隔离区、拆零区、退货区和包装预冷区等分区存放，分区管理。待验区和退货区以黄色字体标识，待处理区以白色字体标识，合格区和拆零区以绿色字体标识，不合格区以红色字体标识，包装预冷区以蓝色字体标识。

（三）分类存放

存放于冷链设施设备内的疫苗应遵循大不压小、重不压轻、货不沾地的原则，按品种、批号分类存放，周边留出空间便于空气循环流通，并根据需求做好周盘、月盘和年终盘点。

（四）码垛间距与码放厚度

存放于冷库内的疫苗码垛间距不小于 5 厘米，与内墙、顶、温度调控设备及管道等设施间距不小于 30 厘米，后板、侧板、底板间距不小于 5 厘米，与制冷机组出风口距离不小于 100 厘米，码放高度不应超过制冷机组出风口下沿，并按区挂号标识牌。

（五）建立库存疫苗效期预警制度

库存疫苗遵循"先产先出"制度，当库存疫苗为半年有效期时要及时发出预警，反馈信息。

（六）巡视与记录

对于贮存疫苗的冷库、冷藏箱和冷冻保存箱每天上午和下午至少各巡视1次，并人工记录运行温度，2次温度记录间隔不少于6小时。

（七）液氮罐中疫苗的存放

存放于贮存型液氮罐中的疫苗应始终处于液氮面以下。

（八）失效疫苗的报废

对超过有效期或不符合贮存温度要求的疫苗，不应再销售、使用，应隔离存放，按要求上报，统一进行报废处理，报废记录保存5年以上。

（九）疫苗转移

冷链设施设备不能满足疫苗贮存温度要求时应将疫苗进行紧急转移。

二、疫苗运输管理

（1）疫苗运输前，应根据疫苗运输量、运输距离、运输时间、温度要求和外部环境温度等情况，选择合适的运输工具和温控方式，确保运输过程中温度始终符合要求。

（2）使用冷藏车运输疫苗前，应检查冷藏车的启动、运行状态，车厢内温度预冷至规定温度后疫苗方可装车，疫苗与车厢前板距离不小于10厘米，与后板、侧板、底板间距不小于5厘米，码放高度不应超过制冷机组出风口下沿；冷藏车运输作业要求应符合《道路运输 易腐食品与生物制品 冷藏车安全要求及试验方法》（GB 29753—2023）和《保温车、冷藏车技术条件及试验方法》（QC/T 449—2010）的相关规定；运输过程中物流信息管理应符合《冷链物流信息管理要求》（GB/T 36088—2018）的相关规定。

（3）使用运输冷藏箱（包）进行疫苗短时运输时，应在冷藏箱（包）内放入冰袋保温，冰袋不可直接接触疫苗，最长运输时间不应超过冷藏箱（包）的保温时间。若运输冷藏箱（包）不具备自动监测、显示温度功能，则应在其内放入提前预冷至规定温度的冷链温度记录仪，记录疫苗在途温度。

（4）使用运输型液氮罐运输疫苗时，严防运输过程中液氮罐发生倾倒。

（5）运输过程中若出现温度报警情况，应根据情况及时抢修冷链设施恢复制冷或及时转移疫苗。

（6）使用电子商务配送疫苗或快递配送疫苗的应符合《电子商务冷链物流配送服务管理规范》（GB/T 39664—2020）和《冷链快递服务》（YZ/T 0162—2017）的相关规定。

（7）使用空运或空陆联用方式运输疫苗的应符合《冷链货物空陆联运通用要求》（JT/T 1348—2020）的相关规定。

（8）疫苗进行长时间运输时应在外包装上粘贴疫苗温度指示标签。

（9）疫苗运输完成时需尽快完成转移，疫苗转移要在阴凉处，不应置于阳光直射处及热源设备附近。

第三节　免疫接种

免疫接种是根据特异性免疫的原理，采用人工的方法给动物接种疫苗、类毒素或免疫血清等，可激发动物机体产生特异性免疫力，使易感动物转化为非易感动物的重要手段，是预防和控制动物疫病的重要措施之一。在预防疫病的诸多措施中，免疫预防是最经济、最方便、最有效的手段，对动物以及人类健康均起着积极的作用。免疫接种也是贯彻"预防为主，养防结合，防重于治"方针的重要措施。

一、免疫接种的分类

根据免疫接种的时机和目的不同，可将免疫接种分为预防免疫接种、紧急免疫接种、临时免疫接种和免疫隔离屏障。

（一）预防免疫接种

为预防疫病的发生，平时应有计划地使用疫苗、类毒素等生物制剂给健康动物群进行的免疫接种，称预防免疫接种。预防接种要有科学性和针对性。具体表现在：除国家强制免疫的疫病，养殖场（户）要拟订每年的预防接种计划；因地制宜制订科学合理的免疫程序；免疫接种前要做好准备，如查清被接种动物的种别数量和健康状况；准备好接种用疫苗、器械；协调领导，组织动物防疫与检疫技术人员，分工负责，做好宣传，确定时间地点；明确接种方法，掌握接种技术。

（二）紧急免疫接种

动物发生疫病时，为迅速控制和扑灭其流行，对疫区和受威胁区内尚未发病动物进行的免疫接种称紧急免疫接种。其目的是建立"免疫带"以包围疫区，阻止疫病向外传播扩散。紧急免疫接种常使用高免血清，具有安全、产生免疫快的特点，但免疫期短，用量大，价格高，不能满足实际使用需求。有些疫病（如口蹄疫、猪瘟、鸡新城疫、鸭瘟、猪繁殖与呼吸综合征等）使用疫苗紧急接种，也可取得较好的效果。紧急免疫接种必须与疫区的隔离、封锁、消毒等综合措施密切配合实施。

（三）临时免疫接种

临时为避免某些动物疫病发生而进行的免疫接种，称临时免疫接种。如引进、外调、运输动物时，为避免途中或到达目的地后暴发某些动物疫病而进行的免疫接种；动物去势、手术时，为防止发生某些动物疫病（如破伤风等），而进行的免疫接种。

（四）免疫隔离屏障

为防止某些动物疫病从有疫情国家向无疫情国家扩散，而对国境线周围动物进行的免疫接种。

二、疫苗类型及特性

疫苗是指由病原微生物或其组分、代谢产物经过特殊处理所制成的、用于人工主动免疫的生物制品。包括由细菌、支原体、螺旋体或其组分等制成的菌苗，由病毒、立克次体或其组分制成的疫苗和由某些细菌外毒素脱毒后制成的类毒素。习惯上人们将菌苗、疫苗和类毒素统称为疫苗。按构成成分及其特性，可将其分为活疫苗、灭活疫苗、代谢产物疫苗、亚单位疫苗以及生物技术疫苗。

（一）活疫苗

活疫苗又分为强毒苗、弱毒苗和异源苗三种。

1. 强毒苗

是应用最早的疫苗种类，如我国古代民间预防天花使用的痘皮粉末就含有强毒。使用强毒进行免疫有较大的风险，免疫的过程就是散毒的过程，所以现在严禁生产中应用。

2. 弱毒苗

是指通过人工诱变获得的弱毒株、筛选的天然弱毒株或失去毒力但仍保持抗原性的无毒株所制成的疫苗，是目前使用最广泛的疫苗。

弱毒苗的优点：一次接种即可成功，接种途径多样化，可采取注射、饮水、滴鼻、点眼等免疫途径；可通过母畜禽免疫接种而使幼畜禽获得被动免疫；可引起局部和全身性免疫应答，免疫力持久，有利于清除野毒；生产成本低。

弱毒苗的缺点：散毒问题，如口蹄疫病毒常规疫苗散毒；残余毒力，弱毒苗残余毒力较强者其保护力也强，但副作用也较明显；某些弱毒苗或疫苗佐剂可引发接种动物免疫抑制，如犬细小病毒疫苗可诱导犬的免疫抑制；有返祖危险。

3. 异源苗

是指用具有共同保护性抗原的不同种病毒制成的疫苗。如预防马立克病的火鸡疱疹病毒疫苗和预防鸡痘的鸽痘病毒疫苗等。

（二）灭活苗

灭活苗是指选用免疫原性强的病原体或其弱毒株经人工培养后，用物理或化学方法致死（灭活），使其传染因子被破坏而保留免疫原性所制成的疫苗，又称死苗。灭活苗保留的免疫原性物质在细菌主要为细胞壁,在病毒主要为结构蛋白。

灭活苗的优点:比较安全,无全身毒副作用,无返祖现象;容易制成联苗、多价苗;制品稳定,受外界影响小,便于储存和运输;激发机体产生的抗体持续时间短,利于确定某种传染病是否被消灭。

灭活苗的缺点:使用剂量大且只能注射免疫,工作量大,不能在体内增殖,免疫期短,常需多次免疫;不产生局部免疫,引起细胞介导免疫的能力较弱;免疫力产生较迟,通常2~3周后才能获得良好免疫力,故不适于作紧急免疫使用;需要佐剂增强免疫效应。

生产实践中还常常使用自家灭活苗和组织灭活苗。自家灭活苗是指用本养殖场分离的病原体制成的灭活苗;组织灭活苗是指将含有病原体的患病或死亡动物脏器制成乳剂经过灭活后制成的疫苗。主要用于本养殖场传染病的控制。

(三)代谢产物疫苗

细菌的代谢产物如毒素、酶等都可制成疫苗,如破伤风毒素、白喉毒素、肉毒毒素经甲醛灭活后制成的类毒素有良好的免疫原性,可作为主动免疫制剂。另外,致病性大肠杆菌肠毒素,也可用作代谢产物疫苗,如大肠杆菌K88、K99二联疫苗用于口服,可阻止致病性大肠杆菌在肠黏膜表面的黏附,对大肠杆菌病的防治有一定作用。

(四)亚单位疫苗

亚单位疫苗是微生物经物理和化学方法处理后,提取其保护性抗原成分制备的疫苗。微生物保护性抗原包括大多数细菌的荚膜多糖、菌毛黏附素、多数病毒的囊膜、衣壳蛋白等,以上成分经提取后即可制备不同的亚单位疫苗。此类疫苗由于去除了病原体中与激发保护性免疫无关的成分,没有微生物的遗传物质,因而无不良反应,使用安全,效果较好。口蹄疫、伪狂犬病、狂犬病等亚单位疫苗及大肠杆菌菌毛疫苗、沙门氏菌共同抗原疫苗已有成功的应用报道。亚单位疫苗的不足之处是制备困难,价格昂贵。

(五)生物技术疫苗

生物技术疫苗是利用生物技术制备的分子水平的疫苗,包括基因工程亚单位疫苗、合成肽疫苗、抗独特型疫苗、基因工程活载体疫苗以及DNA疫苗等。生物技术疫苗通常包括以下几种。

1. 基因工程亚单位疫苗

基因工程亚单位疫苗是用DNA重组技术,将编码病原微生物保护性抗原的基因导入受体菌(如大肠杆菌)或细胞,使其在受体细胞中高效表达,分泌保护性抗原肽链。提取保护性抗原肽链,加入佐剂制成。预防仔猪和犊牛下痢的大肠杆菌菌毛基因工程疫苗是一个成功的例子。此类疫苗安全性好，稳定性好，便于保存和运输，产生的免疫应答可以与感染产生的免疫应答相区别。但因该类疫苗的免疫原性较弱，往往达不到常规疫苗的免疫水平，且生产工艺复杂，尚未被广泛使用。

2. 合成肽疫苗

合成肽疫苗是用化学合成法人工合成病原微生物的保护性多肽，并将其连接到大分子载体上，再加入佐剂制成的疫苗。该疫苗的优点是可在同一载体上连接多种保护性肽链或多个血清型的保护性抗原肽链，这样只要一次免疫就可预防几种传染病或几个血清型。缺点是免疫原性一般较弱、合成成本昂贵。

3. 抗独特型疫苗

抗独特型疫苗是根据免疫调节网络学说设计的疫苗。抗独特型抗体可以模拟抗原物质，可刺激机体产生与抗原特异性抗体具有同等免疫效应的抗体，由此制成的疫苗称为抗独特型疫苗或内影像疫苗。该类疫苗不仅能诱导体液免疫，亦能诱导细胞免疫，具有广谱性，即对易发生抗原性变异的病原能提供良好的保护力。如抗猪带绦虫六钩蚴独特型抗体疫苗、兔源抗IBDV独特型抗体疫苗等。

4. 基因工程活载体疫苗

基因工程活载体疫苗是指将病原微生物的保护性抗原基因，插入病毒疫苗株等活载体的基因组或细菌质粒中，利用这种能表达该抗原但不影响载体抗原性和复制能力的重组病毒或质粒制成的疫苗。该类活载体疫苗具有容量大、可以插入多个外源基因、应用剂量小而安全、能同时激发体液免疫和细胞免疫、生产和使用方便、成本低等优点，它是目前生物工程疫苗研究的主要方向之一，并已有多种产品成功地用于生产实践。如生长抑素基因工程活载体苗。

5. 基因缺失疫苗

基因缺失疫苗是指通过基因工程技术将强毒株毒力相关的基因切除构建的活疫苗。基因缺失苗安全性好，不易返祖；其免疫接种与强毒株感染相似，机体对多种病毒产生免疫应答；免疫力坚实，免疫期长。目前生产中使用的有伪狂犬病基因缺失疫苗。

6. DNA疫苗

这是一种较新的分子水平的生物技术疫苗，将编码保护性抗原的基因与能在真核细胞中表达的载体DNA重组，重组的DNA可直接注射（接种）到动物（如小鼠）体内，目的基因可在动物体内表达，刺激机体产生体液免疫和细胞免疫。DNA疫苗在预防细菌性、病毒性及寄生虫性疾病方面已经显示出广泛的应用前景，被称为疫苗发展史上的一次革命。目前研制中的有禽流感H7亚型DNA疫苗、鸡传染性支气管炎DNA疫苗、猪瘟病毒E2基因DNA疫苗等。

7. 多价苗与联苗

多价苗是指将同一种细菌或病毒的不同血清型混合制成的疫苗。如巴氏杆菌多价苗、大肠杆菌 K88、K99、987P 三价苗等。联苗是指由两种以上的细菌或病毒联合制成的疫苗，一次免疫可达到预防几种疾病的目的。如猪瘟－猪丹毒－猪肺疫三联苗、新城疫－减蛋综合征－传染性法氏囊病三联苗等。应用联苗或多价苗，可减少接种次数，节约人力和物力，减少应激，故很多国家都在大力研发联苗及多价苗。但联苗如想达到与单苗完全相同甚至更好的免疫效果，必须解决抗原含量及免疫时的相互干扰问题。

三、疫苗使用注意事项

（一）检查动物情况

预防前要了解动物的品种和健康状况，凡患病、体弱、怀孕后期的动物均不宜使用，患病动物可于病愈后补免，做好记录。

（二）检查疫苗质量

检查疫苗颜色、包装、有效期、批号是否无异，瓶口和胶盖封闭是否完好，活疫苗是否真空，灭活苗是否破乳或分层，瓶子是否有裂纹，瓶内是否有异物。一旦出现与说明书记录不一致的地方，禁止使用。

（三）检查标签和说明书

使用前仔细查阅说明书，并确保说明书和瓶身标签一致，不一致禁用。通过说明书来确定使用剂量、使用方法，了解不良反应、注意事项等。

（四）必须现用现配

稀释好的疫苗争取在最短的时间内（一般在 3~6 小时）接种完毕，饮水免疫在 2 小时内饮完，超过规定时间应废弃不用。如免疫时间稍长，必须将稀释好未用的疫苗液放在 4℃ 冰箱内暂时贮存，如无条件也应放有冰袋或冰块，以免稀释后疫苗的存放时间过长，影响效力。

（五）不得混合使用

需要同时注射两种疫苗时，不能混合到一起使用，可在注射时选择不同部位注入。

（六）注射免疫注意

注射用具和注射部位必须严格消毒，同时做到一个动物一个针头，以防交叉感染，严禁使用粗短针头和打飞针。根据动物个体大小选择合适的针头。

（七）饮水免疫注意

注意饮水中绝对不能混入消毒药，同时水中不能含有漂白粉等能杀灭或抑制疫苗活力的有毒化学物质，忌用金属容器。

（八）停用抑菌药物

疫苗接种当天，应禁止对畜舍进行消毒。接种疫苗前后7天不得使用含有抗微生物药的饲料和药物，因其对细菌或病毒活疫苗具有抑杀作用。

（九）防治过敏反应

免疫前应提前备好盐酸肾上腺素注射液，或盐酸异丙嗪，或地塞米松磷酸钠（孕畜禁用）等抗过敏药物、扑尔敏、苯海拉明等抗组胺药，以及强心药安钠咖等，一旦出现过敏反应，可立即使用药物进行抢救。

（十）废物无害化处理

免疫结束后，接种器具及所有废弃物废液都应按有关规定进行无害化处理，防止病原扩散污染环境。在接种疫苗过程中，如果针筒内存在空气，不可以直接对空排气，而应将针头插入空的疫苗瓶中排气。用过的酒精、棉球要放入专用瓶内，与用过的疫苗瓶、稀释后剩余的疫苗等污染物一起进行深埋或焚烧，对器具进行严格消毒处理。

（十一）防疫时间确定

参考疫病发生规律，提前进行防疫，防疫时间选择天气晴朗的日子进行。天气骤变，大风寒流时抵抗力容易下降，不宜免疫。

（十二）减少免疫应激

在接种疫苗前，可通过饮水或拌料饲喂动物适量多维，从而防止出现免疫应激，提高接种的免疫效力。

（十三）记录应全面详细

使用疫苗时，应详细记录疫苗的名称、厂名、批号、生产日期及有效期、稀释剂及稀释倍数、免疫方法、剂量，畜禽种类、性别、数量、日龄、免疫日期、地点、操作人员、下次预计免疫日期等项目，有条件的要保存同样批号的产品2瓶，以便在免疫失败后查找原因。

最后，在疫苗接种的前后，做好环境卫生的清洁、消毒工作。疫苗接种后，一般需5～7天方能产生抗体（油苗需要10～15天），在此期间，环境不清洁可能造成免疫力尚未产生就感染强毒，从而导致免疫失败。

此外，防疫人员在接种过程中要严格注意自身防护与消毒，一方面防止自身感染人兽共患病，另一方面也可减少因接种导致的病原传播。

四、免疫接种操作技术

免疫接种操作技术包括免疫接种前的准备、免疫接种操作、免疫后操作技术和器械常见故障处理等。

（一）免疫接种前的准备

（1）免疫接种人员应了解预防接种的目的、免疫程序、疫苗的用途、用法、免疫期、保存条件、保存期、注意事项，以及畜禽应激反应的观察和处理方法。

（2）了解当地动物疫病的流行情况，必要时进行健康检查。

（3）准备好器械和药品。按免疫接种对象、种类准备好接种器械，如注射器、针头、滴管、消毒器、消毒药（75%酒精、2%～5%碘酊等）、脱脂棉、镊子、毛剪、耳号钳、保定工具、疫苗、稀释液、稀释用疫苗瓶、疫苗冷藏箱（包）、急救药、免疫档案等。

（4）器械消毒。将注射器、针头、镊子、稀释疫苗用瓶等用具严格消毒。方法是将注射器、针头用清水冲洗干净，注射器抽出针芯、针管，针芯对号，用纱布包好；针头成排插在纱布的夹层中；稀释疫苗用瓶用蒸馏水洗净；镊子洗净，放入消毒器内加水淹没器械2厘米以上，煮沸30分钟。有条件的地方，最好用高压灭菌器消毒，待冷却后放入灭菌器皿中保存备用（不得采用化学药品或火焰烧灼等方法消毒）。

（5）人员消毒。免疫接种人员的手指甲应剪短，用消毒液洗手后，再用75%酒精消毒；工作服、鞋每天消毒一次。

（二）免疫接种操作

1. 疫苗使用

（1）阅读使用说明书。

（2）检查疫苗外观质量。

（3）疫苗应避免阳光直射，使用前方可从疫苗冷藏箱（包）中取出。

（4）尽量减少开启疫苗箱的次数，并及时关严。

2. 吸取疫苗

（1）吸取疫苗前应排净注射器和针头内的水分和空气。

（2）使用液体疫苗时，先用75%酒精棉球擦拭消毒瓶盖，充分振荡疫苗瓶，使疫苗混匀，再将注射针头刺入疫苗瓶液面下吸取疫苗。

（3）使用冻干疫苗时，先用注射器无菌操作抽取稀释液，疫苗瓶盖用75%酒精棉球擦拭消毒后，再将稀释液注入疫苗瓶内，轻轻振荡，避免出现气泡，使疫苗充分溶解，再抽取使用。

（4）疫苗一次不能吸完时，将注射器取下，另换一个消毒针头进行免疫接种。不要把插在瓶塞内的针头拔出，以便继续吸取。瓶内疫苗不能用给畜禽注射过的针头吸取。

（5）疫苗注射前将温度恢复到常温，疫苗稀释后应立即使用，不能超过规定时间。

（6）针头排气溢出的疫苗应吸积于酒精棉球上，将其收集于专用瓶内。用过的酒精棉球也应放入专用瓶内，与用过的疫苗一并无害化处理，禁止随意乱扔。

3. 免疫接种操作

科学合理的免疫接种途径可以充分发挥体液免疫和细胞免疫的作用，大大提高动物机体的免疫应答能力。常用的免疫接种方法有以下几种。

（1）注射免疫法。适用于灭活苗和弱毒苗的免疫接种。可分为皮下注射、皮内注射、肌内注射和静脉注射。注射接种剂量准确、免疫密度高、效果确实可靠，在实践中应用广泛。但费时费力，消毒不严格时容易造成病原体人为传播和局部感染，而且捕捉动物时易出现应激反应。

①皮下注射。多用于灭活苗的接种。选择皮薄、被毛少、皮肤松弛、皮下血管少的部位。马、牛等大家畜宜在颈侧中1/3部位，猪在耳根后或股内侧，犬、羊宜在股内侧，家禽在胸部、大腿内侧。注射部位消毒后，注射者右手持注射器，左手食指与拇指将皮肤提起呈三角形，沿三角形基部刺入皮下约注射针头的2/3，将左手放开，再推动注射器活塞将疫苗徐徐注入。然后用酒精棉球按住注射部位，将针头拔出。

优点：操作简单，吸收较皮内注射为快。缺点：使用剂量多，且同一疫苗接种反应较皮内注射大。大部分常用的疫苗和免疫血清，一般均采用皮下注射。

②皮内注射。选择皮肤致密、被毛少的部位。牛、羊在颈侧，也可在尾根腹侧或肩胛中央部位；马在颈侧、眼睑部位；猪大多在耳根后；鸡在肉髯部位。左手将皮肤捏起形成皱褶或以左手绷紧固定皮肤，右手持注射器，将针斜面朝上，针头几乎与皮面平行轻轻刺入皮内0.5厘米左右，放松左手，左手在针头和针筒交接处固定针头，右手持注射器，徐徐注入药液。如针头确在皮内，则注射时感觉阻力较大，且注射处形成一个圆丘，突起于皮肤表面。皮内注射疫苗的使用剂量和局部副作用小，相同剂量疫苗产生的免疫力比皮下注射高。生产中仅有绵羊痘和山羊痘弱毒苗、猪瘟结晶紫疫苗等少数制品进行皮内注射，其他均属于诊断、检疫注射。

优点：使用药液少，同样的疫苗皮内注射较之于皮下注射反应小。同时，真皮层的组织比较致密，神经末梢分布广泛，特别是猪的耳根皮内比其他部位容易保持清洁。同时药液皮内接种时所产生的免疫力较皮下注射为高。缺点：操作比较麻烦。

③肌内注射。肌内注射操作简单、应用广泛、副作用较小、药液吸收快、免疫效果较好。应选择肌肉丰满、血管少、远离神经干的部位。猪、马、牛、羊一律采用臀部和颈部两个部位；鸡胸肌部接种。多用于一些弱毒疫苗的免疫接种，如猪瘟兔化弱毒疫苗。

优点：药液吸收快，注射方法也较简便。缺点：在一个部位不能大量注射，同时臀部接种如部位不当易引起跛行。

④静脉注射。主要用于抗血清进行紧急免疫预防或治疗。马、牛、羊在颈静脉；猪在耳静脉；鸡在翼下静脉。疫苗、菌苗、诊断液一般不做静脉注射。

优点：可使用大剂量，奏效快，可以及时抢救病畜。缺点：操作比较麻烦，如设备与技术不完备时，难以进行。此外，如所用的血清为异种动物者，可能引起过敏反应（血清病）。

（2）口服免疫法。口服免疫法效率高、操作方便、省时省力，全群动物能在同一时间内共同被接种，且对群体的应激反应小，但动物群中产生的抗体滴度不均匀，免疫持续期短，免疫效果易受到其他多种因素的影响。分饮水免疫和喂食免疫两种。接种疫苗时必须用活苗，灭活苗免疫力差，不适于口服。加入的水量要适中，保证在最短的时间内饮用完毕，并在饮水中加入适当浓度的疫苗保护剂。选用的水质要清洁，禁用含漂白粉的自来水，且水温不宜过高，以免影响抗原的活性。免疫前应根据季节和天气情况停饮或停喂2～4小时，以保证免疫时动物摄入足够剂量的疫苗，饮完后经1～2小时再正常供水。饮水与喂食相比，饮水免疫效果好些，因为饮水并非只进入消化道，还与口腔黏膜、扁桃体等淋巴样组织接触。

优点：省时、省力，能产生局部免疫，适用规模化动物养殖场的免疫。缺点：由于动物的饮水量或采食量多少不一，因此进入每一动物体内的疫苗量也不同，免疫后动物的抗体水平不均匀，无法达到理想的精确程度。

（3）气雾免疫法。气雾免疫法是利用气泵产生的压缩空气通过气雾发生器，将稀释的疫苗喷出去，使疫苗形成直径0.01～10微米的雾化粒子，均匀地浮游在空气之中，动物通过呼吸道吸入肺内，达到免疫目的。气雾免疫时，如雾化粒子过大或小、温度过高、湿度过高或过低，均可影响免疫效果。

优点：省时、省力，全群动物可在同一短暂时间内获得同步免疫，尤其适于大群动物的免疫。缺点：需要的疫苗数量较多，容易激发潜在的呼吸道疾病。

（4）滴鼻、点眼免疫法。鼻腔黏膜下有丰富的淋巴样组织，禽类眼部有哈德氏腺，对抗原的刺激都能产生很强的免疫应答反应。操作时用乳头滴管吸取疫苗滴于鼻孔内或眼内。

（5）刺种免疫法。常用于禽痘、禽脑脊髓炎等疫病的弱毒疫苗接种。将疫苗稀释后，用接种针或蘸水笔尖蘸取疫苗液并刺入禽类翅膀内侧翼膜下的无血管处即可。刺种免疫操作相对较为烦琐，应用范围较小。

（6）其他免疫法。如鸡传染性喉气管炎的擦肛免疫接种法、皮肤涂擦免疫接种等，目前很少使用。

(三)免疫后操作技术

(1)清理器材。将注射器、针头等器械洗净、煮沸消毒。

(2)处理疫苗。开启和稀释后的疫苗,当天用不完时应废弃作无害化处理。未开启和未稀释的疫苗放入冰箱,在有效期内下次接种时首先使用。

(3)记录免疫接种情况。

(4)用完的疫苗瓶、用过的酒精棉球应集中进行无害化处理,禁止随意丢弃。

(5)应激反应观察。预防接种后,要详细观察动物的饮食、精神状况,并抽查体温,对有应激反应的动物应予以登记,对应激反应严重个体及时抢救治疗。

(6)开展免疫抗体监测。免疫接种后应抽查一定比例的免疫接种动物进行抗体检测,以便掌握免疫效果。

(四)器械常见故障处理

1. 注射器常见故障的处理(表 1-1)

表 1-1 注射器常见故障的处理

故障	原因	处理方法	注射器种类
药剂泄漏	装配过松	拧紧	金属、连续
药剂反窜活塞背后	活塞过松	拧紧	金属
推药时费劲	活塞过紧	放松	金属
	玻璃盖磨损	更换	金属
药剂打不出去	针头堵塞	更换	金属、连续
活塞松紧无法调整	橡胶活塞老化	更换	金属
空气排不尽(或装药时玻璃管有空气)	装配过松	拧紧	连续
	出口阀有杂物	清除	连续
	导流管破洞	更换	连续
	金属活塞老化	更换活塞和玻璃管	连续
注射推药力度突然变轻	进口阀有杂物,药剂回流	清除	连续
	容器产生负压	更换或调整容器上空气枕头	连续

2. 断针事故处理

(1)断针显露于体外时,可用手指或镊子将针迅速取出。

(2)断端与皮肤相平或稍凹陷于体内时,可用左拇指、食指垂直向下挤压针孔两侧,使断针暴露体外,右手持镊子将断针取出。

(3)断针完全深入皮下或肌肉深层时,切开皮肤,取出断针。

（4）断针事故预防　注射前仔细检查针头，剔除不合格针头；避免行针用力过猛；行针过程中，如发现弯针时，应立即抽针，切不可强行刺入；对于滞针等亦应及时正确地处理，不可强行硬拔。

五、疫苗接种反应及疫苗的联合使用

（一）疫苗接种反应的类型

1. 疫苗接种反应的类型

对动物机体来说，疫苗是外源性物质，接种后会出现一些不良反应，反应的性质和强度因疫苗及动物机体的不同也有所不同，按照反应的强度和性质可将其分为三个类型。

（1）正常反应。是指由于疫苗本身的特性而引起的反应。少数疫苗接种后，常常出现一过性的精神沉郁、食欲下降、注射部位的短时轻度炎症等局部性或全身性异常表现。如果这种反应的动物数量少、反应程度轻、维持时间短暂，属于正常反应，一般也不用处理，可自行消退。

（2）重症反应。是指与正常反应在性质上相似，但反应程度重或出现反应的动物数量较多。其原因通常是由于疫苗质量低劣或毒（菌）株的毒力偏强、使用剂量过大、操作不正确、接种途径错误或使用对象不正确等因素引起。通过严格控制疫苗的质量，并按照疫苗使用说明书操作，常常可避免或减少发生的频率。

（3）过敏反应。是指由于疫苗本身或其培养液中某些过敏原的存在，导致疫苗接种后动物迅速出现过敏性反应的现象。发生过敏反应的动物表现为黏膜发绀、缺氧、严重的呼吸困难、呕吐、腹泻、虚脱或惊厥等全身性反应和过敏性休克症状。过敏反应在以异源细胞或血清制备的疫苗接种时经常出现，在实践中应密切关注接种后的反应。

2. 接种反应处理

（1）重症应激反应。应采用抗休克、抗过敏、抗炎症、抗感染、强心补液、镇静解痉等急救措施。

（2）对局部出现的炎症反应，应采用消炎、消肿、止痒等措施。

（3）对合并感染的病例可用抗生素和对症治疗措施。

3. 接种反应预防

（1）保持圈舍适宜的温度、湿度和光照，保持良好通风、搞好消毒。

（2）制定科学的免疫程序，选用适宜的疫苗。

（3）注射部位要准确，接种操作方法要规范，接种剂量要适当。

（4）免疫接种前对动物进行健康检查。凡发病的，精神、食欲、体温不正常的，体质瘦弱的、幼小的、年老的、怀孕后期的动物均不予接种或暂缓接种。

（5）对疫苗的质量、保存条件、保存期均要认真检查，必要时先做小群动物接种试验，然后大群免疫接种。

（6）免疫接种前，避免动物受到寒冷、转群、运输、脱水、突然换料、噪声、惊吓等应激反应，可在免疫前后 3~5 天在饮水中添加速溶电解多维，或维生素 C、维生素 E 等，以降低应激反应。

（7）免疫前后给动物提供营养丰富、均衡的优质饲料，提高机体非特异性免疫力。

（二）疫苗的联合使用

有时因防疫需要，往往需在同一时间给动物接种两种或两种以上的疫苗。因此选择疫苗联合接种免疫时，应根据研究结果和试验数据确定哪些疫苗可以联合使用，哪些疫苗在使用时应有一定的时间间隔以及接种的先后顺序等。

研究表明，灭活疫苗联合使用时似乎很少出现相互干扰的现象，甚至某些疫苗还能促进其他疫苗免疫力的产生。但考虑到动物机体的承受能力、疫病危害程度和目前的疫苗生产工艺等因素，常规灭活苗无限制累加联合使用会影响主要疫病的免疫效果，其原因是动物机体对多种外界因素刺激的反应性是有限度的，同时接种疫苗的种类或数量过多时，不仅妨碍动物机体针对主要疫病高水平免疫力的产生，而且有可能出现较剧烈不良反应而减弱机体的抗病能力。因此，对主要动物疫病的免疫预防，应尽量使用单苗或联合较少的疫苗免疫接种，以达到预期效果。

随着生物技术的发展，人们将疫苗中与免疫保护作用无关的成分去除，使联合弱毒疫苗或灭活疫苗的质量不断提高、不良反应逐渐减少，这将使动物疫病预防的前景大为改观。

六、强制免疫和强制免疫计划

（一）强制免疫

《中华人民共和国动物防疫法》（以下简称《动物防疫法》）第十六条规定："国家对严重危害养殖业生产和人体健康的动物疫病实施强制免疫"。实施强制免疫可保证动物的健康生长，促进畜牧业稳定健康发展；减少人兽共患病的发生，保证人类不感染或少感染动物传播的疫病；保证人们食用安全的动物产品；保证社会的稳定，创建和谐社会；为我国动物产品的出口创汇奠定基础；是推进美丽乡村建设的有力保证。

1. 强制免疫制度

强制免疫制度是指国家对严重危害养殖业生产和人体健康的动物疫病，采取的强制免疫计划，确定免疫用生物制品和免疫程序，以及对免疫效果进行监测等一系列预防控制动物疫病的强制性措施，以达到有计划按步骤地预防、控制、扑灭动物疫病的目标制度。这项制度是动物防疫法制化管理的重要标志，是《动物防疫法》第五条"动物防疫实行预防为主，预防与控制、净化、消灭相结合的方针"的重要体现。

2. 强制免疫的病种名录

实施强制免疫的病种是严重危害养殖业生产和人体健康的动物疫病。《动物防疫法》第十六条规定："国务院农业农村主管部门确定强制免疫的动物疫病病种和区域"。国务院兽医主管部门应当根据动物疫病对养殖业生产发展和人体健康的危害程度和疫苗研制水平，抓住重点来具体确定全国范围内强制免疫病种。省、自治区、直辖市人民政府兽医主管部门也可根据本行政区域内动物疫病流行情况增加实施强制免疫的动物疫病病种和区域。目前各地强制免疫的病种和对象不尽相同，农业农村部在2022年1月制定并发布的《国家动物疫病强制免疫指导意见（2022—2025年）》中规定的病种范围和对象包括如下。

（1）高致病性禽流感。对全国所有鸡、鸭、鹅、鹌鹑等人工饲养的禽类，根据当地实际情况，在科学评估的基础上选择适宜疫苗，进行H5亚型和（或）H7亚型高致病性禽流感免疫。对供研究和疫苗生产用的家禽、进口国（地区）明确要求不得实施高致病性禽流感免疫的出口家禽，以及因其他特殊原因不免疫的，有关养殖场（户）逐级报省级农业农村部门同意后，可不实施免疫。

（2）口蹄疫。对全国有关畜种，根据当地实际情况，在科学评估的基础上选择适宜疫苗，进行O型和（或）A型口蹄疫免疫：对全国所有牛、羊、骆驼、鹿进行O型和A型口蹄疫免疫；对全国所有猪进行O型口蹄疫免疫，各地根据评估结果确定是否对猪实施A型口蹄疫免疫。

（3）小反刍兽疫。对全国所有羊进行小反刍兽疫免疫。开展非免疫无疫区建设的区域，经省级农业农村部门同意后，可不实施免疫。

（4）布鲁氏菌病。对种畜以外的牛羊进行布鲁氏菌病免疫，种畜禁止免疫。各省份根据评估情况，原则上以县为单位确定本省份的免疫区和非免疫区。免疫区内不实施免疫的、非免疫区实施免疫的，养殖场（户）应逐级报省级农业农村部门同意后实施。各省份根据评估结果，自行确定是否对奶畜免疫；确需免疫的，养殖场（户）应逐级报省级农业农村部门同意后实施。免疫区域划分和奶畜免疫等标准由省级农业农村部门确定。

（5）包虫病。内蒙古、四川、西藏、甘肃、青海、宁夏、新疆和新疆生产建设兵团等重点疫区对羊进行免疫；四川、西藏、青海等省份可使用5倍剂量的羊棘球蚴病基因工程亚单位疫苗开展牦牛免疫，免疫范围由各省份自行确定。

省级农业农村部门可根据辖区内动物疫病流行情况，对猪瘟、新城疫、猪繁殖与呼吸综合征、牛结节性皮肤病、羊痘、狂犬病、炭疽等疫病实施强制免疫。

3. 强制免疫费用

按照《财政部、农业农村部关于修订印发农业相关转移支付资金管理办法的通知》（财农〔2020〕10号）要求，对国家确定的强制免疫病种，中央财政切块下达补助资金，统筹支持各省份开展强制免疫、免疫效果监测评价、疫病监测和净化、人员防护，以及实施强制免疫计划、购买防疫服务等。

（二）强制免疫计划

《动物防疫法》规定，各省、自治区、直辖市人民政府农业农村主管部门制订本行政区域的强制免疫计划；根据本行政区域动物疫病流行情况增加实施强制免疫的动物疫病病种和区域，报本级人民政府批准后执行，并报国务院农业农村主管部门备案。

县级以上地方人民政府农业农村主管部门负责组织实施动物疫病强制免疫计划，并对饲养动物的单位和个人履行强制免疫义务的情况进行监督检查。

乡级人民政府、街道办事处组织本辖区饲养动物的单位和个人做好强制免疫，协助做好监督检查；村民委员会、居民委员会协助做好相关工作。

县级以上地方人民政府农业农村主管部门应当定期对本行政区域的强制免疫计划实施情况和效果进行评估，并向社会公布评估结果。

农业农村部要求，各省份按照《国家动物疫病强制免疫指导意见（2022—2025年）》，结合防控实际（含计划单列市工作需求），制订本辖区的强制免疫计划，报农业农村部畜牧兽医局备案，抄送中国动物疫病预防控制中心，并在省级农业农村部门门户网站公开。对散养动物，采取春秋两季集中免疫与定期补免相结合的方式进行，对规模养殖场（户）及有条件的地方实施程序化免疫。

（三）强制免疫动物的可追溯管理

《动物防疫法》第十七条规定："饲养动物的单位和个人应当履行动物疫病强制免疫义务，按照强制免疫计划和技术规范，对动物实施免疫接种，并按照国家有关规定建立免疫档案、加施畜禽标识，保证可追溯。"

七、免疫程序

根据一定地区或养殖场内不同传染病的流行情况及疫苗特性为特定动物制订的免疫接种方案，称免疫程序。主要包括疫苗名称、类型、接种次序、次数、途径及间隔时间。

（一）制订免疫程序要考虑的因素

目前并没有一个能够适合所有地区或养殖场的标准免疫程序。书上或其他养殖场的免疫程序只能起参考作用，而且同一养殖场的免疫程序也不是固定不变的。免疫程序的制订，应根据不同动物或不同传染病流行特点和生产实际情况，充分考虑本地区常见多发或威胁大的传染病分布特点、疫苗类型及其免疫效能和母源抗体水平等因素，以便选择适当的免疫时间，有效地发挥疫苗的保护作用。

免疫接种必须按合理的免疫程序进行，制订免疫程序时，要统筹考虑下列因素。

1. 当地疫病的流行情况及严重程度

免疫程序的制订首先要考虑当地疫病的流行情况及严重程度，据此才能决定需要接种什么种类的疫苗，达到什么样的免疫水平。

2. 疫苗特性

疫苗的种类、接种途径，产生免疫力所需的时间、免疫有效期等因素均会影响免疫效果，因此在制订免疫程序时，应进行充分的调查、分析和研究。

3. 动物免疫状况

畜禽体内的抗体水平与免疫效果有直接关系，抗体水平低的要早接种，抗体水平高的推迟接种，免疫效果才会好。畜禽体内的抗体有两大类，一是母源抗体；二是通过后天免疫产生的抗体。制订免疫程序时必须考虑抗体水平的变化规律，免疫时间选在抗体水平到达临界线前进行较合理。

4. 生产需要

畜禽的用途、饲养时期不同，免疫程序也不同。例如肉用家禽与蛋用家禽免疫程序就不同。蛋用家禽的生产周期长，需要进行多次免疫，且还应考虑接种对产蛋率、孵化率及母源抗体的影响；而肉用家禽生产周期短，免疫疫苗种类及次数就大大减少。

5. 养殖场综合防疫能力

免疫接种是养殖场众多防疫措施之一，养殖场其他防疫措施严密得力，就可减少免疫疫苗种类及次数。

不同地区、不同养殖场可能发生的疫病不同，用来预防这些疫病的疫苗性质也不尽相同，不同养殖场的综合防疫能力相差较大。因此，不同养殖场没有可供统一使用的免疫程序，应根据本地和本场的实际情况制订合理的免疫程序。

（二）免疫程序制订的方法和程序

1. 掌握威胁本地区或养殖场的主要疫病种类及其分布特点

要根据疫病监测和流行病学调查结果，分析该地区或养殖场内常见多发传染病的危害程度及周围地区威胁较大的传染病流行和分布特征，并根据动物的类别确定哪些传染病需要免疫或终生免疫，哪些传染病需要根据季节或动物年龄进行免疫防控。对本场或本地区从未发生过的疫病，一般不进行免疫接种，有威胁时需要接种灭活苗，以免引起人为散毒；对某些季节性较强的传染病如乙脑，可在流行季节到来前 1～2 个月进行免疫接种；对主要侵害新生动物的疫病如仔猪黄痢，可在母畜产仔前接种。接种的次数依据疫苗的特性和该病的危害程度决定。

2. 了解疫苗的免疫学特性

疫苗特性是制定免疫程序的重要依据。由于疫苗的种类、适用对象、保存、接种方法、使用剂量、接种后免疫力产生的时间、免疫保护效力及其持续期、最佳接种时机及间隔等疫苗特性是制定免疫程序的重要内容，因此只有在对这些特性进行充分的研究和分析后，才能制订出科学、合理的免疫程序。

3. 充分利用血清学抗体监测结果

由于易感年龄跨度大的传染病需要终生免疫，因此应根据定期测定的抗体消长规律确定首免日龄和加强免疫的时间。初次使用的免疫程序应定期测定免疫动物群的免疫水平，发现问题要及时调整并采取补救措施。新生动物的首免日龄应根据其母源抗体的消长规律来确定，以防止母源抗体的干扰。

八、影响免疫效果的因素和免疫效果的评价

（一）影响免疫效果的因素

影响免疫效果的因素是多方面的，主要有以下几个方面。

1. 免疫动物群的机体状况

动物的品种、年龄、体质、营养状况、接种密度等对免疫效果影响较大。幼龄、体弱、生长发育差以及患慢性病的动物，用苗后疫苗接种反应明显，抗体上升缓慢。若动物群的免疫密度较高时，那些免疫动物在群体中能够形成屏障，从而保护动物群不被感染；相反，若动物群的免疫密度低，由于易感动物集中，病原体一旦传入即可在群体中造成流行。但免疫接种疫苗过多，接种过于频繁，会引起动物群出现免疫麻痹，导致免疫失败。

2. 疫苗株与病原体血清型不一致及病原变异

某些病原体的血清型较多且相互之间无交叉保护力，在免疫接种时若使用的疫苗血清型与当地流行毒（菌）株不符，则严重影响免疫效果，如大肠杆菌、传染性支气管炎病毒等。某些病原体又容易发生变异，或毒力增强，或出现新毒株，常造成免疫接种失败，如禽流感、传染性法氏囊病、马立克氏病等。

3. 外界环境因素

若免疫动物群动物福利程度不高，环境条件恶劣，卫生消毒制度不健全、饲料营养不全面、动物圈舍寒冷、潮湿、闷热、空气污浊、饲养密度大、嘈杂等应激因素存在时，会降低机体的免疫应答反应。

4. 免疫程序不合理

免疫程序不合理包括疫苗的种类、生产厂家、接种时机、接种途径和剂

量、接种次数及间隔时间等不适当，容易出现免疫效果差或免疫失败的现象。此外，疫病的分布发生变化时，疫苗的接种时机、接种次数及间隔时间等应作适当调整。

5. 免疫抑制因素的影响

近年来，免疫抑制因素对免疫效果的影响已日益受到重视。某些传染病如猪繁殖与呼吸综合征、猪圆环病毒病、传染性法氏囊病、马立克氏病、禽白血病、鸡传染性贫血、网状内皮增殖症等感染，或其他如霉菌毒素、营养不全面、某些药物等，会破坏机体的免疫系统，导致动物免疫功能受到抑制或免疫应答能力下降。

6. 母源抗体的干扰

由于动物胎盘的特殊结构，胎儿在母体内不能获得免疫抗体，出生后须吃初乳才能获得被动免疫。一般来说，新生动物未吃初乳前，血清中免疫球蛋白的含量极低，吮吸初乳后血清免疫球蛋白的水平能够迅速上升并接近母体的水平，生后 24～35 小时即可达到高峰，随后逐渐下降，降解速度随动物种类、免疫球蛋白的类别、原始浓度等不同有明显差异。由于初生动物免疫系统发育尚未成熟，此时接种弱毒疫苗时很容易被母源抗体中和而出现免疫干扰现象。

但在生产实践中，可采用有针对性的措施来减轻母源抗体的干扰。如对雏鸡进行新城疫接种，可采用弱毒苗和灭活苗同时接种，或增大疫苗用量，取得了较好的效果。在猪瘟多发地区或养猪场，采取超前免疫取得了较好的防制效果，即仔猪在出生后未吃初乳前接种猪瘟疫苗，间隔 2～3 小时后再吃初乳，以期产生主动免疫。其机理是胎猪在 70 日龄时的免疫系统已能够对抗原的刺激产生免疫应答，新生仔猪吮吸初乳后血清中抗体需要 6～12 小时才能达到高峰，因此在仔猪吃初乳前接种猪瘟疫苗，有足够时间让病毒在仔猪体内扩散、定居和增殖，从而不会被母源抗体所中和。

7. 疫苗质量存在问题

疫苗分为 2 类，即冻干苗和液体苗。液体苗又分为油乳佐剂苗和水剂苗。其保存和运输方法不同。运输和贮存应严格执行冷链系统，即从生产单位到使用单位的一系列运输、储存直到使用过程中的每个环节，始终使其处于适当的冷藏条件下，并严禁反复冻融。疫苗使用前应认真检查，若发现冻干苗失真空，油乳剂苗沉淀、变质或发霉、有异物、过期，无批准文号、生产日期和有效期的三无产品等情况，应予废弃。使用时应严格按照要求稀释，在规定时间内接种完毕。

（二）疫苗免疫效果的评价

疫苗免疫接种的目的是降低动物对某些疫病的易感性，减少疫病带来的经济损失。因此，某一免疫程序对特定动物群是否达到了预期的效果，需要定期对接种对象的实际发病率和抗体水平进行监测和分析,以评价其是否合理。免疫评价的方法主要有流行病学评价方法、血清学评价方法和人工攻毒试验。

1. 流行病学评价方法

通过免疫动物群和非免疫动物群的发病率、死亡率等流行病学指标,来比较和评价不同疫苗或免疫程序的保护效果。保护率越高,免疫效果越好。常用的指标有:

$$效果指数 = 对照组患病率 / 免疫组患病率$$

$$保护率(\%) = (对照组患病率 - 免疫组患病率) / 免疫组患病率 \times 100$$

当效果指数 < 2 或保护率 < 50% 时,可判定该疫苗或免疫程序无效。

2. 血清学评价

血清学评价是以测定抗体的转化率和几何滴度为依据,但多用血清抗体的几何滴度来进行评价,通过比较接种前后滴度升高的幅度及其持续时间来评价疫苗的免疫效果。如果接种后的平均抗体滴度比接种前升高 4 倍以上,即认为免疫效果良好;如果小于 4 倍,则认为免疫效果不佳或需要重新进行免疫接种。

3. 人工攻毒试验

通过对免疫动物的人工攻毒试验,可确定疫苗的免疫保护率、安全性、开始产生免疫力的时间、免疫持续期和保护性抗体临界值等指标。

九、免疫标识

动物免疫标识包括免疫耳标、免疫档案。为加强和规范动物强制免疫,有效控制重大动物疫病,依据《动物防疫法》规定,凡在我国境内对动物重大疫病实行强制免疫,均须建立免疫档案管理制度,对猪、牛、羊佩戴免疫耳标。实行免疫标识制度,加强畜禽标识和养殖档案管理,建立畜禽及畜禽产品可追溯制度,有效防控重大动物疫病,可以保障畜禽产品质量安全。动物免疫标识与档案必须按农业农村部《动物免疫标识管理办法》《畜禽标识和养殖档案管理办法》等实施。

(一)畜禽标识的概念

畜禽标识是指经农业农村部批准使用的耳标、电子标签、脚环及其他承载畜禽信息的标识物。

畜禽标识实行一畜一标,编码应当具有唯一性。畜禽标识编码由畜禽种类代码、县级行政区域代码、标识顺序号共 15 位数字及专用条码组成。猪、牛、羊的畜禽种类代码分别为 1、2、3。编码形式为:×(种类代码)—××××××(县级行政区域代码)—××××××××(标识顺序号)。省级动物疫病预防控制机构统一采购畜禽标识,逐级供应。

（二）家畜耳标样式

1. 耳标组成及结构

家畜耳标由主标和辅标两部分组成。主标由主标耳标面、耳标颈、耳标头组成。辅标由辅标耳标面和耳标锁扣组成。

2. 耳标形状

（1）猪耳标。主标耳标面为圆形，辅标耳标面为圆形。

（2）牛耳标。主标耳标面为圆形，辅标耳标面为铲形。

（3）羊耳标。主标耳标面为圆形，辅标耳标面为长方形。

（三）家畜耳标佩戴

1. 佩戴时间

新出生家畜，在出生后30天内加施家畜耳标；30天内离开饲养地的，在离开饲养地前加施；从国外引进的家畜，在到达目的地10日内加施。家畜耳标严重磨损、破损、脱落后，应当及时重新加施，并在养殖档案中记录新耳标编码。

2. 佩戴工具

耳标佩戴工具使用耳标钳，目前由耳标生产厂家配套提供，即与耳标规格相匹配。

3. 佩戴位置

免疫耳标首次佩带在牲畜左耳。从县境外调入的饲养动物，需再次实施强制免疫的，免疫耳标佩带在右耳，同时重新建立免疫档案。对种畜和奶牛，应按畜只建立单独的免疫档案，调运时注明调出和调入地，不必重新佩带耳标和建立档案。

4. 佩戴方法

佩戴家畜耳标之前，应对耳标、耳标钳、动物佩戴部位进行严格消毒。然后用耳标钳将主耳标头穿透动物耳部，插入辅标锁扣内，固定牢固，耳标颈长度和穿透的耳部厚度适宜。主耳标佩戴于生猪耳朵的外侧，辅耳标佩戴于生猪耳朵的内侧。

5. 登记

防疫人员对生猪所佩戴的耳标信息进行登记造册。

（四）养殖档案

根据《畜禽标识和养殖档案管理办法》规定，养殖档案分为养殖场养殖档案和动物疫病预防控制机构畜禽免疫档案两种，动物防疫员在进行免疫接种后，都要及时、准确填写。

1. 畜禽养殖场

畜禽养殖场、养殖小区应当依法向所在地县级人民政府畜牧兽医行政主管部门备案，取得畜禽养殖代码。畜禽养殖代码由县级人民政府畜牧兽医行政主管部门按照备案顺序统一编号，每个畜禽养殖场、养殖小区只有一个畜禽养殖代码。畜禽养殖代码由6位县级行政区域代码和4位顺序号组成，作为养殖档案编号。

饲养种畜应当建立个体养殖档案，注明标识编码、性别、出生日期、父系和母系品种类型、母本的标识编码等信息。种畜调运时应当在个体养殖档案上注明调出和调入地，个体养殖档案应当随同调运。

畜禽养殖场应当建立养殖档案，载明以下内容。

（1）畜禽的品种、数量、繁殖记录、标识情况、来源和进出场日期。

（2）饲料、饲料添加剂等投入品和兽药的来源、名称、使用对象、时间和用量等有关情况。

（3）检疫、免疫、监测、消毒情况。

（4）畜禽发病、诊疗、死亡和无害化处理情况。

（5）畜禽养殖代码。

（6）农业农村部规定的其他内容。

2. 县级动物疫病预防控制机构

应当建立畜禽防疫档案，载明以下内容。

（1）畜禽养殖场。名称、地址、畜禽种类、数量、免疫日期、疫苗名称、畜禽养殖代码、畜禽标识顺序号、免疫人员以及用药记录等。

（2）畜禽散养户。户主姓名、地址、畜禽种类、数量、免疫日期、疫苗名称、畜禽标识顺序号、免疫人员以及用药记录等。

（五）免疫标识管理

动物卫生监督机构实施产地检疫时，应当查验畜禽标识。没有加施畜禽标识的，不得出具检疫合格证明。动物卫生监督机构应当在畜禽屠宰前，查验、登记畜禽标识；畜禽屠宰经营者应当在畜禽屠宰时回收畜禽标识，由动物卫生监督机构保存、销毁。畜禽经屠宰检疫合格后，动物卫生监督机构应当在畜禽产品检疫标志中注明畜禽标识编码。省级人民政府畜牧兽医行政主管部门应当建立畜禽标识及所需配套设备的采购、保管、发放、使用、登记、回收、销毁等制度。畜禽标识不得重复使用。

养殖档案和防疫档案保存时间：商品猪、禽为2年，牛为20年，羊为10年，种畜禽长期保存。从事畜禽经营的销售者和购买者应当向所在地县级动物疫病预防控制机构报告更新防疫档案相关内容。销售者或购买者属于养殖场的，应及时在畜禽养殖档案中登记畜禽标识编码及相关信息变化情况。

畜禽养殖场养殖档案及种畜个体养殖档案格式由农业农村部统一制定。

第二章　重大动物疫病的诊断

动物疫病诊断是指通过临床诊断、流行病学调查、病理剖检和实验室检验等方法对动物疫病进行定性、确认的一种判断过程。

第一节　临床诊断

动物疫病诊断是指通过多种方法和技术，对动物疾病进行准确判断和确认的过程。

一、疫病诊断主要方法

（一）临床诊断

通过观察动物的临床症状和行为来判断疾病。临床诊断包括问诊、视诊和触诊等方法。问诊是通过询问养殖户了解动物的发病时间、地点、症状等信息；视诊是通过肉眼观察动物的精神状态、体态和皮肤状况；触诊则是通过触摸动物的体表，检查其外部特征和内部病变。

（二）实验室诊断

通过检测动物的血液、粪便、尿液等样本，确定病原体。实验室检测包括血清学检测、病原学检测和免疫学检测等，可以更精确地识别病原体。

（三）影像学诊断

使用X射线、超声波等设备检查动物的内部结构，辅助诊断。影像学检查可以帮助发现动物体内的异常情况，如内脏器官的病变。

（四）流行病学调查

了解疫病的流行特点，包括疫病的传播途径、易感动物种类等，有助于综合判断疫病的种类和性质。

（五）病理学诊断

通过病理学检查，进一步确认疫病的性质和原因。病理学诊断通常在实验室中进行，对病变组织进行详细检查。

这些方法相互补充，共同构成了一个完整的动物疫病诊断体系，确保对动物疫病的准确判断和治疗。

二、临床诊断程序

临床诊断常用的方法有问诊、视诊、触诊、叩诊、听诊、嗅诊和各项生理指标的检查。临床诊断也是动物疫病诊断中最基本的方法。

（一）临床诊断的程序及内容

（1）首先了解病畜的生长发育状况、饲养管理情况、发病时间及症状表现等。

（2）有目的地对病畜进行形态、结膜、淋巴结、皮肤、体温等进行检查，必要时对体温、脉搏、呼吸、血压以及消化、泌尿、生殖、神经等进行系统检查。

（3）作出初步诊断结论。对具有典型症状的病例，一般通过临床诊断即可初步认定。

（二）注意事项

（1）临床诊断具有一定的局限性。如对发病初期特征性症状尚不明显的病例和非典型病例，则只能提出可疑疫病的大致范围，必须借助其他方法进行诊断。

（2）诊断时，要收集发病动物群表现的所有症状，进行综合分析判断，不能单凭少数病例的症状轻易下结论。

（3）体温的变化是动物机体对于外来和内在的病理刺激的一种对抗性反应。因此，对病畜检查时，体温是不可缺少的诊断依据，准确检查体温在进行重大动物疫病诊断时尤显重要，但也要考虑药物对体温的影响。

体温、脉搏和呼吸数是评价动物生命活动的重要生理指标，一般变化在一个较为恒定的范围之内。但是，在病理过程中，受病原因素的影响而发生不同程度和形式的变化。因此，临床上测定这些指标，在诊断疾病和分析病程的变化上有重要的实际意义。

三、体温测定

动物体内的温度不依赖于外界气温的变化而改变，机体内的产热和散热保持平衡。

（一）正常体温及其生理影响因素

健康动物的体温见表2-1。

表 2–1　健康动物的体温　　　　　　　　　　　　单位：℃

动物种类	正常体温	动物种类	正常体温
马	37.5～38.5	猪	38.0～39.5
骡	37.5～39.0	犬	37.5～39.0
驴	37.5～38.5	猫	38.5～39.5
奶牛	37.5～39.5	兔	38.5～39.5
黄牛	37.5～39.0	狐狸	38.7～40.1
水牛	36.5～38.5	鸡	40.0～42.0
绵羊、山羊	38.0～40.0	鹅	40.0～41.3
骆驼	36.0～38.5	鸭	41.0～43.0
鹿	38.0～39.0	鸽	41.0～43.0

影响动物体温的因素有动物的年龄、性别、品种、营养状况及生产性能，动物的兴奋、运动与使役、采食、咀嚼活动之后，外界气候条件（温度、湿度、风力等）和地区性的影响、昼夜温差等。

（二）体温测量的方法

临床测量哺乳动物体温均以直肠温度为标准，而禽类通常测其翼下的温度，小动物可测量腋下和股内侧温度。一般用体温计进行检温。

检查体温时，先将水银柱甩至35℃以下；后用消毒棉轻拭之并涂以滑润剂（如液体石蜡或水）；检查人员用一手将动物尾根部提起并推向对侧，以另一手持体温计徐徐插入肛门中，用附有的夹子夹在尾根毛上加以固定，放开尾巴。体温计在直肠中放置3～5分钟，取出后用酒精棉球拭净粪便或黏液，读取水银柱上端的度数即可。测温完毕，应用动体温计使水银柱降下并用消毒棉轻拭，以备下次使用。临床上应对病畜逐日检温，最好每昼夜定期检温两次，并将测温结果记录在病历上或体温记录表上，对住院或复诊病例应描绘出体温曲线表，以观察、分析病情的变化。

体温测量误差的常见原因：①测量前未将体温计的水银柱甩至35℃以下；②没有让动物充分地休息；③频繁下痢、肛门松弛、冷水灌肠后或体温计插入直肠中的粪便中，以及测量时间过短等。

（三）体温的病理变化及临床意义

1. 体温升高

体温高于正常为发热，见于各种病原体所引起的全身感染，也见于某些变态反应性疾病和内分泌代谢障碍性疾病。

2. 体温降低

体温低于正常范围，临床上多见于严重贫血、营养不良、休克、大出血以及多种疾病的濒死期等。体温低于36℃，同时伴有发绀、末梢冷厥、高度沉郁或昏迷、心脏微弱，多提示预后不良。

四、脉搏（心率）测定

脉搏的频率即每分钟的脉搏次数，以触诊的方法感知浅在动脉的搏动来测定。检查脉搏可判断心脏活动机能与血液循环状态，甚至可判断疾病的预后。

（一）正常脉搏频率及影响因素

1. 脉搏检查的部位及方法

动物种类不同，脉搏检查的部位有一定差异。马通常检查颌外动脉，牛检查尾动脉，小动物检查股动脉或肱动脉。检查时用食指、中指和无名指指腹压于血管上，左右滑动，即可感觉到血管似一富有弹性的橡皮管在指下跳动。检查计数每分钟脉搏次数。

2. 正常动物脉搏的频率

健康动物每分钟的脉搏次数见表2-2。

表2-2 健康动物的脉搏频率　　　　　　　　　　　　单位：次/分钟

动物种类	脉搏频率	动物种类	脉搏频率
马、骡	26～42	猪	60～80
驴	42～54	犬	70～120
乳牛、黄牛	50～80	猫	110～130
水牛	30～50	兔	120～140
绵羊、山羊	70～80	狐狸	85～130
骆驼	32～52	鸡（心率）	120～200
鹿	40～80	鸽（心率）	180～250

3. 脉搏的生理性影响因素

正常脉搏的频率受许多因素的影响，如品种、性别、年龄、饲养管理、地理环境、外界温度和湿度、生产性能、紧张和兴奋状态、胃肠充满程度等。

（二）脉搏频率的病理性变化

1. 脉搏频率增加

病理性脉搏加快主要见于发热性疾病、传染病、疼痛性疾病、中毒性疾病、营养代谢病、心脏疾病和严重贫血性疾病。当脉搏数比正常增加1倍以上时，均提示病情严重。

2. 脉搏频率降低

病理性脉搏减慢是心动徐缓的指征。一般可见于引起颅内压增高的脑病、胆血症、某些中毒及药物中毒等。高度衰竭时，也可见有心动徐缓与脉数稀少。脉搏次数的显著减少提示预后不良。

五、呼吸频率测定

（一）呼吸频率及测定方法

动物的呼吸频率或称呼吸数，以每分钟呼吸次数（次/分钟）来表示。健康动物的呼吸频率因品种、性别、年龄、劳役、肥育程度、运动、兴奋、海拔和季节等因素的影响而有一定差异。呼吸频率应在动物安静时，根据胸廓和腹壁的起伏动作或鼻翼的开张动作进行计数，亦可通过听取呼吸音来计数。鸡可注意观察肛门部羽毛的抽动而计算。冬天寒冷时，可观察鼻孔呼出的气流。健康动物的呼吸频率及其变动范围见表2-3。

表2-3　健康动物呼吸频率及其变动范围　　　　　　　　　　　单位：次/分钟

动物种类	呼吸频率	动物种类	呼吸频率
马	8～16	犬	10～30
乳牛、黄牛	10～25	猫	10～30
水牛	10～30	兔	50～60
绵羊、山羊	12～30	狐狸	15～45
骆驼	6～15	鸡	15～30
鹿	15～25	鸽	20～35
猪	18～30		

（二）呼吸频率的病理变化

1. 呼吸次数增多

引起呼吸次数增多的常见病因是：①呼吸器官疾病；②多数发热性疾病；③心力衰竭及心功能不全；④影响呼吸运动的其他疾病；⑤剧烈疼痛性疾病；⑥中枢神经系统的疾病；⑦某些中毒性疾病等。

2. 呼吸次数减少

临床上比较少见，主要是呼吸中枢的高度抑制。见于脑部疾病和中毒性疾病的后期引起的颅内压增高及濒死期，亦见于引起喉和气管狭窄（吸气缓慢）以及细支气管狭窄（呼气缓慢）性的疾病。呼吸次数的显著减少并伴有呼吸节律的改变，常提示预后不良。

六、血压测定

（一）动脉血压的测定方法

动脉压是指动脉管内的压力，简称血压或体循环血压。心室收缩时，血液急速流入动脉，动脉管达到最高紧张度时的血压，称收缩压（高压）。心室舒张时，动脉血压逐渐降低，血液流入末梢血管，动脉管的紧张度最低时的血压，称舒张压（低压）。收缩压与舒张压之差称脉压，它是了解血流速度的指标。

测定动脉压的方法，有视诊法和听诊法。常用的血压计有汞柱式、弹簧式两种。部位随动物种类不同而异，大家畜（如马、牛）在尾中动脉，小动物（如犬等）在股动脉。测血压时，使动物取站立姿势，将橡皮气囊（或称袖袋）绑在尾根部或股部。橡皮气囊的一端连在血压计上，另一端连在打气用的胶皮球上。在用视诊法测定时，是用胶皮球向气囊内打气，使汞柱或指针超过正常高度的刻度，随后通过胶皮球旁边的活塞缓缓放气，每秒钟放气量以下降2刻度为宜，一边放气，一边观察汞柱表面波动或指针的摆动情况。当开始发现汞柱表面发生波动或指针出现摆动时，这时的刻度数即为心收缩压。之后再继续缓缓放气，直至汞柱的波动或指针的摆动由大变小，由明显变为不明显时，这时的刻度数即为心舒张压。在利用听诊法测定时，是先将听诊器的胸端放在绑气囊部的上方或下方，然后向气囊内打气至200刻度以上，随后缓缓放气，当听诊器内听到第一个声音时，汞柱表面或指针所指的刻度，即为心收缩压。随着缓缓地放气，声音逐渐增强，以后又逐渐减弱，并且很快消失，在声音消失前血压计显示的刻度，即代表心舒张压。有人认为，在利用听诊法测马的尾中动脉血压时，以将马尾根部稍上举为宜。在临床上测定血压时，多将两种方法结合起来应用。

另外，临床上还可以采用心电监护仪测定血压。

血压的记录与报告方式为：收缩压/舒张压，单位为毫米汞柱，如测得的收缩压为110毫米汞柱，舒张压为45毫米汞柱，则记录为110/45毫米汞柱。亦可直接记录为110/45。

（二）正常值

健康家畜的血压因种属、年龄和役用情况等不同而不同，另外，也随着所测定的部位而不同（表2-4）。

表2-4 健康家畜的动脉压测定值　　　　　　　　　　　　　单位：毫米汞柱

家畜种类	测定部位	收缩压	舒张压	脉压
马、骡	尾根部	100～120	35～50	65～70
牛	尾根部	110～130	30～50	80
骆驼	尾根部	130～155	50～75	80
绵羊、山羊	股部	100～120	50～65	50～55
犬	股部	120～140	30～40	90～100

（三）临床意义

收缩压的高低主要取决于心肌收缩力的大小和心脏搏出量的多少，舒张压主要取决于外周血管阻力及动脉壁的弹性。例如，在心机能不全，心脏搏出量减少时，或外周血管扩张（如休克），外周血管阻力降低（如热性病）时，可致血压下降。反之，在动物兴奋、紧张或使役之后，由于心脏搏出量增多，或由于肾素释放增多，血液中血管紧张素浓度升高时（如急、慢性肾炎），可致血压升高。脉压加大，见于主动脉瓣闭锁不全；脉压变小，见于二尖瓣口狭窄。

七、眼结膜的检查

（一）眼结膜的检查方法

眼结膜的颜色是由黏膜下毛细血管中血液数量及性状，以及血液和淋巴液中胆色素含量决定的。兽医工作者在临床检查中，通过视诊检查病畜眼结膜的颜色，能初步了解病畜全身的血液循环状态，掌握黏膜本身的变化，对疾病诊断和预后的判定有一定意义。

眼结膜的检查方法

（1）牛的眼结膜检查方法。助手一手用鼻钳子钳压鼻中隔，或用拇指和食指捏住鼻中隔，把牛向检查人的方向牵引，另一手持同侧角，向外用力推，如此使头转向侧方，即可露出眼结膜。也可两手分别握住两角，将头向侧方向扭转，进行眼结膜检查。健康牛的眼结膜呈浅红色。

（2）马的眼结膜检查方法。助手一手持耳夹子，另一手迅速抓住马耳。以持耳夹的手迅速将耳夹子放于马耳根部并用力夹紧保定，此时应紧握耳夹，以免挣脱而使夹子脱手甩出甚至伤人。检查左眼时，检查人左手抓住笼头，右手最后三指放在颧弓上面固定后，食指撑开眼睑，用拇指翻开下眼睑，眼结膜和瞬膜即可露出。检查右眼时，换手，按同样的方法进行。健康马的眼结膜呈淡红色。

（3）羊的眼结膜检查方法。助手用手握住双耳或双角，骑在羊背上，用两腿夹住其躯干部保定。检查者一手固定羊头，另一手的拇指与食指同时拨开上下眼睑，即可观察眼结膜的颜色。健康羊的眼结膜粉红色。

（4）猪的眼结膜检查方法。先抓住猪尾、猪耳或后肢站立保定，使之不能乱动，然后根据需要做进一步的保定；也可用绳的一端做一套或用鼻捻棒绳套自鼻部下滑，套入上颌犬齿后面并勒紧或向一侧捻紧即可固定。用拇指和食指打开上下眼睑，即可观察眼结膜。健康猪的眼结膜呈粉红色。

（5）犬的眼结膜检查方法。犬检查眼结膜很简单，没有什么特殊方法，就是犬主用双手分别握住犬两耳，并骑在犬背上，用两腿夹住胸部保定。检查者将犬上下眼睑打开然后进行检查即可。健康犬的眼结膜呈淡红色。

检查动物眼结膜时，除应注意其温度、湿度、有无出血、完整性外，最好在自然光下检查，并且两眼都做检查，以免误诊，更要仔细观察颜色变化。

（二）眼及眼结膜的病理变化

1. 结膜苍白

眼结膜苍白表示红细胞的丢失或生成减少，是贫血的典型症状。根据苍白时间的长短，可分为急速苍白和逐渐苍白。急速苍白的，发生在大量失血以后或大量内出血时。还应注意由于红细胞的大量被破坏而形成的溶血性贫血时，则在苍白的同时常带不同程度的黄染。

2. 结膜潮红

眼结膜潮红是眼结膜下毛细血管充血的征象，是血液循环障碍的表现。此外，也见于眼结膜的炎症和外伤等。根据潮红的性质，可分为弥漫性潮红和树枝状充血。弥漫性潮红是指整个眼结膜呈均匀潮红，见于各种急性热性传染病、胃肠炎、胃肠性腹痛病及某些器官、系统的广泛性炎症过程等；树枝状充血，是由于小血管高度扩张、显著充盈而呈树枝状，常见于脑炎及伴有高度血液回流障碍的心脏病。见于猪的眼结膜潮红，并有结膜炎、流泪、眼球混浊等，多为眼炎、猪瘟等热性病。

3. 结膜黄染

眼结膜呈不同程度的黄色，是由于胆色素代谢障碍，致使血液中胆红素浓度增高，进而渗入组织所致，以巩膜及瞬膜较易发现。引起黄疸的常见病因，一是因为肝脏实质的病变，致使肝细胞发炎、变性、坏死，并有毛细血管的淤滞与破坏，造成胆色素混入血液或血液中的胆红素增多，称为实质性黄疸。可见于实质性肝炎，肝变性以及引起肝实质发炎、变性的某些传染病、营养病、代谢病与中毒病等。二是因胆管被结石、异物、寄生虫所阻塞或被其周围肿物压迫，引起胆汁的淤滞胆管破裂，造成胆汁色素混入血液而发生黏膜黄染，称为阻塞性黄疸。可见于胆结石、肝片吸虫、胆道蛔虫等。此外，当小肠黏膜发炎、肿胀时，由于胆管开口被阻,可有轻度眼结膜黄染现象。三是因红细胞被大量破坏,使胆色素蓄积并增多而形成黄疸,称为溶血性黄疸。

4. 眼结膜发绀

即眼结膜呈蓝紫色,主要是由于血液中还原血红蛋白的绝对值增多或血液中形成大量变性血红蛋白所致。引起发绀的常见病因,一是因高度吸入性呼吸困难或肺呼吸面积的显著减少。见于各型肺炎、胸膜炎。二是因血流过缓或过多而使血液经过体循环的毛细血管时,过量的血红蛋白被还原。多见于全身性淤血,特别是心脏机能障碍,如心脏衰弱、心力衰竭等。三是血红蛋白化学性质改变,常见于某些毒物中毒、饲料中毒或药物中毒等。

八、浅表淋巴结及淋巴管的检查

浅在淋巴结及淋巴管的检查,在确定感染或诊断某些疾病上有重要的意义。

(一)浅在淋巴结的检查

临床检查中应予注意的淋巴结主要有:下颌淋巴结、耳下及咽喉周围的淋巴结、颈部淋巴结、肩前及膝窝淋巴结、腹股沟淋巴结、乳房淋巴结等。淋巴结的检查方法可用视诊,尤其常用触诊,必要时可配合应用穿刺检查法。

进行浅在淋巴结的视、触诊检查时,主要注意其位置、大小、形状、硬度及表现状态、敏感性及其可动性(与周围组织的关系)。

淋巴结的病理变化主要可表现为急性或慢性肿胀,有时可呈现化脓。淋巴结的急性肿胀,通常呈明显的肿大,表现光滑,且伴有明显的热、痛(局部热感、敏感)反应。淋巴结的慢性肿胀,一般呈肿胀、硬结、表面不平,无热、无痛,且多与周围组织粘连而固着,有难以活动的特点。淋巴结化脓则在肿胀、热感、呈疼痛反应的同时,触诊有明显的波动,如配合进行穿刺,则可吸出脓性内容物。

(二)浅在淋巴管的检查

正常时动物体浅在的淋巴管不能明示。仅当某些病变时,才可见淋巴管的肿胀、变粗甚至呈绳索状。

第二节 流行病学调查

流行病学调查是将流行病学、兽医公共卫生学和医学统计学原理和方法应用到临床实践,是从个体扩大到群体特性的临床诊治。

流行病学调查的主要任务是分析疫病病因和流行情况,认清疫病的发病本质获得的明确诊断。实践中流行病学调查与临床诊断是密切相关的,经常把两者联系在一起。流行病学调查一般是在临床诊断过程中进行的。只要将调查情况整理归类、综合分析，结合临床诊断，就能对疫病作出判断。

一、流行病学调查的程序及内容

（一）了解疫病流行情况

（1）调查掌握疫病最初发病的时间、季节、地点、传播蔓延情况，以及接触史、预防接种情况等。

（2）疫情分布。疫区内动物数量与分布，发病动物的种类，数量、年龄、性别，统计发病率、死亡率和病死率。

（3）初步分析判断其流行趋势。如零星散发、区域性流行或暴发等。

（二）调查传染源

主要对疫情进行回顾性调查，了解过去是否发生过类似疫病，流行情况，采取的防治措施与效果；还要了解邻近地区是否有疫情，以及是否从疫区引进过动物、动物产品等，以此初步分析判断出疫源地。

（三）调查传播途径

（1）饲养管理、使役和放牧情况；饲料、饲草的自给和由外地购入情况。

（2）动物流动和兽医卫生防疫情况，检疫、隔离和屠宰检验情况；急宰、死亡动物处理情况；该地区的地理、地形、土壤、河流、水源、气候、雨量、交通、植被和野生动物、节肢动物等的分布和活动情况。

（3）分析与本次疫病的发生和传播蔓延的相关性，判断疫病传播蔓延的因素。

（四）注意事项

（1）是否观察和收集了全部的临床有关结果。包括有效的和无效的，有益的和无益的作用。

（2）做好单个病例调查，注意临床的各种特点。包括公母、年龄、地区、疫病的类型和病情的轻重等。

（3）分析结果要包括全部的病例。充分考虑急宰、治疗等因素，以免结果失去真实性。

（4）调查时还应注意了解是一种动物，还是多种动物患病和疫病传播速度；易感动物，弄清感染途径、方式和发病季节等并对描述性调查提出的病因或流行因素假说进行分析检验。

二、流行病学调查统计分析

疾病的发生频数可用发病率、患病率，疾病的后果可用病死率、死亡率等。

治疗或干预措施可呈现有效或无效反应，会有相应的临床症状、体征及各类实验室指标的动态变化等。这些变化值可以采用各种计数指标和计量指标进行衡量。

（一）发病率

表示畜群中在一定时期内某一疫病的新病例发生的概率。

发病率（%）=某期间某病新病例数/某期间该畜群动物的平均数×100

（二）感染率

感染率是指用临床诊断法和各种检验法（微生物学血清学、变态反应等）检查出来的所有感染畜禽头数（包括隐性病畜禽）占被检查的畜禽总头数的百分比。

感染率（%）=感染某传染病的畜禽数/检查总数×100

（三）患病率（流行率、病例率）

患病率是指在某一指定时间畜禽群中存在某病的病例数的比率，代表在指定时间畜禽群中疫病的数量上的一个侧面。

患病率（%）=在某一指定时间畜禽群中存在的病例数/在同一指定时间畜群中动物总数×100

（四）死亡率

死亡率是指某病病死数占某种动物总数的百分比，它能表示该病在畜禽群中造成死亡的频率，而不能说明传染病发展的特征，仅在发生死亡头数很高的急性传染病时，才能反映出流行的动态。但当发生不易致死的传染病时，如口蹄疫等，虽然能大规模流行，但是死亡率却很低，则不能表示出流行范围广的特征，因此在传染病发展期间，除应统计死亡率外，还应统计所有发病的畜禽（发病率）。

死亡率（%）=因某病死亡数/同时期某种动物总数×100

（五）病死率（致死率）

病死率是指因某病死亡的畜禽数占该病患畜禽总数的百分比。它能表示某病临床上的严重程度，因此比死亡率能更精确地反映出传染病的流行过程。

病死率（%）=因某病致死数/该病患畜禽总数×100

（六）带菌（毒）率

带菌（毒）率是指携带某传染病病原体的动物数占被调查动物总数的比率，它能反映出畜禽中的病原微生物感染的程度。

带菌（毒）率（%）=携带某传染病病原体的动物头（只）数/被调查动物总头（只）数×100

第三节　病理学诊断

病理学诊断旨在利用剖检及病理组织学技术检查动物组织器官的病理变化，是疫病定性和认定的重要方法。病理学诊断是在观测器官的大体（肉眼）改变，镜下观察组织结构和细胞病变特征而作出的疫病诊断，因此它比临床诊断更具有客观性和准确性。在实践中病理学诊断首先是通过病理剖检来实现的，此外，还有病理组织检查、动物实验等。

一、病理剖检

剖检可以直接观察疾病的病理改变，从而明确对疾病的诊断，查明死亡原因，在临床上有许多疾病往往不显示任何典型症状，而剖检时可发现一些特征性病变，为疾病的确诊提供依据。

（一）剖检准备

1. 场地选择

剖检应尽可能在室内，室外应选择距畜禽舍道路和水源较远，地势高的地方。室外剖检先挖好深坑，坑内撒一些石灰。坑旁铺上塑料布，将尸体放在上面剖检。剖检结束后，把尸体及其污染物掩埋在坑内，并全面做好消毒。

2. 器械及药品准备

剖检常用的器械有解剖刀、大小手术剪、镊子、骨锯、凿子、斧子、量尺、天平、盘、桶、样品袋、工作服、胶手套、胶靴，以及消毒剂、10%福尔马林固定液等。

3. 剖检注意事项

（1）剖检对象的选择。选择临床症状比较典型和濒死动物；最好选择几头疫病流行期间不同时期出现的病、死动物进行解剖检查。

（2）剖检时间。剖检病死动物最佳时间是死后4～6小时。并正确认识尸体变化，包括尸冷、尸僵、尸斑、血液凝固、溶血尸体自溶与尸体腐败等。

（3）人员防护。剖检工作人员，特别是在剖检人兽共患传染病病畜禽尸体时，必须穿工作服、戴胶皮手套和工作帽，必要时还要戴上口罩或护目镜。若疑为炭疽时，禁止解剖。剖检中，术者皮肤损伤时，应立即消毒伤口，并包扎好，必要时可注射抗生素。剖检结束后，工作人员要用肥皂洗涤双手，再用消毒液浸泡、冲洗。为除去腐败臭味，可先用0.2%高锰酸钾溶液浸洗，再用2%～3%草酸溶液洗涤，最后用清水清洗。

（4）记录结果。尸体剖检记录是尸体剖检报告的重要依据，也是进行综合分析诊断的原始资料。首先，全面记录基本情况，再记录各组织器官的变化。记录的内容要要完整、详细，能如实地反映尸体的各种病理变化。记录应在剖检当时进行，按剖检顺序记录。记录病变时要客观地描述病变，对眼观无变化的器官，不能记录为"正常"或"无变化"，可用"无眼观可见变化"或"未发现异常"来叙述。剖检完毕，将剖检记录进行整理。

（5）剖检报告。内容包括基本情况、剖检病理变化、剖检结论。

（二）剖检技术

1. 保定方法

一般采用仰卧保定法，即背脊向下紧贴地面，腹部向上。若是濒死动物一般采用腋下放血法致死，将四肢与胴体相接的肌肉切断，使其四肢平展（后肢也可不切开），然后从颈、胸、沿腹正中线由前向后切至耻骨联合，再从剑状软骨沿左右两侧肋骨后缘切至腰椎横突，充分暴露腹腔内器官。

2. 体表检查

在进行尸体解剖前，应先了解死前情况，尤其是比较明显的临床症状，以缩小对所患疾病的考虑范围，使剖检具有一定导向性。体表检查首先注意品种、性别、年龄、毛色、体重及营养状况，然后进行死后征象、天然孔、皮肤和体表淋巴结的检查。

（1）死后征象。根据尸冷、尸僵、尸斑、尸腐、凝血等现象，可以大致判定畜禽死亡的时间和体位等。

尸冷：尸体温度逐渐与外界温度一致，其时间长短与外界的气温、尸体大小、营养状况、疫病种类有关，一般需要 1～24 小时。

尸僵：尸僵在死亡后 1～4 小时，由头、颈部开始，逐渐扩散到四肢和躯干经 10～15 小时。凡高温、急死或死前挣扎的尸僵发生较快；而寒冷、消瘦的较迟缓。

尸斑：尸体剥皮后，常在死亡时着地的一侧皮下呈暗红色，指压红色消失。

尸腐：尸体腐败时腹部膨大，肛门突出，有恶臭气味，组织呈暗红色或污绿色。脏器膨大、脆弱，胃肠中充满气体。

（2）天然孔。检查口、鼻、眼、肛门、生殖器官等天然孔有无出血现象，有无分泌物、渗出物和排泄物，以及可视黏膜的色泽，有无出血、水疱、溃疡、结节、假膜等病变。

（3）皮肤检查。皮肤的色泽变化，有无充血、出血、创伤、炎症、溃疡、结节、脓疱、肿瘤、水肿等病变；有无寄生虫和粪便黏着等变化。

（4）体表淋巴结。有无肿大、硬结。

3. 内部检查

（1）皮下检查。有无充血、炎症、出血、淤血、水肿（多呈胶冻样等病变）。

（2）腹腔及腹腔脏器的检查。从剑状软骨后方白线由前向后切开腹壁至耻骨前缘，观察腹腔中有无渗出物及其颜色、性状、数量，腹膜及腹腔器官浆膜是否光滑，肠壁有无粘连；再沿肋弓将腹壁两侧切开，使腹腔器官全部暴露。

脾脏：检查脾门部血管和淋巴结，观察其大小、形态和色泽。有无充血、出血现象，有无肥厚、梗死、脓肿及瘢痕形成。用手触摸脾的质地，感知坚硬、柔软、脆弱等情况；然后做一两个纵切，检查脾髓、滤泡和脾小梁的状态，有无结节、坏死、梗死和脓肿等。以刀背轻刮切面，检查脾髓质地。患败血症的脾脏，常显著肿大，包膜紧张，质地柔软，暗红色，切面突出，结构模糊，往往流出多量煤焦油样血液。脾脏瘀血时，脾也显著肿大变软，切面有暗红色血液流出。患增生性脾炎时脾稍肿大，质地较实，滤泡常显著增生，其轮廓明显。萎缩的脾脏，包膜肥厚皱缩，脾小梁纹理粗大而明显。

肝脏：检查肝门部的动脉、静脉、胆管和淋巴结；然后检查肝脏的形态、大小、色泽、包膜性状，有无出血、结节、坏死等；最后切开肝组织，观察切面的色泽、质地和含血量等情况，切面是否隆突，肝小叶结构是否清晰，有无脓肿、寄生虫性结节和坏死等。同时应注意胆囊的大小，胆汁充盈程度，胆汁的性状、数量及黏膜的变化。

肾脏：检查肾脏的形态、大小、色泽和韧度。注意包膜的状态，是否光滑透明和容易剥离。包膜剥离后，检查肾表面的色泽，有无出血、充血、瘢痕、梗死等病变；然后沿肾脏的外侧面向肾门部将肾脏纵切为相等的两半，检查皮质和髓质的厚度、色泽、交界部血管状态和组织结构纹理；最后检查肾盂，注意其容积，有无积尿、积脓、结石等，以及黏膜的性状。

胃：先观察胃的大小，浆膜色泽，胃壁有无破裂和穿孔等；然后由贲门沿大弯至幽门剪开，检查胃内容物的数量、性状、气味、色泽、成分、寄生虫等；最后检查胃黏膜的色泽，注意有无水肿、出血、充血、溃疡、肥厚等病变。

肠：从十二指肠、空肠、大肠、直肠分段进行检查，切断时注意先结扎。先检查肠系膜、淋巴结有无肿大、出血等；再检查肠管浆膜的色泽，有无粘连、肿瘤、寄生虫结节等，最后前开肠管、检查肠内容物数量、性状、气味，有无血液、异物、寄生虫等。除去肠内容物，检查肠黏膜的性状，注意有无肿胀、发炎充血、出血、寄生虫及糜烂、溃疡等病变。

（3）胸腔及胸腔脏器的检查。用刀先分离胸壁两侧表面的脂肪和肌肉，检查胸腔的压力，用力切断两侧肋骨与软骨的接合部；再切断其他软组织，胸腔即可露出，检查胸腔、心包腔有无积液及其性状，胸膜是否光滑，有无粘连。分离咽、喉头、气管、食道周围的肌肉和结缔组织,将喉头、气管、食道、心和肺一同摘出。

肺脏:首先注意其大小、色泽、重量、质地、弹性、有无病灶及表面附着物等;然后用剪刀将支气管剪开,注意检查支气管黏膜的色泽、表面附着物的数量、黏稠度;最后将整个肺脏纵横切数刀,观察切面有无病变,切面流出物的数量、色泽变化等。

心脏:先检查心脏纵沟、冠状沟的脂肪量和性状,有无出血;然后检查心脏的外形大小、色泽及心外膜的性状;最后切开心脏检查心腔。方法是沿左纵沟左侧切口,切至肺动脉起始部;沿左纵沟右侧切口,切至主动脉起始部;然后将心脏反转过来,沿右纵沟左右两侧做平行切口,切至心尖部与左侧心切口相连接;切口再通过房室口至左心房及右心房。注意检查心脏内血液的含量及性状。检查心内膜的色泽、光滑度、有无出血,各个瓣膜、腱索是否肥厚,有无血栓形成和组织增生或缺损等病变。对心肌的检查,注意各部心肌的厚度、色泽、质地,有无出血、瘢痕、变性和坏死等。

(4)骨盆腔脏器的检查。检查膀胱的外部形态;然后剪开膀胱,检查尿量、色泽和膀胱黏膜的变化,注意有无血尿、脓尿、黏膜出血等。还应检查生殖器官,如睾丸和附睾的外形大小、质地和色泽,观察切面有无充血、出血、瘢痕、结节、化脓和坏死等。检查卵巢和输卵管时,卵巢外形、大小,卵泡的数量、色泽,有无充血、出血、坏死等病变。观察输卵管浆膜面有无粘连、有无膨大、狭窄、囊肿;然后剪开,腔内有无异物或黏液、水肿液,黏膜有无肿胀、出血等病变。检查阴道和子宫时,除观察子宫大小及外部病变外,还要用剪子依次剪开阴道、子宫颈、子宫体,直至左右两侧子宫角,检查内容物的性状及黏膜的病变。

(5)头颈部。检查口腔黏膜、舌、扁桃体、气管、食道、淋巴结等,舌有无水疱、烂斑、增生物,扁桃体有无溃疡等变化,喉头有无出血等。脑膜有无充血、出血、炎症等。另外,颌下淋巴结、颈浅淋巴结,观察其大小、颜色、硬度、与其周围组织的关系及切面变化。

(6)肌肉和关节。检查有关病理变化情况。

二、病理组织检查

病理组织检查方法,首先观察大体标本的病理改变;然后切取一定大小的病变组织,用病理组织学方法制成病理切片,用显微镜进一步检查病变,观察其细微病变。

三、动物实验

通常选择对该种传染病病原体最敏感的动物进行人工感染试验。将病料用适当的方法进行人工接种，然后根据对不同动物的致病力、症状和病理变化特点来帮助诊断。当试验动物死亡或经一定时间杀死后，观察体内变化，采集病料进行实验室检查。

第四节　实验室检验

在做病原体检验时要符合《病原微生物安全管理条例》的规定。通常实验室检验包括常规检查、病原体检查、免疫学检查和分子生物学检测等多种方法。

一、常规检查

（一）血液常规检查

大部分细菌性传染病白细胞总数及中性粒细胞增多，但布鲁氏菌病减少或正常。绝大多数病毒性传染病白细胞数减少且淋巴细胞比例增高，原虫病白细胞总数偏低或正常。

（二）尿常规

检查尿液中有机沉渣和无机沉渣，以及对尿液中各种化学成分的测定，可辅助诊断系统性疾病。

（三）粪常规

采集少许粪便放在洁净的载玻片上，加少量生理盐水，混合并涂成薄层，无须加盖玻片，用低倍镜检视。

二、病原体检查

（一）病料涂片检查

通常在有显著病变的不同组织器官和不同部位涂数片，进行染色镜检。可查脑膜炎双球菌、炭疽杆菌、巴氏杆菌、原虫及包囊、螺旋体等病原体。

（二）分离培养与鉴定

依不同疫病取血液、尿、粪、脑脊液、骨髓、鼻咽分泌物、渗出液、组织器官等进行培养与分离鉴定。细菌能在普通培养基或特殊培养基内生长，病毒及立克次氏体必须在活组织细胞内增殖。培养时根据不同的病原体，选择不同的组织与培养基或动物接种。分离培养获得病原体后，再进行理化、生物学特性鉴定。

三、免疫学检查

免疫学检查是一种特异性的诊断方法,广泛用于临床检查,以确定诊断和流行病学调查。免疫学检查包括免疫血清学(凝集反应、沉淀反应、中和试验)、变态反应、免疫荧光检查、酶联免疫吸附试验、免疫荧光检查、免疫胶体金检测等。血清学检查可用已知抗原检查未知抗体,也可用已知抗体检查未知抗原。抗体检查抗原的称反向试验,抗原抗体直接结合的称直接反应,抗原和抗体利用载体后相结合的称间接反应。

四、分子生物学检测

近年来发展起来的聚合酶链反应技术(PCR),是利用合成的核苷酸序列作为"引物",在耐热DNA聚合酶的作用下,通过变化反应温度,扩增目的基因,用于检测体液、组织中相应核酸的存在,在扩增循环中DNA片段上百万倍增加是很特异和非常灵敏的方法。随着分子生物学技术的进步发展,可以设想分子生物学技术在传染病诊断方面的前景。

第三章 动物疫病监测

动物疫病监测的主要目的是了解重大动物疫病的流行情况,分析疫情发展趋势,科学评价重大动物疫病的免疫质量,确保防控效果。具体来说,动物疫病监测的目的是为了掌握非洲猪瘟、口蹄疫、高致病性禽流感等重大动物疫病的流行情况,分析疫情发展趋势,确保重大动物疫病的防控效果。

动物疫病监测的意义在于保障公共卫生安全,防止疫情传播。通过定期开展监测信息的分析评估和疫病形势会商工作,可以在发生突发动物疫情时及时进行紧急监测,防止疫情扩散。此外,动物疫病监测还有助于科学评价免疫质量,减少发病率和死亡率,保障公共卫生安全。

第一节 动物疫病监测的基本原则与职责分工

一、动物疫病监测的基本原则

中国动物疫病预防控制中心印发的《2022年国家动物疫病监测实施意见》中提出,动物疫病监测实施要遵循以下5项基本原则。

(一)病原学监测和抗体监测相结合

在做好免疫抗体监测的基础上,根据辖区内疫病流行形势有重点地开展感染抗体监测和病原学监测,及时发现风险隐患。

(二)监测和免疫评估相结合

要充分发挥监测在免疫效果评估、免疫退出评估中的作用,根据监测评估情况,适时调整免疫政策。

(三)主动监测与被动监测相结合

主动监测要确保各个环节监测全面覆盖,适度将监测资源向高风险环节倾斜。被动监测强化临床巡查和报告,对不明原因死亡的畜禽及时采样监测。

(四)常规监测与紧急监测相结合

各地要进一步强化常规监测与紧急监测工作的协同性,在发生重大动物疫情或重大动物疫病监测阳性时，立即启动紧急监测。

（五）疫病监测与净化相结合

要通过持续主动监测引导养殖企业自主开展动物疫病净化，按照动物疫病净化场、无疫小区和无疫区的评估和日常管理要求，组织做好动物疫病净化场、无疫小区和无疫区的评估监测和净化效果维持监测。

二、职责分工

（一）农业农村部畜牧兽医局

负责组织实施全国动物疫病监测与流行病学调查工作，并对实施情况进行检查和考核；根据动物防疫工作需要，组织开展临时性监测与流行病学调查工作。

（二）中国动物疫病预防控制中心、中国兽医药品监察所、中国动物卫生与流行病学中心、国家兽医实验室

按照职责分工，密切配合，共同做好动物疫病监测与流行病学调查工作。

中国动物疫病预防控制中心要按照方案要求，组织实施全国动物疫病监测，承担动物疫病监测的技术指导与培训工作。根据情况设立固定监测点，开展主要动物疫病定点监测和种畜禽场主要疫病监测工作。及时完成监测结果汇总、分析和上报。定期开展监测信息的分析评估、疫病形势会商工作。发生突发动物疫情时，及时开展紧急监测。

中国兽医药品监察所组织实施口蹄疫、高致病性禽流感、布鲁氏菌病等优先防治病种疫苗质量监管和评价工作，并组织开展相关诊断制品标准化和质量监管工作。

中国动物卫生与流行病学中心要按照工作要求，制定流行病学调查实施方案，组织协调各分中心、各有关单位开展专项和紧急流行病学调查，以及外来动物疫病监测与流行病学调查工作。

各国家兽医实验室要按照任务分工，做好疫病监测诊断与相关流行病学研究工作，配合各省份和计划单列市做好动物疫病监测和流行病学调查工作，及时向农业农村部畜牧兽医局提出相关防控政策建议。

（三）各省份和计划单列市农业农村部门

结合本辖区动物养殖情况、流通模式、动物疫病流行特点和自然环境等因素，制定本辖区动物疫病监测和流行病学调查方案，省级和计划单列市动物疫病预防控制机构负责组织实施。

（四）各有关单位

积极推动种源净化工作，支持引导企业开展疫病净化。无规定动物疫病区和无规定动物疫病小区所在地县级以上农业农村部门按国家计划要求，切实做好监测工作。申请评估免疫无疫区或非免疫无疫区所在地的监测工作，依据无规定动物疫病区评估管理办法和有关标准执行。

三、结果报送和信息反馈

（一）监测结果报送和信息反馈

各省级动物疫病预防控制机构通过中国兽医网"兽医卫生综合信息平台"，将监测信息和疫情信息及时报送至中国动物疫病预防控制中心；每半年向中国动物疫病预防控制中心报送一次监测分析报告。

各国家兽医实验室通过中国兽医网"兽医卫生综合信息平台"，及时将动物疫病监测信息报送至中国动物疫病预防控制中心，并抄送样品来源省份的省级动物疫病预防控制机构；每半年向中国动物疫病预防控制中心报送一次监测分析报告。

中国动物疫病预防控制中心应在每月20日前，将上月全国动物疫病监测分析报告报至农业农村部畜牧兽医局；每半年向农业农村部畜牧兽医局报送一次全国动物疫病监测分析报告。

发生非洲猪瘟、口蹄疫、高致病性禽流感、小反刍兽疫等重大动物疫情时，省级动物疫病预防控制机构应立即开展紧急监测工作，以快报方式报中国动物疫病预防控制中心，由中国动物疫病预防控制中心核报农业农村部畜牧兽医局。

各地要严格疫情报告工作，在监测中发现非洲猪瘟、禽H5和H7亚型流感、口蹄疫等病原学阳性的，及时将阳性样品送国家兽医参考实验室进行分析。对其他病种，按农业农村部有关规定和相关动物疫病防治技术规范要求，及时上报、送检。

（二）流行病学调查和外来动物疫病监测结果报送

各省级动物疫病预防控制机构每年向中国动物卫生与流行病学中心报送一次主要动物疫病流行病学调查报告。发生非洲猪瘟、高致病性禽流感等重大动物疫病时，省级动物疫病预防控制机构应立即开展紧急流行病学调查，将流行病学调查表、现场调查评估报告等信息报中国动物卫生与流行病学中心。

各检测单位应在每季度第一个月10日前，将上季度外来动物疫病监测和临床监视结果报中国动物卫生与流行病学中心；在翌年1月15日前，报送全年外来动物疫病监测监视结果和工作总结，抄送有关省级动物疫病预防控制机构。

中国动物卫生与流行病学中心应在每季度第一个月25日前，向农业农村部畜牧兽医局报告上季度的全国外来动物疫病监测汇总分析结果；主要动物疫病流行病学调查情况随报。

第二节 动物疫病监测的总体要求与任务

一、总体要求

按照相关病种防治和消灭计划要求,国家制修订优先防治病种和重点外来动物疫病监测和流行病学调查方案,并结合畜牧兽医工作要点,组织开展全国非洲猪瘟、口蹄疫、高致病性禽流感、布鲁氏菌病、马鼻疽和马传染性贫血等优先防治病种,以及非洲马瘟等重点外来动物疫病监测和流行病学调查工作。

各地要依据国家要求,结合辖区动物疫病防治和动物疫病区划管理实际,制订辖区优先防治病种和重点外来动物疫病监测和流行病学调查方案,持续组织在重点区域、重点场所、重点环节开展主要动物疫病监测和流行病学调查工作,掌握疫病在群间、空间和时间上的分布状况,分析疫病传播风险因素,研判疫病发展趋势,为科学决策提供可靠的技术支撑。

各地各有关单位在开展动物疫病监测和流行病学调查时,涉及高致病性病原微生物实验活动的,应按照《病原微生物实验室生物安全管理条例》《高致病性动物病原微生物实验室生物安全管理审批办法》等规定,取得开展相关实验活动的许可。

二、动物疫病监测的重点任务

2021年4月13日,农业农村部印发《国家动物疫病监测与流行病学调查计划(2021—2025年)》(以下简称《监测计划》)通知,按照《监测计划》任务分工,重点对非洲猪瘟、动物流感、口蹄疫、布鲁氏菌病、小反刍兽疫、马鼻疽、马传染性贫血、血吸虫、包虫病、猪繁殖与呼吸综合征、猪瘟、新城疫、牛结核病、狂犬病、非洲马瘟、牛传染性胸膜肺炎、牛结节性皮肤病等疫病开展监测,各病种具体监测情况按照监测计划执行,集中优势资源在重点区域、重点场所、重点环节开展监测活动。各地可结合自身实际,在做好以上疫病监测的基础上,根据风险评估情况,适当扩大监测病种、范围,重点做好新发、重发、多发动物疫病的监测。

(一)重大动物疫病

(1)非洲猪瘟。要在做好日常监测的基础上,强化监测布局的针对性。加强生物安全条件较差的养殖环节、运输环节和运输落地后的监测巡查,强化市场、屠宰厂(场)、无害化处理厂、交易市场等高风险环节的监测,阳性样品可进一步开展变异株、基因缺失株的监测。

（2）口蹄疫。要强化免疫薄弱环节的血清学监测，边境省份要强化动物集散地等高风险环节的病原学监测。

（3）高致病性禽流感。要做好免疫抗体监测及病原学监测，加强水禽、散养家禽、特种禽、野禽与家禽的界面监测，及时发现疫情风险；无疫区要重点做好非免疫抗体监测及病原学监测。

（4）小反刍兽疫。免疫地区要继续强化免疫效果监测，非免疫地区要强化风险监测，做好监测剔除和风险评估，主要消费区域要加强运输环节和运输落地后的巡查监测。

（二）重要人兽共患病

（1）布鲁氏菌病。要区分免疫场和非免疫场，强化感染抗体监测，重点要做好牛羊养殖大县、牛羊混养区的监测工作。

（2）牛结核病。要强化种牛、奶牛场的监测、净化。

（3）炭疽。要加强雨季和灾后监测。

（4）包虫病。要强化疫区免疫效果监测、自宰牛羊脏器的病原学监测和犬粪的病原学监测。

（5）血吸虫病。南方水网地带要强化家畜抗体监测和中间宿主钉螺的病原学监测。

（6）狂犬病。要强化犬、猫等动物病例报告后的主动排查和监测。

（三）其他动物疫病

（1）猪瘟和猪繁殖与呼吸综合征。要强化免疫薄弱环节的监测，有条件的省份可进行流行毒株的变异监测。

（2）牛结节性皮肤病。要加强夏季采样监测力度和跨区域调运的输入性风险监测。

（3）牛传染性胸膜肺炎。要重点加强边境巡查监测，强化临床风险评估监测。

（4）非洲马瘟、马鼻疽和马传染性贫血。要重点监测马术队、马术俱乐部、景区等场所的马匹，以及养马（驴）场的马、驴、骡等马属动物。

（5）新城疫。可与禽流感同步安排免疫效果监测和病原学监测。

第三节　样品采样

样品是指取自动物或环境，拟通过检测反映动物个体、群体或环境有关状况的材料或物品。采样是按照规定的程序和要求，从动物或环境取得一定量的样本，并经过适当的处理，留作待检样品的过程。

一、采样原则

（1）急性死亡的患畜，怀疑患有炭疽时，先排除炭疽后，再进行解剖取样。

（2）诊断或被动监测时，根据不同疫病或检测目的，采集 1～3 头（只）病死或濒死动物相应样品，病料必须具有代表性（表 3-1）。

表 3-1 主要动物疫病病原学监测样品采集重点

动物种类	疫病名称	采集重点
猪	口蹄疫	水疱皮、水疱液、淋巴结、扁桃体、脊髓、肌肉
	非洲猪瘟	口鼻拭子、全血、血清、脾脏、淋巴结、肝、肾、肺
	猪瘟	扁桃体、肺、脾
	高致病性猪繁殖与呼吸综合征	扁桃体、脾、肺
	猪细小病毒病	流产胎儿、阴道分泌物、肾
	猪伪狂犬病	大脑、三叉神经节、扁桃体、肝、脾、肺
	猪圆环病毒病	肝、脾、肺、肾、血清（未免）
	猪囊尾蚴病	咬肌、舌肌、内腰肌、膈肌、肋间肌、脑、心、肝、肺
牛	口蹄疫	水疱皮、水疱液、O-P 液（食道-咽部分泌物）、淋巴结、脊髓
	牛肺疫	肺、胸、腹腔积液
	牛结节性皮肤病	皮肤结痂、口鼻拭子、全血
	牛传染性鼻气管炎	全血、眼、鼻、气管分泌物、气管黏膜、流产胎儿
	牛病毒性腹泻	全血、粪便、肠黏膜、淋巴结、精液、流产胎儿
	牛流行热	全血、脾、肝、肺
	牛结核病	淋巴结、结节病灶组织、痰、乳、精液、子宫内分泌物
羊	口蹄疫	水疱皮、水疱液、O-P 液（食道-咽部分泌物）、淋巴结、脊髓
	小反刍兽疫	眼鼻拭子、肺脏、脾脏
	羊痘	全血、新鲜病变组织及结痂、淋巴结
	蓝舌病	全血、脾、肝
禽	禽流感	鼻、咽、气管分泌物、喉头气管、肝、脾、肾、脑、肠管及内容物、粪便、泄殖腔拭子
	新城疫	鼻、咽、气管分泌物、喉头气管、肝、脾、肾、脑、肠管及内容物、粪便、泄殖腔拭子
	禽白血病	全血、血清、病变组织、泄殖腔拭子、脾、气管黏膜、脑、蛋清
	禽毒支原体	鼻、咽、气管分泌物、肺、气管黏膜

续表

动物种类	疫病名称	采集重点
禽	鸡病毒性关节炎	水肿的腱鞘、脾、胫股关节滑液
	鸡传染性喉气管炎	鼻、气管分泌物、气管黏膜
	鸡传染性支气管肺炎	气管黏膜
	鸡传染性法氏囊炎	法氏囊、肾、脾
	禽痘	水疱皮、结痂
	马立克氏病	全血、皮肤、皮屑、羽毛尖、脾
	鸡白痢	全血、粪便、肝、脾
	鸭病毒性肝炎	全血、肝
其他	狂犬病	脑组织、唾液
	支原体	咽喉拭子、肺脏
	动物球虫病	新鲜粪便
	流行性乙型脑炎	脑、脑脊髓液、全血
	血吸虫病	粪便、血清

（3）用于流行病学调查、抗体监测、动物群体健康评估等样品，数量、种类、分布等要满足流行病学调查和生物统计学的要求。

（4）采集死亡动物病料，应于动物死亡后2小时内采集；无法完成时，夏天不得超过6小时，冬天不得超过24小时。

（5）采样过程应注意无菌操作，所需器具均应事先严格灭菌。

（6）活体动物采样时，应避免过度刺激或损害动物。

（7）做好个人安全防护、环境消毒和病害肉尸的无害化处理。

二、采样准备

（一）人员准备

采样人员应熟练掌握采样工作程序和采样操作技术，做好个人安全防护。

（二）器械和物品

1. 保定器械

保定器（绳）、牛鼻钳、口笼等。

2. 工具物品

采样箱（或冷藏箱）、解剖刀、手术剪、镊子、钢锯、骨剪、探杯、酒精灯、酒精棉、注射器、一次性采血针、离心管、试管、试管架、平皿、样品袋、玻片、无菌棉拭子、冰袋、封条、废弃物袋等。

3. 防护用品

防护服、防护帽、口罩、手套、胶鞋、护目镜、消毒药、喷壶等。

4. 记录用品

采样单、记号笔、签字笔、不干胶标签、记录本等。

（三）保存液

25%～50%甘油生理盐水（加双抗）、阿氏液、等渗磷酸盐缓冲液（PBS）等。

三、样品采集与处理

（一）血液样品

1. 采血部位

（1）猪。前腔静脉、耳缘静脉、股静脉、前肢隐静脉等采血方式。

（2）禽类。翅静脉、心脏、颈静脉等采血方式。

（3）牛、羊、马。颈静脉、尾静脉、耳缘静脉、乳房静脉等采血方式。

（4）犬、猫。前臂头静脉、颈静脉等采血方式。

（5）兔。耳背静脉、颈静脉或心脏采血等采血方式。

（6）啮齿类动物。尾尖采血，也可从眼窝内的血管丛采血。

2. 血样处理

（1）血清样品。分离血清的样品不加抗凝剂，采集的血液应在室温下静置，待血液凝固，血清自然析出或进行离心分离，收集备用。若需长时间保存，应将血清置 -20℃以下保存，且应避免反复冻融。

（2）全血样品。样品容器中加入抗凝剂，充分摇匀，低温备用。抗凝剂可用乙二胺四乙酸（EDTA，PCR检测血样首选抗凝剂）、0.1%肝素钠、阿氏液、3.8%～4%枸橼酸钠溶液（0.1毫升可抗1毫升血液）等。

（3）血浆样品。样品容器内先加入抗凝剂（同全血样品），采血后摇匀，然后静置，待红细胞自然下沉或离心沉淀后，取上清液即为血浆。

（二）组织样品

1. 病原分离样品

以无菌技术采集淋巴结、肝脏、肾、脾、胰腺、心、肺等组织样品（2～5厘米^3），分别放入灭菌容器或样品袋内。

2. 组织病理学样品

选取典型、明显的病变部位，连同健康组织一同切下，立即放入不低于10倍于组织块的10%福尔马林溶液中固定。固定器具避免使用金属材质，组织块厚度不超过0.5厘米，面积在2～3厘米^2（检查狂犬病则需较大的组织块）。组织块切忌挤压、刮膜和用水洗。如作冷冻切片用，则将组织块放在 0～4℃ 容器中，尽快送往实验室。

3. 猪扁桃体样品

用开口器打开猪口腔，将采样枪的采样钩紧靠扁桃体，扣动扳机取出扁桃体组织。

4. 皮肤组织及其附属物样品

（1）上皮组织或水疱皮。无菌采集 2 克病变的上皮组织或水疱皮（坏死组织、痂皮、丘疹、结节、脓包等）置于 25%～50% 甘油生理盐水缓冲液（加双抗）。未破裂的水疱，可用灭菌注射器或其他器具抽取水疱液，装入灭菌容器中送检。若水疱皮表面有污物，可用清水清洗，切忌使用酒精、碘酒等消毒剂消毒、擦拭。

（2）毛发和绒毛样品。拔取毛发或绒毛样品，可用于检查体表的螨虫、跳蚤和真菌感染。用解剖刀片沿边缘刮取的表层皮屑用于检查皮肤真菌，深层皮屑（刮至皮肤轻微出血）可用于检查疥螨。

5. 脑、脊髓样品

较小动物，取整个头部，无菌纱布包裹并密封待用；较大动物，可采取开颅无菌取样、用采样勺从延脑腹侧插入枕骨大孔取样（疯牛病和羊痒病样品）、用内径 0.5 厘米塑料吸管插入枕骨大孔取样（犬脑组织样品）等方法，脑、脊髓样品应浸入 30% 甘油盐水缓冲液保存。

6. 骨、骨髓样品

（1）骨。将附着的肌肉和韧带等全部除去，表面撒上食盐，然后用浸过 5% 石炭酸溶液的纱布包裹，装入不渗漏的容器送检。

（2）骨髓。采集骨髓一般选择胸骨、肋骨、髁骨、胫骨和股骨等造血功能活跃的骨组织。大动物的骨髓采集用活体穿刺取骨髓的方法；小动物骨头小难穿刺，只能剖杀后采胸骨、股骨等的骨髓。

（三）体液样品

1. 脑脊液样品

（1）颈椎穿刺法。采样前，常规消毒术部和用具，使用特制的专用穿刺针，穿刺点为环枢孔。将动物站立或横卧保定，使其头部向前下方屈曲，穿刺针与皮肤面呈垂直缓慢刺入。将针体刺入蛛网膜下腔，立即拔出针芯，脑脊髓液自动流出或点滴状流出，盛入消毒容器内。大型动物颈部穿刺一次采集量 35～70 毫升。

（2）腰椎穿刺法。穿刺部位为腰荐孔。动物站立保定，术部剪毛消毒后，用专用的穿刺针刺入，当刺入蛛网膜下腔时，即有脑脊髓液滴状滴出或用消毒注射器抽取，盛入消毒容器内。大型动物腰椎穿刺一次采集量 1～30 毫升。

2. 牛、羊 O-P 液（食道-咽部分泌物）

被检动物在采样前禁食（可饮水）12 小时，采样探杯在使用前经 0.2% 柠檬酸或 2% 氢氧化钠浸泡 5 分钟，再用自来水冲洗，每采完一头动物，探杯要重复进行消毒和清洗。采样时动物站立保定，将探杯随吞咽动作送入食道上部 10～15 厘米处，轻轻来回移动 2～3 次，然后将探杯拉出。如采集的 O-P 液被反刍内容物严重污染，用生理盐水或自来水冲洗口腔后重新采样。采集 8～10 毫升 O-P 液，倒入含有等渗磷酸盐缓冲液的灭菌容器中，加盖密封后充分摇匀，标记后放入冷藏箱及时送检，若不能及时送检应置冰箱 -60℃冷冻保存。

3. 精液

精液样品最好用假阴道挤压阴茎或人工刺激的方法采集。精液样品精子含量要多，不加防腐剂，而且要避免抗菌冲洗剂污染。

4. 乳汁

先用消毒水清洗和消毒乳房、乳头及采样者的手，然后将最初挤出的 3～4 把乳汁弃去，再采集适量乳汁于灭菌容器内，加塞密封，编号后冷藏运送。进行血清学检验的乳汁避免冻结、加热或强烈震动。

5. 胆汁、脓、黏液、关节液等

对采样部位消毒后，用采血器插入吸取内部液体放入容器中备用，也可以将病料直接接种到培养基或涂到载玻片上备镜检。

6. 生殖道分泌物

用灭菌棉拭子从阴道深部或子宫颈采集分泌物，立即置于无菌肉汤或 PBS 等溶液内。

（四）拭子样品及镜检样品

1. 眼、鼻、咽喉、泄殖腔拭子

取无菌棉签，伸入畜禽口腔（咽喉）、鼻腔、泄殖腔（肛门）蘸取分泌物，或在眼结膜表面或眼角周边用拭子轻轻擦拭采集分泌物，立即将拭子浸入保存液低温保存，常用的保存液有 25%～50% 甘油生理盐水（加双抗）、30% 甘油盐水缓冲液、肉汤、等渗磷酸盐缓冲液（PBS）、抗生素 PBS 样品保存液等。

2. 环境拭子

在对养殖场（户）、屠宰加工场所、交易市场等场所采集环境样品时，可用拭子在圈舍、饲料槽、排污沟、生产加工环节、交通运输工具等采样，浸入保存液中，密封低温保存送检。

3. 培养样品

用灭菌接种环经消毒部位插入，提取病料接种在培养基上。

4. 直接镜检样品

采集病变组织、体液等，置载玻片上，火焰或试剂固定，密封保存送检。

（五）内容物

1. 肠内容物

选择病变明显的肠管，用线结扎两端，自结扎线以外剪下放入容器内。也可用吸管扎穿肠壁，从肠腔内吸取内容物，放入盛有灭菌的 30% 甘油盐水缓冲保存液中送检。

2. 胃内容物

反刍动物在反刍时，当食团从食道逆入口腔时，立即开口拉住舌头，另一只手深入口腔即可取出少量的瘤胃内容物。胃液可用多孔的胃管抽取。将胃管送入胃内，其外露端接在吸引器的负压瓶上，加负压后，胃液即可自动流出。

（六）排泄物

1. 尿液

在动物排尿时，选择中段尿液，用洁净的容器直接接取，也可用导管导尿或膀胱穿刺；死亡动物可直接从膀胱抽取尿液。采集尿液，宜早晨进行。

2. 粪便

体外采集应选新鲜粪便，样品不少于 10 克；体内采集粪便，小动物可用拭子伸入直肠深处蘸取粪便，放入无菌保存液中；大动物可戴上手套人工伸入直肠深部掏取少量粪便。采好的粪样须立即冷藏，及时转送到实验室检验。

（七）其他样品

1. 胚胎和胎儿样品

选取无腐败的胚胎、胎儿或胎儿的实质器官装入适宜容器立即送检。

2. 虫媒样品

将整个虫体放入容器密封送检。

（八）常用保存液、固定液的配制

1. 阿氏液

葡萄糖 2.05 克，柠檬酸钠 0.80 克，柠檬酸 0.055 克，氯化钠 0.42 克，加蒸馏水至 100 毫升，溶解后调 pH 值至 6.1 后分装，70 千帕 15 分钟灭菌，冷却后 4℃冰箱中保存备用。

2. 30% 甘油盐水缓冲液

甘油 30.00 毫升，氯化钠 4.20 克，磷酸二氢钾 1.00 克，磷酸氢二钾 3.10 克，0.02% 酚红 1.50 毫升，蒸馏水（或无离子水）加至 100 毫升加热溶化，校正 pH 值为 7.6，100 千帕 15 分钟灭菌，冷却后 4℃冰箱中保存备用。

3. 肉汤

牛肉膏3.50克，蛋白胨10.00克，氯化钠5.00克，充分混合后，加热溶解，校正pH值为7.2～7.4，用流通蒸汽加热3分钟，滤纸过滤，获得黄色透明液体，分装于试管或烧瓶中，以100千帕20分钟灭菌，冷却后4℃冰箱中保存备用。

4. 0.01摩尔/升pH值为7.4的等渗磷酸盐缓冲液（PBS）

氯化钠8.00克，磷酸二氢钾0.27克，磷酸氢二钠1.42克，十二水磷酸氢二钠（$Na_2HPO_4 \cdot 12H_2O$）3.58克，氯化钾0.20克，将上列试剂按次序加入定量容器中，加适量蒸馏水溶解后，用盐酸溶液或氢氧化钠溶液调pH值至7.4，再定容至1 000毫升，高压消毒灭菌112千帕20分钟，冷却后，保存于4℃冰箱中备用。

5. 抗生素PBS样品保存液

取上述PBS液，按要求加入下列抗生素：喉气管拭子用PBS液中加入青霉素（2 000单位/毫升）、链霉素（2毫克/毫升）、丁胺卡那霉素（1 000单位/毫升）、制霉菌素（1 000单位/毫升）。粪便和泄殖腔拭子所用PBS中抗生素浓度应提高5倍。加入抗生素后应调pH值至7.4。采样前分装小塑料离心管。

6. 25%～50%甘油生理盐水缓冲液（加双抗）的配制

以配制100毫升30%甘油生理盐水为例，将30.00毫升甘油加入70.00毫升的双蒸水中，再加入0.85克的氯化钠，高压灭菌。用前按5 000～10 000单位/毫升加入青霉素、链霉素，分装于小塑料离心管中。

7. 10%福尔马林溶液

加蒸馏水约800毫升，充分搅拌，溶解无水磷酸氢二钠6.50克和一水磷酸二氢钠4.00克，将溶解液加入100毫升40%的甲醛溶液中，定容到1 000毫升。

四、样品记录

采样时应清晰标识每份样品，同时在采样登记表上填写相关信息。

五、样品保存

采集的样品在无法于12小时内送检的情况下，应根据不同的检验要求，将样品按所需温度分类保存于冰箱、冰柜中。

血清应放于-20℃冻存，全血应放于4℃冰箱中保存；供细菌检验的样品应于4℃保存，或用灭菌后浓度为30%～50%的甘油生理盐水4℃保存；供病毒检验的样品应在0℃以下低温保存，也可用灭菌后浓度为30%～50%的甘油生理盐水0℃以下低温保存。

六、样品运送与包装

样品采集后应在 24 小时内尽快送往实验室,不能在 24 小时内送检的,应将样品冷冻保存(有特殊保存要求的样品除外);样品的包装要防水、防漏、密封性良好;样品与容器间应填充防震材料,以防玻璃容器破裂;容器外包装要加贴生物安全警示标识,提示用语等;同时提供采样登记表等。

七、废弃物无害化处理

采样完成后,及时分类收集病死动物及采集样品过程中产生的废弃物,运用深埋、焚化炉焚烧、移交无害化处理机构等方法,进行废弃物无害化处理。

第四节 监测方法

动物疫病监测主要通过临床观察、流行病学调查和实验室检测等方法获取数据、信息。临床观察包括临床症状检查及病理剖检等,如对猪流感主要就是进行临床监测,通过临床观察、诊断发现疫情。实验室检测包括血清学检测、病原学检测及免疫效果检测,它是对重大动物疫病监测的主要技术手段。

一、流行病学调查

流行病学调查就是通过询问、信访、问卷调查、现场查看、测量和检测等多种手段,全面系统地收集与动物疫病有关的各种资料和数据,并进行综合分析,得出合乎逻辑的结论或假设的线索,提出疫病防控策略和措施建议的行为。

(一)流行病学调查的意义

近几年来,人兽共患病如 H7N9 流感、布鲁氏菌病、结核病等严重威胁着畜禽和人类健康;2018 年以来非洲猪瘟在全国各地流行,对养猪业构成致命威胁;新发病不断出现,如塞内卡病毒病、猪德尔塔冠状病毒病、猪急性腹泻冠状病毒病、牛结节性皮肤病的出现;还有常见病多发病的流行形式也越来越复杂,多种因素的存在使当前动物疫病防控工作面临着新的难题和新的挑战。流行病学调查是动物疫病防控工作的基础,关系到国家安全,具有重要的意义。利用流行病学调查可以揭示传染病流行过程的本质和相关因素,得出流行过程的客观规律,以指导畜牧业的健康发展。

系统规范开展流行病学调查,及时准确报送信息,定期开展评估,建立健全动物疫病流行病学调查评估机制,为动物疫情预测预警提供可靠的技术支持。

（二）流行病学调查内容

市、县两级建立流行病学调查队，具体组织辖区内主要动物疫病流行病学调查工作，并配合省级畜牧兽医部门相关实验室或单独对重点乡镇有关动物疫病进行调查，并对现场调查人员形成的调查评估报告及其结论进行审核。

流行病学调查分常规流行病学调查、紧急流行病学调查、定点和专项流行病学调查三种。

1. 常规流行病学调查

为了解特定时间内动物疫病及其流行风险因素的变化情况，针对动物疾病事件的发生、频率、分布、发展过程、原因及自然和社会条件等相关影响因素所作的流行病学调查。

（1）目的任务。调查动物疫病的发生情况，了解其临床症状、流行强度和流行规律，提出防控措施建议，为预警预报提供依据。

（2）调查要求。动物疫病预防控制机构以监测网点和固定流行病学调查点为流行病学调查点，每个监测网点每年不少于2次，固定流行病学调查点每月实施1次，填写相关表格。

（3）调查方式。采用询问、信访、问卷填写、查阅资料、现场查看和现场采样和实验室检测等方式进行流行病学调查。

（4）结果分析与报告。每月对调查数据进行分析汇总形成报告，连同流行病学调查表并按规定上报。

2. 紧急流行病学调查

疫情现场的当地农业农村主管部门或动物疫病预防控制机构接到动物疫病报告并确诊后，对病发生情况、可能来源、传播范围、紧急措施实施效果等所开展的一系列调查活动，包括现场调查、追溯调查、追踪调查、数据分析、提出病因假设并推断及提出防控措施建议等。

（1）目的任务。掌握动物疫病突发情况，分析可能扩散范围，提出防控措施建议，为预警预报提供依据。

（2）调查要求。发现以下情况时，应立即启动紧急流行病学调查。非洲猪瘟、高致病性禽流感、口蹄疫、小反刍兽疫、猪繁殖与呼吸综合征、炭疽、狂犬病、猪瘟、新城疫、布鲁氏菌病、结核病、蓝舌病等主要动物疫病发病率或流行特征出现异常变化；牛海绵状脑病（疯牛病）、痒病、裂谷热、赤羽病等外来动物疫病；牛瘟、牛肺疫等已消灭疫病再次发生；较短时间内出现导致较大数量动物发病或死亡，且蔓延较快的疫病，或怀疑为新发病的；其他需要开展紧急流行病学调查的情况。

接到疑似紧急疫情报告后，应立即派专业技术人员深入现场核实信息开展流行病学调查，采集有关信息，详细、全面、准确收集相关信息。填写相应紧急流行病学调查表。

（3）调查步骤和内容。组织准备、确定疫情存在、建立病例定义、开展调查等。

（4）结果分析和报告。现场调查人员根据获取的信息，描述动物疫情现状（时间、空间和群间分布等），分析疫病来源，判断疫情发展趋势，提出控制措施建议，形成调查评估报告。

现场调查人员将形成的调查报告及其结论按照规定上报。

3. 定点和专项流行病学调查

（1）目的。为了解疫病工作开展情况，对不同规模的畜禽养殖场（户）使用的疫苗开展临床应用效果调查，为动物免疫和防控决策提供依据。

（2）调查要求。对每一种疫苗各选20个调查单位进行调查并填写疫苗临床应用效果流行病学调查表。同时选择2~3个养殖场和屠宰场采集血清和组织样品，填写样品采集登记表，进行抗体和病原学检测，对疫苗使用情况进行汇总分析、撰写调查报告。

定期开展以乡镇或养殖场（户）为调查单位关于目的病种的个体阳性率与场群阳性率、免疫情况、人兽共患病的调查，分析疫病的流行率、防控措施、防控成本，以及可能的传播风险因素并撰写调查报告。

（3）调查方式。采用询问、信访、问卷填写、查阅资料、现场查看和现场采样和实验室检测等方式进行流行病学调查。

（4）结果分析与报告。结合流行病学调查方案，按时完成调查、采样和检测工作，及时收集数据、汇总分析并撰写目的疫苗临床应用效果调查报告和目的病种感染情况调查报告等。形成的调查报告按照规定上报。

4. 辅助流行病学调查

协助有关机构对畜禽养殖场（户）、屠宰场、兽医门诊等开展的动物疫病流行病学调查。按照相关部门要求具体实施流行病学调查。

（三）生物安全要求

（1）严格遵守生物安全操作的相关规定，严防人畜共患病感染，同时做好环境消毒及动物组织的无害化处理。

（2）调查采样人员在开展流行病学调查过程中不得造成交叉感染。

（3）动物发生疑似炭疽时，不得解剖。

（4）加强个人防护，穿戴口罩、工作帽、防护服、防护靴、双层手套，必要时戴防护眼镜、面罩。个人防护穿戴顺序依次是口罩、工作帽、防护服、防护眼镜、防护靴、双层手套，将手套套在防护服袖口外面；个人防护脱掉顺序依次是脱第一层手套、摘下防护眼镜、脱防护服、脱防护靴、摘帽子、脱一只手套、摘口罩、脱掉另一只手套。

二、临床症状检查

临床症状检查就是利用人的感觉器官或借助最简单的器械（体温计、听诊器等）直接对发病动物进行检查。包括问诊、视诊、触诊、听诊、叩诊，有时也包括血、粪、尿的常规检查和 X 射线透视及摄影、超声波检查和心电图描记等。

有些动物疫病具有特征性症状，如狂犬病、破伤风等，经过仔细的临床检查，即可得出诊断。但是临床检查具有一定的局限性。对于发病初期未表现出特征性症状、非典型感染和临床症状有许多相似之处的动物疫病，就难以诊断。因此多数情况下，临床检查只能提出可疑疫病的范围，必须结合其他诊断方法才能确诊。

三、实验室监测

（一）细菌学检测

将所采集的样品，在无菌操作规程下，进行相应的细菌分离。选择合适的培养基对细菌进行培养，待细菌生长到一定程度后，挑选细菌进行革兰氏染色，经初步鉴定后，可以进行下一步的生化鉴定，从而确定病菌种类。或者通过设计相应的引物，进行聚合酶链式反应（PCR）扩增测序，将测序产物送到测序公司进行测序，最终对测序结果进行比对分析，确定所分离菌株。

（二）病毒学检测

当怀疑病牛有病毒感染时，先按照规程进行采样。然后进行病毒的分离培养。常见的分离培养方法包括鸡胚培养法、动物接种法、组织培养法和传代细胞培养法，根据组织样品在各种培养物上的表现确定病毒是否能够分离，并进行中和试验等。

（三）免疫学检测

血清学检测是最常用的免疫学检测，是利用抗体和其对应抗原之间发生专一反应的一种检测方法，由于抗体主要存在于血清中，所以俗称为血清学检测。使用已知抗原可以检测血清中相应的未知抗体；反之，使用已知抗体可以鉴定血清中的未知抗原（如病毒）。常见的免疫学检测技术包括抗血清凝集技术、乳胶凝集技术、荧光抗体检测技术和酶联免疫技术。酶联免疫技术的应用，大大提高了检测的敏感性和特异性，现已广泛应用于病原微生物的检验。应用酶联免疫技术制造的全自动免疫分析仪，可以在 48 小时内快速鉴定沙门氏菌、大肠杆菌 O 157：H7、单核李斯特菌、空肠弯曲杆菌和葡萄球菌等。酶联免疫技术工作站可实现大规模全自动血清学检测。

（四）分子生物学检测

分子生物学检测技术主要对感染性疾病的病原微生物进行分子诊断，具有快速、准确、特异性高、灵敏性强的特点，已用于病原体的快速检测，为感染性疾病的早期诊断、及时处理以及控制疾病的流行，减少发病率和病死率提供了可能。主要的分子生物学检测技术包括 PCR 与反转录 PCR、实时荧光定量 PCR、实时荧光定量反转录 PCR 以及限制性内切酶片段长度多态性检测技术等，用于分型和鉴别病原体。

（五）组织病理学检测

组织病理学检测是在光学显微镜下观察病变组织的形态学改变的一种疾病检测方法。首先将所取的病变组织进行固定，然后将固定组织制成 0.4 微米左右的病理切片，将切片染色后，放置于显微镜下观察，检查组织结构完整性以及各类细胞的结构、形态、数量和位置的改变等，进一步探讨病变产生的原因、致病机理、病变的发生发展过程，最后作出病理学诊断。

第四章　动物检疫

为了加强动物检疫活动管理，预防、控制、净化、消灭动物疫病，防控人兽共患传染病，保障公共卫生安全和人体健康，根据《动物防疫法》，必须对动物及动物产品进行检疫，并对检疫过程进行监督管理。

动物检疫要遵循过程监管、风险控制、区域化和可追溯管理相结合的原则，由农业农村部主管全国动物检疫工作；县级以上地方人民政府农业农村主管部门主管本行政区域内的动物检疫工作，负责动物检疫监督管理工作；县级人民政府农业农村主管部门可以根据动物检疫工作需要，向乡、镇或者特定区域派驻动物卫生监督机构或者官方兽医；县级以上人民政府建立的动物疫病预防控制机构应当为动物检疫及其监督管理工作提供技术支撑。

农业农村部制定、调整并公布检疫规程，明确动物检疫的范围、对象和程序。农业农村部加强信息化建设，建立全国统一的动物检疫管理信息化系统，实现动物检疫信息的可追溯。县级以上动物卫生监督机构应当做好本行政区域内的动物检疫信息数据管理工作。从事动物饲养、屠宰、经营、运输、隔离等活动的单位和个人，应当按照要求在动物检疫管理信息化系统填报动物检疫相关信息。

县级以上地方人民政府的动物卫生监督机构负责本行政区域内动物检疫工作，依照《动物防疫法》以及检疫规程等规定实施检疫。

动物卫生监督机构的官方兽医实施检疫，出具动物检疫证明、加施检疫标志，并对检疫结论负责。

第一节　检疫申报

一、检疫申报要求

国家实行动物检疫申报制度。

出售或者运输动物、动物产品的，货主应当提前3天向所在地动物卫生监督机构申报检疫。

屠宰动物的，应当提前6小时向所在地动物卫生监督机构申报检疫；急宰动物的，可以随时申报。

向无规定动物疫病区输入相关易感动物、易感动物产品的，货主除按规定时限向输出地动物卫生监督机构申报检疫外，还应当在启运3天前向输入地动物卫生监督机构申报检疫。输入易感动物的，向输入地隔离场所在地动物卫生监督机构申报；输入易感动物产品的，在输入地省级动物卫生监督机构指定的地点申报。

动物卫生监督机构应当根据动物检疫工作需要，合理设置动物检疫申报点，并向社会公布。

县级以上地方人民政府农业农村主管部门应当采取有力措施，加强动物检疫申报点建设。

申报检疫的，应当提交检疫申报单以及农业农村部规定的其他材料，并对申报材料的真实性负责。

申报检疫采取在申报点填报或者通过传真、电子数据交换等方式申报。

二、审查与受理

动物卫生监督机构接到申报后，应当及时对申报材料进行审查。申报材料齐全的，予以受理；有下列情形之一的，不予受理，并说明理由。

（1）申报材料不齐全的，动物卫生监督机构当场或在3日内已经一次性告知申报人需要补正的内容，但申报人拒不补正的。

（2）申报的动物、动物产品不属于本行政区域的。

（3）申报的动物、动物产品不属于动物检疫范围的。

（4）农业农村部规定不应当检疫的动物、动物产品。

（5）法律法规规定的其他不予受理的情形。

受理申报后，动物卫生监督机构应当指派官方兽医实施检疫，可以安排协检人员协助官方兽医到现场或指定地点核实信息，开展临床健康检查。

第二节　动物检疫

一、产地检疫

（一）出具动物检疫证明应符合的条件

1. 出售或者运输的动物

出售或者运输的动物，经检疫符合下列条件的，出具动物检疫证明。

（1）来自非封锁区及未发生相关动物疫情的饲养场（户）。
（2）来自符合风险分级管理有关规定的饲养场（户）。
（3）申报材料符合检疫规程规定。
（4）畜禽标识符合规定。
（5）按照规定进行了强制免疫，并在有效保护期内。
（6）临床检查健康。
（7）需要进行实验室疫病检测的，检测结果合格。

2. 已经取得产地检疫证明的动物

已经取得产地检疫证明的动物，从专门经营动物的集贸市场继续出售或者运输的，或者动物展示、演出、比赛后需要继续运输的，经检疫符合下列条件的，出具动物检疫证明。

（1）有原始动物检疫证明和完整的进出场记录。
（2）畜禽标识符合规定。
（3）临床检查健康。
（4）原始动物检疫证明超过调运有效期，按规定需要进行实验室疫病检测的，检测结果合格。

（二）跨省、自治区、直辖市引进的乳用、种用动物的隔离观察

跨省、自治区、直辖市引进的乳用、种用动物到达输入地后，应当在隔离场或者饲养场内的隔离舍进行隔离观察，隔离期为30天。经隔离观察合格的，方可混群饲养；不合格的，按照有关规定进行处理。隔离观察合格后需要继续运输的，货主应当申报检疫，并取得动物检疫证明。

跨省、自治区、直辖市输入到无规定动物疫病区的乳用、种用动物中的易感动物，应当在输入地省级动物卫生监督机构指定的隔离场所进行隔离，隔离检疫期为30天。隔离检疫合格的，由隔离场所在地县级动物卫生监督机构的官方兽医出具动物检疫证明。

（三）离开产地

出售或者运输的动物、动物产品取得动物检疫证明后，方可离开产地。

二、屠宰检疫

（一）屠宰检疫要求

（1）动物卫生监督机构向依法设立的屠宰加工场所派驻（出）官方兽医实施检疫。屠宰加工场所应当提供与检疫工作相适应的官方兽医驻场检疫室、工作室和检疫操作台等设施。

（2）进入屠宰加工场所的待宰动物应当附有动物检疫证明并加施有符合规定的畜禽标识。

（3）屠宰加工场所应当严格执行动物入场查验登记、待宰巡查等制度，查验进场待宰动物的动物检疫证明和畜禽标识，发现动物染疫或者疑似染疫的，应当立即向所在地农业农村主管部门或者动物疫病预防控制机构报告。

（4）官方兽医应当检查待宰动物健康状况，在屠宰过程中开展同步检疫和必要的实验室疫病检测，并填写屠宰检疫记录。

（二）出具屠宰检疫证明

经检疫符合下列条件的，对动物的胴体及生皮、原毛、绒、脏器、血液、蹄、头、角出具动物检疫证明，加盖检疫验讫印章或者加施其他检疫标志。

（1）申报材料符合检疫规程规定。

（2）待宰动物临床检查健康。

（3）同步检疫合格。

（4）需要进行实验室疫病检测的，检测结果合格。

（三）进入屠宰加工场所待宰动物附有的动物检疫证明的回收与管理

官方兽医应当回收进入屠宰加工场所待宰动物附有的动物检疫证明，并将有关信息上传至动物检疫管理信息化系统。回收的动物检疫证明保存期限不得少于12个月。

三、进入无规定动物疫病区的动物检疫

向无规定动物疫病区运输相关易感动物、动物产品的，除附有输出地动物卫生监督机构出具的动物检疫证明外，还应当按照下列规定取得动物检疫证明。

（一）输入无规定动物疫病区的相关易感动物

输入无规定动物疫病区的相关易感动物，应当在输入地省级动物卫生监督机构指定的隔离场所进行隔离，隔离检疫期为30天。隔离检疫合格的，由隔离场所在地县级动物卫生监督机构的官方兽医出具动物检疫证明。

（二）输入无规定动物疫病区的相关易感动物产品

输入无规定动物疫病区的相关易感动物产品，应当在输入地省级动物卫生监督机构指定的地点，按照无规定动物疫病区有关检疫要求进行检疫。检疫合格的，由当地县级动物卫生监督机构的官方兽医出具动物检疫证明。

第三节　官方兽医与动物检疫证章标志管理

一、官方兽医的管理

（一）官方兽医的任命

1. 官方兽医应具备的条件

国家实行官方兽医任命制度。官方兽医应当符合以下条件。

（1）动物卫生监督机构的在编人员，或者接受动物卫生监督机构业务指导的其他机构在编人员。

（2）从事动物检疫工作。

（3）具有畜牧兽医水产初级以上职称或者相关专业大专以上学历或者从事动物防疫等相关工作满3年以上。

（4）接受岗前培训，并经考核合格。

（5）符合农业农村部规定的其他条件。

2. 官方兽医的任命

县级以上动物卫生监督机构提出官方兽医任命建议，报同级农业农村主管部门审核。审核通过的，由省级农业农村主管部门按程序确认、统一编号，并报农业农村部备案。

经省级农业农村主管部门确认的官方兽医，由其所在地农业农村主管部门任命，颁发官方兽医证，公布人员名单。

官方兽医证的格式由农业农村部统一规定。

（二）官方兽医的管理

1. 官方兽医证管理

官方兽医实施动物检疫工作时，应当持有官方兽医证。禁止伪造、变造、转借或者以其他方式违法使用官方兽医证。

2. 官方兽医的培训

农业农村部制订全国官方兽医培训计划。县级以上地方人民政府农业农村主管部门制订本行政区域官方兽医培训计划，提供必要的培训条件，设立考核指标，定期对官方兽医进行培训和考核。

二、协检人员的管理

官方兽医实施动物检疫的，可以由协检人员进行协助。协检人员不得出具动物检疫证明。协检人员的条件和管理要求由省级农业农村主管部门规定。

动物饲养场、屠宰加工场所的执业兽医或者动物防疫技术人员，应当协助官方兽医实施动物检疫。

对从事动物检疫工作的人员，有关单位按照国家规定，采取有效的卫生防护、医疗保健措施，全面落实畜牧兽医医疗卫生津贴等相关待遇。

对在动物检疫工作中作出贡献的动物卫生监督机构、官方兽医，按照国家有关规定给予表彰、奖励。

三、动物检疫证章标志的管理

动物检疫证章标志包括：动物检疫证明、动物检疫印章、动物检疫标志、农业农村部规定的其他动物检疫证章标志。

动物检疫证章标志的内容、格式、规格、编码和制作等要求，由农业农村部统一规定。县级以上动物卫生监督机构负责本行政区域内动物检疫证章标志的管理工作，建立动物检疫证章标志管理制度，严格按照程序订购、保管、发放。

任何单位和个人不得伪造、变造、转让动物检疫证章标志，不得持有或者使用伪造、变造、转让的动物检疫证章标志。

四、监督管理

（一）禁止屠宰、经营、运输依法应当检疫而未经检疫或者检疫不合格的动物

禁止生产、经营、加工、贮藏、运输依法应当检疫而未经检疫或者检疫不合格的动物产品。

（二）经检疫不合格的动物、动物产品，由官方兽医出具检疫处理通知单，货主或者屠宰加工场所应当在农业农村主管部门的监督下按照国家有关规定处理

动物卫生监督机构应当及时向同级农业农村主管部门报告检疫不合格情况。

（三）撤销动物检疫证明

有下列情形之一的，出具动物检疫证明的动物卫生监督机构或者其上级动物卫生监督机构，根据利害关系人的请求或者依据职权，撤销动物检疫证明，并及时通告有关单位和个人。

（1）官方兽医滥用职权、玩忽职守出具动物检疫证明的。

（2）以欺骗、贿赂等不正当手段取得动物检疫证明的。

（3）超出动物检疫范围实施检疫，出具动物检疫证明的。

（4）对不符合检疫申报条件或者不符合检疫合格标准的动物、动物产品，出具动物检疫证明的。

（5）其他未按照《动物防疫法》、检疫规程及其他有关规定实施检疫，出具动物检疫证明的。

（四）应当检疫而未经检疫的处理处罚

有下列情形之一的，按照依法应当检疫而未经检疫处理处罚。

（1）动物种类、动物产品名称、畜禽标识号与动物检疫证明不符的。

（2）动物、动物产品数量超出动物检疫证明载明部分的。

（3）使用转让的动物检疫证明的。

依法应当检疫而未经检疫的动物、动物产品，由县级以上地方人民政府农业农村主管部门依照《动物防疫法》处理处罚，不具备补检条件的，予以收缴销毁；具备补检条件的，由动物卫生监督机构补检。

依法应当检疫而未经检疫的胴体、肉、脏器、脂、血液、精液、卵、胚胎、骨、蹄、头、筋、种蛋等动物产品，不予补检，予以收缴销毁。

（五）补检

1. 补检动物

补检的动物具备下列条件的，补检合格，出具动物检疫证明。

（1）畜禽标识符合规定。

（2）检疫申报需要提供的材料齐全、符合要求。

（3）临床检查健康。

（4）不符合畜禽标识规定，或者检疫申报提供的材料不齐全、不符合要求时，货主于7日内提供检疫规程规定的实验室疫病检测报告，检测结果合格。

2. 补检动物产品

补检的生皮、原毛、绒、角等动物产品具备下列条件的，补检合格，出具动物检疫证明。

（1）经外观检查无腐烂变质。

（2）按照规定进行消毒。

（3）货主于7日内提供检疫规程规定的实验室疫病检测报告，检测结果合格。

（六）动物检疫证明的使用

（1）经检疫合格的动物应当按照动物检疫证明载明目的地运输，并在规定时间内到达，运输途中发生疫情的应当按有关规定报告并处置。

跨省、自治区、直辖市通过道路运输动物的，应当经省级人民政府设立的指定通道入省境或者过省境。

饲养场（户）或者屠宰加工场所不得接收未附有有效动物检疫证明的动物。

（2）运输用于继续饲养或屠宰的畜禽到达目的地后，货主或者承运人应当在

3日内向启运地县级动物卫生监督机构报告；目的地饲养场（户）或者屠宰加工场所应当在接收畜禽后3日内向所在地县级动物卫生监督机构报告。

五、法律责任

（一）不正当手段取得动物检疫证明

申报动物检疫隐瞒有关情况或者提供虚假材料的，或者以欺骗、贿赂等不正当手段取得动物检疫证明的，依照《中华人民共和国行政许可法》有关规定予以处罚。

（二）违反《动物检疫管理办法》

违反《动物检疫管理办法》（2022年9月7日农业农村部令2022年第7号公布，自2022年12月1日起施行）规定运输畜禽，有下列行为之一的，由县级以上地方人民政府农业农村主管部门处一千元以上三千元以下罚款；情节严重的，处三千元以上三万元以下罚款。

（1）运输用于继续饲养或者屠宰的畜禽到达目的地后，未向启运地动物卫生监督机构报告的。

（2）未按照动物检疫证明载明的目的地运输的。

（3）未按照动物检疫证明规定时间运达且无正当理由的。

（4）实际运输的数量少于动物检疫证明载明数量且无正当理由的。

（三）其他违反《动物检疫管理办法》规定的行为

其他违反《动物检疫管理办法》规定的行为，依照《动物防疫法》有关规定予以处罚。

第五章 消毒

第一节 常用消毒方法

一、消毒的相关概念

（一）消毒

消毒是指用物理的、化学的和生物的方法清除或杀灭畜禽体表及其生存环境和相关物品中的病原微生物的过程叫消毒。消毒只要求达到无传染性的目的，而对非病原微生物及其芽孢、孢子并不严格要求全部杀死。

消毒的目的是切断传播途径，预防和控制传染病的传播和蔓延。消毒不能消除患病动物体内的病原体，仅是预防和消灭传染病的重要措施之一，它需配合免疫接种、隔离、杀虫、灭鼠、扑灭和无害化处理等措施才能取得成效。

（二）灭菌

灭菌是指杀灭物体上所有的微生物（包括病原体和非病原体；繁殖体和芽孢）的方法。

（三）防腐

防腐是指应用理化方法防止或抑制微生物生长繁殖的方法。用于防腐的试剂称为防腐剂。

（四）无菌

无菌是指环境或物品中不含活的微生物存在的状态。

（五）无菌操作

防止微生物进入机体或物体的操作方法，称为无菌技术或无菌操作。

二、消毒的种类

根据消毒时机和消毒目的的不同，将消毒分为疫源地消毒和预防性消毒。

1. 疫源地消毒

疫源地消毒是指对目前或曾经存在传染源的地区进行消毒。目的是杀灭由传染源排到外界环境中的病原体。分为以下两类。

（1）终末消毒。即患者痊愈或死亡后对其居住地进行的一次彻底消毒。

（2）随时消毒。指对传染源的排泄物、分泌物及其污染物品进行及时消毒。

2. 预防性消毒

预防性消毒也叫平时消毒。是指在未发现传染源的情况下，对可能受病原体污染的场所物品和动物机体所进行的消毒，如对畜禽舍、场地、饮用水、用具、空气、手术室及兽医人员手的消毒等。

三、消毒对象

1. 消毒对象

患病动物及动物尸体所污染的圈舍、场地、土壤、水、饲养用具、运输用具、仓库、人体防护装备、病畜产品、粪便等。

2. 动物检疫消毒的主要对象

（1）动物产品。除规定应"销毁"的动物疫病以外其他疫病染疫动物的生皮、原毛以及未经加工的蹄、骨、角、绒。

（2）运载动物及动物产品的工具。运输工具及其附带物如栏杆、篷布、绳索、饲饮槽、笼箱、用具、动物产品的外包装等。

（3）检疫相关场所。检疫地点、动物和动物产品交易销售场所、隔离检疫场所等；存放畜禽产品的仓库；被病死动物、动物产品及其排泄物污染的一切场所。

（4）检疫工具及器械。检疫刀、检疫钩、锉棒等。

四、消毒的方法及其选择

1. 消毒的方法

（1）物理消毒法。物理消毒法是指通过机械清除、冲洗、通风换气、热力、光线等物理方法对环境、物品中的病原体的清除或杀灭方法。

①机械性清除。清扫和洗刷圈舍地面，清除粪尿、垫草和残余饲料，洗刷动物体被毛，除去表面污物，保持圈舍通风换气等。机械性清除在实践中最常用，并且简便易行，该方法虽然不能彻底消灭病原体，但可以有效地减少动物圈舍及体表的病原体，需配合其他消毒方法。

②日光消毒。阳光照射具有加热和干燥作用，自然光谱中的紫外线（其波长范围为210~328纳米）具有较强的杀菌消毒作用。一般病毒和非芽孢病原菌在强烈阳光下反复暴晒，可使其致病力大大降低甚至死亡。利用阳光暴晒，对牧场、草地、畜栏、用具和物品等是一种简单、经济、易行的消毒方法。阳光的

强弱直接关系到消毒效果,因为日光中的紫外线在通过大气层时,经散射和被吸收后损失很多,到达地面的紫外线波长在 300 纳米以上,其杀菌消毒作用相对较弱。所以,要在阳光下照射较长时间才能达到消毒作用。因此,利用阳光消毒应根据实际情况灵活掌握,并配合其他消毒方法。实际工作中,人工紫外线常被用来进行空气消毒,其波长范围是 200～275 纳米,杀菌作用最强的波长是 250～270 纳米。

③干热消毒。用于染疫的动物尸体、患病动物垫料、病料以及污染的垃圾、废弃物等物品的消毒,可以直接点燃或在焚烧炉内焚烧。地面、墙壁等耐火处可以用火焰喷灯进行消毒。

④湿热消毒。

煮沸消毒法:煮沸消毒法是最常用的消毒方法之一,此法操作简便、经济实用,效果比较可靠。大多数非芽孢病原微生物在 100℃沸水中迅速死亡。大多数芽孢在煮沸后 15～30 分钟可被致死。若配合化学消毒可提高煮沸消毒效果。如在煮沸金属器械时加入 2%碳酸钠,可提高沸点,并使溶液偏碱性,增强杀菌作用,同时还可减缓金属氧化,具有一定的防锈作用;若在水中加入 2%～5%石炭酸,煮沸 5 分钟可杀死炭疽杆菌的芽孢。

煮沸消毒时,消毒时间应从水煮沸后开始计算,各种器械煮沸时间参考表 4-1。

表 4-1 各类器械煮沸消毒时间　　　　　　　　　　单位:分钟

消毒对象	时间
玻璃类器械	20～30
橡胶及电木类器材	5～10
金属类及搪瓷类器材	5～15
接触过疫病动物的器材	≥30

蒸汽消毒:蒸汽消毒主要用在实验室、病害动物及其产品化制站。其消毒原理是当相对湿度为 80%～100%的蒸汽遇到温度较低的物品后,凝结成水、释放大量热量,从而达到消毒的目的。例如,对各种耐热玻璃器皿、金属器械、普通培养基、敷料等的消毒。在一些运输检疫监督机构,用蒸汽锅炉对运输的车皮、船舱等进行消毒。若配合化学消毒,蒸汽消毒能力将得到加强。

(2)化学消毒法。化学消毒法是指用化学药物(消毒剂)杀灭病原体的方法。在疫病防制过程中,经常利用各种化学消毒剂对病原微生物污染的场所、物品等进行清洗、浸泡、熏蒸、喷洒等,以杀灭其中的病原体。消毒剂除对病原微生物具有广泛的杀伤作用外，对动物、人的组织细胞也有损伤作用，使用过程中应加以注意。

（3）生物消毒法。生物消毒法是指用生物热杀灭、清除病原体的方法。该法主要用于污染粪便的无害化处理。粪便在堆积过程中，其中的微生物发酵产热而使内部温度达到70℃以上，经过一段时间便可杀死病毒、细菌（芽孢除外）、寄生虫卵等病原体。芽孢污染的粪便应予以焚毁。

2. 消毒方法的选择

（1）染有一般病原体的物品，可选择煮沸消毒法。

（2）不耐热、湿的染疫物和圈舍、仓库等，可选择熏蒸消毒法。

（3）怕热而不怕湿的物品可采用消毒液浸泡。

（4）染有一般病原体的粪便、垃圾、垫草等污物应选择生物消毒法等。

（5）染有细菌芽孢等的物品，可选择火焰或焚烧消毒法。

第二节　常用消毒药物与选择使用

一、环境消毒药

（一）酚类

1. 苯酚

苯酚又名石炭酸。苯酚为原浆毒，能抑制和杀死多种细菌。苯酚的杀菌效果与温度正相关。0.1%～1%的溶液有抑菌作用；1%～2%溶液有杀细菌和杀真菌作用。因对蛋白质的渗透性很强、受环境中有机物的影响较小，因此适用于排泄物、分泌物的消毒。低浓度对组织有麻痹感觉神经末梢的作用，高浓度则呈腐蚀作用。

（1）2%～5%苯酚溶液。用于用具、器械和环境等消毒。

（2）复合酚。为畜禽养殖专用，用于畜禽舍、器具、场地、排泄物消毒，不可与碘制剂合用；碱性环境、脂类、皂类等能减弱其杀菌作用。喷洒可配成0.3%～1%的水溶液，浸涤可配成1.6%的水溶液。

需要注意的是，当苯酚浓度高于0.5%时具有局部麻醉作用；5%溶液即对组织有强烈的腐蚀作用。因此，若意外吞服或皮肤、黏膜大面积接触苯酚会引起全身性中毒，表现为中枢神经先兴奋后抑制、心血管系统被抑制，严重时可因呼吸麻痹致死。

2. 甲酚

甲酚又名煤酚、甲苯酚。对繁殖期细菌抗菌作用强，但对芽孢无效，对病毒作用不确定。杀菌作用较苯酚强3～10倍,毒性较低。

由于甲酚的水溶性低,常用肥皂乳化制成50%的甲皂溶液,甲皂溶液的杀菌性能与苯酚相似。常用浓度可破坏肉毒梭菌毒素,能杀灭细菌繁殖体,对结核杆菌和真菌有一定杀灭能力,能杀死亲脂性病毒。但对亲水性病毒无效。

(1)甲酚皂溶液(又称来苏儿)。喷洒或浸泡,可配成5%～10%的水溶液。

(2)甲酚磺酸。杀菌力较煤酚皂溶液强,甲酚磺酸溶液,常用浓度为0.1%,可代替过氧乙酸用于环境消毒。

(3)甲酚磺酸钠溶液。可代替煤酚。

3. 氯甲酚

氯甲酚对细菌繁殖体、真菌和结核杆菌均有较强的杀灭作用,但不能有效杀灭细菌芽孢。有机物可减弱其杀菌效能。pH值较低时,杀菌效果较好。主要用于畜禽舍及环境消毒。

氯甲酚溶液。喷洒消毒时可进行33～100倍稀释。

需要注意的是,本品对皮肤及黏膜有腐蚀性。使用时现用现配,稀释后不宜久贮。

(二)醛类

该类药物易挥发,又称挥发性烷化剂,可通过发生烷基化反应,使菌体蛋白变性,酶和核酸功能发生改变。对芽孢、真菌、结核杆菌、病毒均有杀灭作用。常用的药物有甲醛、聚甲醛和戊二醛等。

1. 甲醛溶液

甲醛溶液又名蚁醛,为无色气体,一般用其水溶液。40%甲醛溶液通常称为福尔马林,含甲醛不少于36%(质量分数)。可与蛋白质中的氨基结合,使蛋白质凝固变性,其杀菌作用强,对细菌、芽孢、真菌、病毒都有效。主要用于厩舍、孵化室、器具物品等的熏蒸消毒;其2%～4%溶液用于手术器械消毒;5%～10%溶液用作固定标本、保存尸体;也可用于胃肠道制酵药;还可配成干髓剂,牙科填入髓洞,使牙髓失活。

(1)甲醛溶液。以本品计,熏蒸消毒,15毫升/米^{3}空间。内服,一次量,牛8～25毫升;羊13毫升。内服时用水稀释20～30倍。

(2)复方甲醛溶液。将所需消毒的物体表面彻底清洁,常规情况下,1:(200～400)倍稀释作厩舍的地板、墙壁及物品、运输工具等的消毒,发生疫病时1:(100～200)倍稀释消毒。

需要注意的是,甲醛被国际癌症研究机构(IARC)列为疑似人类致癌物质,应避免大量吸入和皮肤接触。本品对呼吸道有强烈刺激性,可引起鼻炎、喉炎、肺炎和肺水肿。眼直接接触可致灼伤。对皮肤有刺激性,可引起皮肤红肿,长期反复接触会引起干燥、皲裂、脱屑。

使用甲醛消毒后，可在物体表面形成一层具腐蚀作用的薄膜；动物误服甲醛溶液，应迅速灌服稀氨水解毒；药液污染皮肤，应立即用肥皂和水清洗；放置过程中如有结晶析出，可温热溶解后使用。

2. 戊二醛

本品为灭菌剂，能杀灭耐酸菌、芽孢、真菌和病毒等，具有广谱、强效、速效、低毒等特点。由于价格较贵，主要用于不耐热医疗器械、塑料及橡胶制品的消毒与灭菌。

（1）浓戊二醛溶液。以戊二醛计，橡胶、塑料制品及手术器械消毒，配成2%溶液。

（2）稀戊二醛溶液。喷洒使浸透，配成0.78%溶液，保持5分钟或放置至干。

（3）稳定化浓戊二醛溶液。喷洒、擦洗或浸泡，用于环境或器具（械）消毒，口蹄疫1∶200倍稀释、猪水疱病1∶100倍稀释、猪瘟1∶10倍稀释，鸡新城疫或传染性法氏囊病1∶40倍稀释，细菌性疾病1∶（500～1 000）倍稀释。

需要注意的是，用戊二醛消毒或灭菌后的器械一定要用灭菌蒸馏水充分冲洗后再使用。戊二醛对皮肤黏膜有刺激性，接触溶液时应戴手套，防止溅入眼内或吸入体内。

3. 戊二醛癸甲溴铵溶液

戊二醛癸甲溴铵溶液用于养殖场、公共场所、设备器械及种蛋等的消毒。以本品计。临用前用水按一定比例稀释。喷洒：常规环境消毒，1∶（2 000～4 000）倍稀释；疫病发生时环境消毒，1∶（500～1 000）倍稀释。浸泡器械、设备等消毒，1∶（1 500～3 000）倍稀释。

禁与阴离子表面活性剂混合使用。

4. 戊二醛苯扎溴铵溶液

戊二醛苯扎溴铵溶液主要用于动物厩舍及器具消毒。喷洒，每平方米9毫升。用于动物厩舍、器具的消毒，1∶100倍稀释。

本品易燃，使用时须谨慎，以免被灼烧，避免接触皮肤和黏膜，避免吸入其挥发气体，在通风良好的场所稀释。使用时要配备防护设备，如防护服、手套、护面和护眼用具等。禁与阴离子类活性剂及盐类消毒药合用。不宜用于膀胱镜、眼科器械合成橡胶制品的消毒。勿吞食，勿与食物或饲料混合。一旦误服立即饮用大量清水或牛奶（至少两大杯）、并尽快就医。若不慎触及眼睛，请用大量清水冲洗并迅速就医。

5. 复方季铵盐戊二醛溶液

复方季铵盐戊二醛溶液用于牧场及畜禽栏舍的日常环境消毒。使用时，以本品计，浸泡或喷雾：用于病毒消毒时，以 1∶200 倍稀释；用于细菌、真菌、霉菌和酵母菌消毒时，以 1∶400 倍稀释；用于农场入口消毒池消毒时，以 1∶200 倍稀释。应参考农场的日常消毒程序，并根据消毒池人员及车辆等进出的频率和清洁程度，建议每 2～3 日更换一次消毒液。

避免意外吞食。避免眼睛或皮肤接触消毒液，当使用消毒液时要穿戴防护服，如手套、面具和护目镜等。皮肤或眼睛不慎接触到消毒液，要立刻用清水冲洗。本品对水生环境有毒，禁止向下水道排放或者向环境直接排放。本品为环境消毒剂，勿用于食品动物体表或带畜消毒。

（三）碱类

1. 氢氧化钠

氢氧化钠又名苛性钠、其粗制品称为火碱。消毒用一般都是采用含氢氧化钠约 94% 的工业用液碱或固体碱。本品是一种高效消毒药，属原浆毒，能杀死细菌、芽孢和病毒。2% 的溶液可杀死病毒和细菌；高浓度溶液亦可杀死芽孢。常用 2%～4% 氢氧化钠溶液用于口蹄疫、猪瘟、猪流感、猪水疱病和传染性胃肠炎等病毒性感染的消毒；也常用于猪丹毒、布鲁氏菌病、仔猪副伤寒、禽霍乱、鸡白痢等细菌性感染的消毒；5% 溶液用于炭疽和畜禽养殖场门口消毒池对进出车辆的消毒。主要适合于消毒畜舍、肉联厂、食品厂车间的地面、台板、饲槽等。消毒时习惯应用加热的溶液，加热虽然不增强氢氧化钠的消毒力，但可溶解油脂，加强去污能力，而且热本身就是消毒因素，不仅能杀菌，也能杀死寄生虫虫卵。

使用氢氧化钠消毒时，可配成 1%～2% 热溶液；腐蚀动物新生角时可配成 50% 溶液。

消毒人员应注意防护，配制和使用时应戴橡胶手套，戴防护眼镜，避免被灼伤。消毒畜舍地面后 6～12 小时，应注意再用清水冲洗干净，以免家畜蹄部和皮肤受伤害。

2. 氧化钙

消毒用石灰（生石灰）的主要成分是氧化钙。氧化钙消毒药，对繁殖型细菌有良好的消毒作用，而对芽孢和结核杆菌无效。石灰乳涂刷厩舍墙壁、畜栏、地面等，也可直接将石灰撒于阴湿地面、粪池周围和污水沟等处。为了防疫，畜牧场门口常放置浸透 20% 石灰乳的湿草垫进行鞋底消毒。

使用氧化钙进行厩舍墙壁、畜栏、地面等消毒时，要配成 10%～20% 石灰乳；粪池周围和阴湿地面等消毒时，每千克生石灰加水 350 毫升调和后撒布，宜现配现用；若是水泥地面，不宜直接撒布。

（四）酸类

酸类包括有机酸、无机酸。无机酸为原浆毒，具有强烈的刺激和腐蚀作用。无机酸有硫酸、盐酸、硼酸等，有强大的杀菌和杀芽孢作用。2摩尔/升硫酸用于消毒排泄物；2%盐酸添加15%食盐，并加温至30℃，用于炭疽芽孢杆菌污染的皮张的浸泡消毒。

有机酸类有乳酸、醋酸、苯甲酸、水杨酸等，可作为饲料、药品、粮食等的防腐剂；内服可用于消化不良和瘤胃臌胀；2%～3%溶液可冲洗口腔，0.5%～2%溶液可冲洗感染创面，5%溶液具有抗菌作用。

（五）卤素类

1. 含氯石灰

含氯石灰又名漂白粉。主要成分为次氯酸钙、氧化钙和氢氧化钙。

本品的杀菌作用快而强。其有效成分是次氯酸钙，加入水中可生成次氯酸，次氯酸可放出活性氯和新生态氧，对蛋白质产生氯化和氧化反应，对细菌繁殖体、病毒、真菌孢子及芽孢都有一定的杀灭作用。在实际消毒时，漂白粉与被消毒物的接触至少要15～20分钟，对高度污染的物体则需要1小时之久。漂白粉中的氯可与氨及硫化氢发生反应，故有除臭作用。

使用含氯石灰进行饮水消毒时，每50升水加本品1克；厩舍等消毒时配成5%～20%混悬液。

因其有漂白颜色作用，不能消毒有色衣物。漂白粉对皮肤有刺激性，消毒人员应用时应注意防护，漂白粉对金属有腐蚀作用，不宜用作金属物品的消毒。

2. 次氯酸钠溶液

本品为次氯酸钠溶液与表面活性剂等配制而成。次氯酸可放出活性氯和新生态氧，对蛋白质产生氯化和氧化反应，对细菌繁殖体、病毒、真菌孢子及芽孢都有一定的杀灭作用。用于厩舍、器具及环境的消毒。

使用次氯酸钠溶液时，以本品计，畜禽舍、器具消毒，1:（50～100）倍稀释；禽流感病毒疫源地消毒1:10倍稀释；常规消毒1:1 000倍稀释；口蹄疫病毒疫源地消毒1:50倍稀释。

应置于儿童不能触及处。对金属有腐蚀作用，对织物有漂白作用。本品有腐蚀性，会伤害皮肤。

3. 二氯异氰脲酸钠

二氯异氰脲酸钠又名优氯净，含有效氯60%～65%。本品杀菌谱广，可杀灭细菌繁殖体、芽孢、病毒、真菌孢子。主要用于厩舍、排泄物和水的消毒。有腐蚀和漂白作用。

（1）二氯异氰脲酸钠粉。以有效氯计，畜禽饲养场所、器具消毒，每升水，0.1～1克；种蛋消毒，浸泡，每升水0.1～0.4克；疫源地消毒，每升水0.2克。

（2）二氯异氰脲酸钠烟熏剂。烟熏，将A包（二氯异氰脲酸钠）与B包（助燃剂）按2:1质量比混匀，每立方米使用混合物5克，点燃，密闭12小时，通风1小时。

4. 二氧化氯

本品为新一代高效、广谱、安全的消毒杀菌剂，是氯制剂最理想的替代品，可杀灭细菌繁殖体及芽孢、病毒、真菌及其孢子。一般多用于饮水消毒。

常用二氧化氯溶液。使用时，以本品计。畜禽舍、器具消毒1:（5～10）倍稀释；非洲猪瘟病毒等疫源地消毒1:5倍稀释；常规消毒1:（10～20）倍稀释；饮水消毒1:500倍稀释。

（六）过氧化物类

1. 过氧乙酸

过氧乙酸又名过醋酸，由过氧化氢与乙酸酐作用制得。市售品为20%过氧乙酸溶液。本品兼具酸和氧化剂的特性，是一种高效消毒剂，其气体和溶液均具有用密闭、避光、低温保存。强灭菌作用，并强于一般的酸或氧化剂。作用产生快，能杀死细菌、芽孢、真菌和病毒。可用于畜舍、食品加工厂和食品（鸡蛋、肉、水果等）的消毒，也可用于外科手术器械和废水等的消毒；还可用于治疗家畜真菌病。

使用过氧乙酸溶液时，以本品计，喷雾消毒，畜禽厩舍1:（200～400）倍稀释。浸泡消毒，器具1:500倍稀释。

临用前配制成0.5%溶液喷雾消毒厩舍、食品加工厂的地面和墙面、用具、饲槽和车船等，喷雾后密闭1～2小时。可用2%溶液喷雾被芽孢污染的表面。可用3%～5%液加热熏蒸，对厩舍、实验室、仓库等进行空间消毒。0.04%～0.2%溶液可用于玻璃、瓷制品、白色织物、蛋品等的浸泡消毒。0.02%溶液可用于黏膜消毒；0.2%溶液可用于皮肤消毒。

2. 过硫酸氢钾复合盐泡腾片

用于畜禽舍、空气等的消毒。

使用过硫酸氢钾复合盐泡腾片时，喷雾、喷洒或浸泡进行畜禽环境消毒、饮水设备消毒、空气消毒、终末消毒、设备消毒、孵化场消毒、脚踏盆消毒时，以1:400（即每10片兑水4千克）倍稀释。

注意现用现配；不与碱类物质混存或合并使用；产品用完后，包装不得乱丢弃。

二、皮肤、黏膜消毒防腐药

（一）醇类

主要有乙醇，又名酒精。无水乙醇含量为99%以上；医用乙醇含量应不低于95%（体积分数）。处方中凡未说明浓度的乙醇，均指95%的乙醇。本品能使蛋白质变性而发挥杀菌作用，是目前临床上使用最广泛的一种皮肤消毒药。以体积分数75%作用最强。浓度过高，可使蛋白质很快沉淀形成一层保护膜、阻碍乙醇向深层渗透，杀菌作用降低。能杀灭繁殖期细菌，对结核杆菌、有囊病毒也有杀灭作用，但对芽孢无效。常用于皮肤及器械消毒。对组织有刺激性，不能用于黏膜和创面。

75%的溶液用于手、皮肤、温度计、注射针头和小件医疗器械等消毒。也可作为溶剂。

（二）表面活性剂

表面活性剂又称人工合成洗涤剂，是一类带有亲水基团与疏水基团的化合物，可降低水、表面活性剂的表面张力，促进液体的渗透、增溶，使物体表面的油脂乳化，乳化后的油垢易除去，故具有清洁去垢作用。这类药物能吸附于细菌细胞的表面，引起细胞壁损伤，灭活细胞内氧化酶等酶的活性，发挥杀菌消毒作用。

表面活性剂可分为三类，第一类是阳离子表面活性剂（如苯扎溴铵、醋酸氯己定、度米芬等），又称作季铵盐类化合物，是最常用的消毒药。第二类为阴离子表面活性剂（如肥皂、十二烷基苯磺酸钠等）和非离子表面活性剂（如吐温等），具有良好的洗净作用，但杀菌作用较差。第三类为两性离子表面活性剂如辛氨乙甘酸溶液，溶于水后，因其具备疏水基和亲水基，使其同时具有阴、阳两类离子性质，因此既具有阴离子化合物的洗净性能，又具有阳离子化合物的良好杀菌作用。

表面活性剂兼有抗菌作用和去污作用，但其抗菌作用与去污作用是不平行的。阳离子表面活性剂的抗菌作用强，去污力较差；而阴离子、非离子表面活性剂抗菌作用很弱，去污力强。

季铵盐类是最常用的阳离子表面活性剂，可杀灭大多数繁殖期细菌和真菌，以及部分病毒，但不能杀灭芽孢、结核杆菌和铜绿假单胞菌。季铵盐类溶于水时，解离出亲水的阳离子，可与带负电荷的细菌、病毒膜磷脂上的磷酸基结合，低浓度时可使膜通透性增加，呈抑菌作用；高浓度时可使膜和胞浆内蛋白质的荷电性改变而呈杀菌作用。其对革兰氏阳性菌的作用比对革兰氏阴性菌好，对革兰氏阳性菌作用强，杀菌迅速、刺激小、毒性低、不腐蚀金属和橡胶，杀菌效果受有机物影响大，故不适用于厩舍和环境消毒，不能与阴离子活性剂混合使用。

1. 苯扎溴铵

苯扎溴铵又名新洁尔灭、溴苄烷胺，为溴化二甲基苄基烃铵的混合物。同类药物苯扎氯铵，又名洁尔灭、氯苄烷胺，为氯化二甲基苄基烃铵的混合物。

本品为常用的一种阳离子表面活性剂。具有广谱杀菌作用和去垢效力。可杀灭细菌繁殖体，不能杀灭细菌芽孢。对革兰氏阳性菌的杀灭能力比革兰氏阴性菌强。对病毒的作用较弱，对亲脂性病毒如流感、牛痘、疱疹等病毒有一定的杀灭作用，对亲水性病毒无效。对真菌和结核杆菌效果甚微。对人体组织刺激性小，作用发挥迅速，湿润和穿透组织表面，并具有除垢、溶解角质及乳化作用。用于皮肤、黏膜和伤口消毒。

使用苯扎溴铵溶液消毒时，以苯扎溴铵计。创面消毒，配成0.01%溶液；皮肤、手术器械消毒配成0.1%溶液。

本品禁与肥皂及其他阴离子表面活性剂、碘化物和过氧化物等配合使用。器械消毒时应加0.5%亚硝酸钠防锈。不宜用于眼科器械、合成橡胶制品和铝制品的消毒。可引起人体过敏。

2. 醋酸氯己定

醋酸氯己定又称醋酸洗必泰，为双氯苯双胍己烷的二醋酸盐，具有阳离子型的双胍结构。

本品属阳离子表面活性剂，抗菌谱广，对多数革兰氏阳性菌及革兰氏阴性菌都有杀灭作用，对铜绿假单胞菌也有效。抗菌作用强于苯扎溴铵，作用迅速且持久，毒性低，无刺激性。本品不易被有机物灭活，但易被硬水中的阴离子沉淀而失去活性。常用于术前手、皮肤、创面及器械等的消毒。

应用本品进行手术前洗手时，以0.02%水溶液（1∶5 000）浸泡3分钟。术野消毒时用0.5%水溶液或醇溶液（以70%乙醇配制），其效力与碘酊相似。皮肤或创面消毒时，以1%喷雾剂喷雾或0.05%水溶液冲洗伤口。手术器械消毒则用0.1%水溶液（内加0.5%亚硝酸钠）浸泡。含漱消炎可以0.02%水溶液（1∶5 000）漱口，对咽峡炎及口腔溃疡等有效。烧伤、烫伤用0.5%霜剂或气雾剂。

禁与肥皂、碱性物质和其他阴离子表面活性剂配伍。忌与碘酊、高锰酸钾、升汞、硫酸锌、甲醛合用。浓溶液可刺激黏膜等，偶见皮肤过敏。与铁、铝等金属物质可发生反应，配制时禁用金属制品，水溶液贮存于中性玻璃瓶中，每隔两周换1次。器械消毒时需加0.5%亚硝酸钠防锈。

3. 葡萄糖酸氯己定碘溶液

本品含碘和葡萄糖酸氯己定，属消毒防腐药。对大肠杆菌、金黄色葡萄球菌、链球菌等病原微生物具有良好的杀灭和抑制作用，在奶牛乳头药浴区域形成水溶性保护膜，防止病原菌侵染，有效预防和控制乳腺炎的发生。用于泌乳期奶牛的乳头消毒，预防泌乳期奶牛的乳腺炎。

本品仅供外用，按1∶3的比例用水稀释本品。挤奶前和挤奶后用稀释药液药浴每个乳头30秒，确保稀释液覆盖3/4的乳头。挤奶前药浴后用一次性纸巾（或消毒小毛巾）擦干乳头和基部即可挤奶，挤奶后完成乳头药浴的奶牛无须擦拭。

避免与含汞药物配伍，忌与洗衣粉等阴离子化合物、季铵盐等阳离子化合物合用。禁用于对本品过敏的动物。对碘过敏的人操作时戴口罩或防护面具。置于儿童触及不到的地方。如果不慎吞食本品，应立即饮用大量清水，并尽快寻求医疗帮助。

4. 度米芬

度米芬又名杜灭芬，为阳离子表面活性剂，可用作消毒剂、除臭剂和杀菌防霉剂。具有广谱杀菌作用，对革兰氏阳性菌和革兰氏阴性菌均有杀灭作用，作用比新洁尔灭稍强。对芽孢、病毒和抗酸杆菌效果不显著。在中性或弱碱性溶液中作用效果更好，在酸性溶液中效果下降，用于黏膜、皮肤、创面和器械的消毒。度米芬含片可预防和治疗口腔、喉感染如咽喉炎、扁桃体炎等。

本品用于创面、黏膜消毒时，配成0.02%～0.05%溶液；用于皮肤、器械消毒时，配成0.05%～0.1%溶液。

禁与肥皂、盐类和其他合成洗涤剂配伍使用。金属器械消毒时加0.5%亚硝酸钠防锈。可引起人接触性皮炎。

5. 癸甲溴铵溶液

本品属阳离子表面活性剂。具有广谱、高效、无毒、抗硬水、抗有机物等特点，适用于环境、水体、餐具、器械等的消毒，以及水体的净化、灭藻。对治疗弧菌、嗜水气单胞菌及温和气单胞菌等病原菌有较好的疗效。主要用于畜禽养殖场的厩舍、器具消毒（喷雾消毒）。

（1）癸甲溴铵溶液。以癸甲溴铵计，厩舍、器具消毒，配成0.015%～0.06%溶液；饮水毒，配成0.0025%～0.005%溶液。

（2）癸甲溴铵碘复合溶液。浸泡、喷洒、喷雾、厩舍、器具、种蛋清毒，用水稀释1 000倍后使用。

本品原液对皮肤和眼睛有轻微刺激，使用时小心操作，避免与眼睛、皮肤和衣服直接接触，如溅及眼部和皮肤立即以大量清水冲洗至少15分钟。内服有毒性，如误服应立即用大量清水或牛奶洗胃。禁与肥皂合成洗涤剂混合使用。

（三）碘与碘化物

碘与碘化物有强大的杀菌作用，能杀死细菌、芽孢、霉菌、病毒、原虫。碘与碘化物的水溶液或醇溶液用于皮肤消毒或创面消毒。忌与重金属配伍。

1. 碘

碘能引起蛋白质变性（形成碘化蛋白质）而具有极强的杀菌力，能杀死细菌、霉菌、芽孢和病毒。其稀溶液对组织的毒性小，浓溶液有刺激性和腐蚀性。碘酊是常用的有效的皮肤消毒药。一般使用2%碘酊，大家畜皮肤和术野消毒用5%碘酊。碘甘油刺激性较小，用于黏膜表面消毒。2%碘溶液不含酒精，适用于皮肤浅表破损和创面防腐。

本品与含汞药物有配伍禁忌，两者相遇会产生有毒性作用的碘化汞。忌与氨溶溶、碱性物质、重金属盐类、生物碱、挥发油、龙胆紫等混合应用。对碘过敏者禁用。碘酊须涂于干燥的皮肤上，如涂于湿皮肤上不仅杀菌效力降低，还可能引起水疱和皮炎。配制的碘液应存放于密闭的容器内。若存放时间过久，碘升华挥发颜色会变淡，应补足碘浓度后再使用。

本品通常需要配成制剂应用。

（1）2%～5%碘溶液。可作注射部及术部皮肤、手指、器械的消毒以及创伤的防腐等。高浓度的碘溶液（10%～20%）可作皮肤刺激药，对慢性腱鞘炎、关节炎、骨膜炎等有消炎作用，也可用作化脓创的消毒。

（2）碘酊（碘酒）。含碘2%、碘化钾1.5%，加水适量，以50%乙醇配制。红棕色澄清液体，用于手术前和注射前皮肤消毒。兽医上常用5%的碘酊。

（3）浓碘酊。含碘10%、碘化钾7.5%，以95%乙醇配成。深褐色澄清液体。具有强大的刺激性，用作刺激药，外用涂于患部皮肤，治疗腱鞘炎、滑膜炎等慢性炎症。将浓碘与等量50%乙醇混合即得5%碘酊。

（4）碘附。浓度3%，配成0.5%～1%溶液。

（5）碘甘油。收敛性消毒药，刺激性较小，作用时间长，多用于口腔、舌、牙龈、阴道等黏膜炎症与溃疡。

2. 碘酸混合溶液

本品为碘、硫酸、磷酸制成的水溶液。用于外科手术部位、畜禽房舍、畜产品加工场所及用具的消毒。

以本品计。规格一：含碘1.5%、酸量（以磷酸计）15%。配成0.66%～2%溶液；手术室及伤口消毒，配成0.66%溶液；畜禽房舍及用具消毒，配成0.33%～0.50%溶液；牧草消毒，配成0.13%溶液；畜禽饮水消毒，配成0.08%溶液。

规格二：含碘3%、酸量（以磷酸计）30%。病毒类消毒，配成0.33%～1%溶液；手术室及伤口消毒，配成0.33%溶液；畜禽房舍及用具消毒，配成0.17%～0.25%溶液；牧草消毒，配成0.067%溶液；禽饮水消毒，配成0.04%

溶液。

本品勿用温度超过43℃的热水稀释。如果发现有皮肤过敏现象，应停止使用。禁止与其他化学药品混合使用。防止皮肤和眼睛接触到产品原液，如果溅入眼睛，立即用大量的水冲洗。使用过的溶液禁止直接排入池塘。

3. 聚维酮碘

本品为消毒防腐剂。对多种细菌、芽孢、病毒、真菌等有杀灭作用。使用持久，稳定性好，贮存有效期长。用于手术部位、皮肤黏膜消毒。

（1）聚维酮碘溶液。以聚维酮碘计，皮肤消毒及治疗皮肤病，5%溶液；奶牛乳头浸泡，0.5%～1%溶液；黏膜及创面冲洗，0.1%溶液。

（2）聚维酮碘口服液。仔猪，1:20倍饮用水稀释后（250毫克/升），每只仔猪服10毫升，每天2次，连用3天。鸡，1:250倍饮用水稀释后（25毫克/升）饮水，连用3天。无休药期。

应用时要注意，对碘过敏者慎用。烧伤面积大于20%者不宜用。应于避光、密闭、阴暗处保存。不应与含汞药物配伍。勿用金属容器盛装，勿与强碱类物质及重金属物质混用。

（四）酸类

1. 醋酸

醋酸又名乙酸，防腐药。醋酸溶液对细菌、真菌、芽孢和病毒均有较强的杀灭作用，但作用的强弱不尽相同。一般来说，以对细菌繁殖体最强，依次为真菌、病毒、结核杆菌及细菌芽孢。醋酸稀释液也可用于瘤胃臌胀、消化不良等症状治疗。本品用于空气消毒，可预防动物呼吸道感染。

避免与眼睛接触，若与高浓度醋酸接触，立即用清水冲洗。应避免接触金属器械，以免产生腐蚀作用。禁与碱性药物配伍。

外用，口腔冲洗，配成2%～3%溶液。

2. 硼酸

本品为弱防腐剂。用于皮肤、结膜的防腐，及急性皮类、湿疹渗出的湿敷液，也可用于口腔、咽喉漱液，外耳道、慢性溃疡面、褥疮洗液及真菌、脓疱疮的杀菌液。

外用，洗眼或冲洗黏膜，配成2%～4%。大面积外用吸收过量可发生急性中毒，可有呕吐、腹泻、皮疹；中枢神经系统先兴奋后抑制、可发生脑膜刺激症状和肾损伤。严重者可发生循环障碍和（或）休克。

（五）氧化物类

1. 过氧化氢溶液

过氧化氢溶液又称双氧水。较强的氧化物，与组织或机体中过氧化氢酶相遇时，立即释放出新生态氧、产生细菌、除臭及清洁作用。杀菌作用弱、快而短、穿透力很弱，对组织无刺激性。

3%过氧化氢溶液。清洗创口，适量。高浓度对皮肤和黏膜产生刺激性灼伤。不可与还原剂、强氧化剂、碱、碘化物混合使用。当含过氧化氢浓度大于0.75%时，注入密闭体腔或气体不易逸散的深部脓腔时，由于产气过速，可发生气栓或（和）肠坏疽。

2. 过硫酸氢钾复合物粉

用于畜禽舍、空气和饮用水等的消毒。

（1）过硫酸氢钾复合物粉。浸泡、喷雾。

①畜舍环境、饮水设备及空气消毒，1∶200倍稀释；终末消毒、设备消毒、孵化场消毒、脚踏盆消毒按1∶200倍稀释；饮水消毒按1∶1 000倍稀释。

②对于特定病原体，大肠杆菌按1∶400倍稀释；金黄色葡萄球菌按1∶400倍稀释；链球菌按1∶800倍稀释；禽流感病毒按1∶1 600倍稀释；口蹄疫病毒按1∶1 000倍稀释；猪水疱病毒按1∶400倍稀释；传染性法氏囊病病毒按1∶400倍稀释。

（2）过硫酸氢钾复合盐泡腾片。喷雾、喷洒或浸泡。畜禽环境、饮水设备、空气消毒、终末消毒、设备消毒、孵化场消毒、脚踏盆消毒时，以1∶400倍（即每10片兑水4千克）稀释。

现配现用。不与碱类物质混存或合并使用。产品用完后，包装不得乱丢弃。

3. 高锰酸钾

高锰酸钾可用作消毒剂、除臭剂、水质净化剂。高锰酸钾为强氧化剂，遇有机物即放出新生态氧而具杀灭细菌作用。

在酸性环境中杀菌作用增强，2%～5%溶液能在24小时内杀死芽孢；在1%溶液中加1%盐酸则在30秒内可杀死芽孢。0.1%～0.2%溶液能杀死多数繁殖型细菌，常用于创面冲洗。0.05%～0.1%溶液可用于洗胃解毒，冲洗阴道、子宫和膀胱等腔道黏膜。

用于腔道冲洗及洗胃，配成0.05%～0.1%溶液；用于创面冲洗，配成0.1%～0.2%溶液。

根据适应证严格掌握溶液的浓度，过高的浓度会造成局部腐蚀溃烂。水溶液易失效，需新鲜配制并避光保存。

（六）染料类

1. 乳酸依沙吖啶

乳酸依沙吖啶又名利凡诺、雷佛奴尔，是染料中最有效的皮肤、黏膜消毒防腐药。常以0.1%～0.3%的水溶液用于外科创伤、皮肤黏膜的洗涤和湿敷。

此外，经提纯及消毒后，本品能刺激子宫肌肉收缩，使子宫肌紧张度增加，可应用于中期妊娠引产，用药后除阵缩疼痛外无其他不适症状，胎儿排出快，效果尚可。

乳酸依沙吖啶溶液，适量外用，涂于患处。不能与含氯化物的溶液或碱性溶液配伍，以免析出沉淀。要避光贮藏。

2. 甲紫

甲紫又称碱性紫，1%溶液通常称紫药水。为皮肤、黏膜消毒防腐药。具有较好的杀菌作用，对革兰氏阳性菌，特别是葡萄球菌、白喉菌作用较强，对白色念珠菌等真菌及铜绿假单胞菌也有较好的抗菌作用。对组织无刺激性，且能于黏膜、皮肤表面凝结成保护膜而起收敛作用。1%～2%溶液可用于浅表创面、溃疡及皮肤感染；0.1%～1%水溶液用于烧伤，因有收敛作用，能使创面干燥，也可防止真菌感染。

甲紫溶液，外用，涂于患处。本品有致癌性，食品动物禁用。本品对皮肤、黏膜有着色作用，宠物面部创伤慎用。

三、消毒药品的选择、配制和使用

（一）消毒药品的选择原则

在选择消毒药品时应考虑以下几个方面。

（1）对病原体杀灭力强且广谱，易溶于水，性质比较稳定。

（2）对人、畜及动物产品无毒、无残留、不产生异味，不损坏被消毒物品。

（3）价格低廉，使用简便。

（二）消毒药品的配制

大多数消毒药从市场购回后，必须进行稀释配制或经其他形式处理，才能正常使用。

1. 配制消毒剂的注意事项

（1）根据需要配制消毒液浓度及用量，正确计算所需溶质、溶剂的用量。

（2）对固态消毒剂，要用比较精确的天平称量；对液态消毒剂，要用刻度精细的量筒或吸管量取。准确称量后，先将消毒剂原粉或原液溶解在少量水中，使其充分溶解后再与足量的水混匀。

（3）配制药品的容器必须干净。

（4）尽量现用现配。配制好的消毒剂存放时间过长，浓度会降低或完全失效。有剩余时，应在尽可能短的时间内用完。个别需储存待用的，要按规定用适宜的容器盛装，注明药品名称、浓度和配制日期等，并做好记录。

2. 常用消毒剂的配制方法

配制消毒液时,常需根据不同浓度计算用量。可按下式计算:

$N_1V_1=N_2V_2$

式中,N_1 为原药液浓度,V_1 为原药液容量,N_2 为需配制药液的浓度,V_2 为需配制药液的容量。

消毒剂浓度表示法有百分浓度、百万分浓度、摩尔浓度。消毒实际工作中常用百分浓度,即每百克或每百毫升药液中含某药品的克数或毫升数。

第三节 器具、畜(禽)舍、场所消毒

一、不同消毒对象的消毒方法

(一)空场舍消毒

任何规模和类型的养殖场(户),其场舍在再次启用之前,必须空出一定时间(15～30天或更长时间)。经多种方法全面彻底消毒后,方可正常启用。

1. 机械清除

首先对空舍顶棚、墙壁、地面彻底打扫,将垃圾、粪便、垫草和其他各种污物全部清除,焚烧或生物热消毒处理。饲槽、饮水器、围栏、笼具、网床等设施用常水洗刷;最后冲洗地面、粪槽、过道等,待干后用化学法消毒。

2. 药物喷洒

常用3%～5%来苏儿、0.2%～0.5%过氧乙酸、20%石灰乳或5%～20%漂白粉等喷洒消毒。地面用药量800～1 000毫升/米^2,舍内其他设施用药量200～400毫升/米^2。

为了提高消毒效果,应使用2种或以上不同类型的消毒药进行2～3次消毒。每次消毒要等地面和物品干燥后进行下次消毒。必要时,对耐燃物品还可使用酒精或煤油喷灯进行火焰消毒。

3. 熏蒸消毒

常用福尔马林和高锰酸钾熏蒸。福尔马林与高锰酸钾的比例为2:1。1倍消毒浓度为(14毫升+7克)/米^3;2倍消毒浓度为(28毫升+14克)/米^3;3倍消毒浓度为(42毫升+21克)/米^3。通常空场舍选用2倍或3倍消毒浓度,时间为12～24小时。但墙壁及顶棚易被熏黄,用等量生石灰代替高锰酸钾可消除此缺点。熏蒸消毒完成后,应通风换气。待对动物无刺激后,方可启用。

(二)场舍门口消毒

场舍门口设消毒池,消毒剂常用2%～4%苛性钠或1%农福,每周定时更换或添加消毒液，冬天可加 8%～10% 的食盐防止结冰。

（三）畜禽圈舍消毒

每天要清除圈舍内排泄物和其他污物，保持饲槽、水槽、用具清洁卫生，做到勤洗、勤换、勤消毒。尤其幼小动物的水槽、饲槽每天要清洗消毒一次。做好通风，保持舍内空气新鲜。每周至少用 0.2%～0.3% 过氧乙酸、0.2%～0.3% 次氯酸钠、0.015% 百毒杀或 0.1% 新洁尔灭等溶液对墙壁、地面和设施喷雾消毒一次。

（四）地面、土壤消毒

患病动物停留过的圈舍、运动场地面等被一般病原体污染的，将表土铲除并按粪便消毒处理，地面用消毒液喷洒。若为炭疽等芽孢杆菌污染时，铲除的表土与漂白粉按 1∶1 混合后深埋，地面以 5 千克/米^2 漂白粉撒布。若为水泥地面被一般病原体污染，用常用消毒药喷洒；若为芽孢菌污染，则用 10% 氢氧化钠喷洒。土壤、运动场地面大面积污染时，可将地深翻，并同时撒上漂白粉，一般病原体污染时用量为 0.5 千克/米^2，炭疽芽孢杆菌等污染时的用量为 5 千克/米^2，加水湿润压平。牧场被污染后，一般利用阳光或种植某些对病原体有杀灭力的植物（如大蒜、大葱、小麦、黑麦等），连种数年，土壤可发生自洁作用。

（五）动物体表消毒

动物体表消毒也称带畜禽消毒。正常动物体表可携带多种病原体，尤其动物在换毛、脱毛期间，羽毛可成为一些疫病的传播媒介。做好动物体表的消毒，对预防一般疫病的发生有一定作用，在疫病流行期间采取此项措施意义更大。消毒时常选用对皮肤、黏膜无刺激性或刺激性较小的药品用喷雾法消毒，可杀灭动物体表多种病原体。主要药物有 0.015% 百毒杀、0.1% 新洁尔灭、0.2%～0.3% 次氯酸钠、0.2%～0.3% 过氧乙酸等。

（六）动物产品外包装消毒

目前动物产品外包装物品和用具反复使用的越来越多，可携带、传播各种病原体。因此必须对外包装进行严格消毒。

1. 塑料包装制品消毒

常用 0.04%～0.2% 过氧乙酸或 1%～2% 氢氧化钠溶液浸泡消毒。操作时先用自来水洗刷，除去表面污物，干燥后再放入消毒液中浸泡 10～15 分钟，取出用自来水冲洗，干燥后备用。也可在专用消毒房间用 0.05%～0.5% 的过氧乙酸喷雾消毒，喷雾后密闭 1～2 小时。

2. 金属制品消毒

先用自来水刷洗干净，干燥后可用火焰消毒，或用 4%～5% 的碳酸钠喷洒或洗刷，对染疫制品要反复消毒 2～3 次。

3. 其他制品（木箱、竹筐等）消毒

因其耐腐蚀性差，通常采用熏蒸消毒。用福尔马林 42 毫升/米^3 熏蒸 2～4 小时或时间更长些。必要时可焚毁处理。

（七）运输工具消毒

各种运输工具在卸货后，都要先将污物清除，洗刷干净。清除的污物在指定地点进行生物热消毒或焚毁处理。然后可用 2%～5% 的漂白粉澄清液、2%～4% 氢氧化钠溶液、0.5% 的过氧乙酸溶液等喷洒消毒。消毒后用清水洗刷一次，用清洁抹布擦干。对有密封舱的车辆包括集装箱，还可用福尔马林熏蒸消毒，其方法和要求同畜舍消毒。对染疫运输工具要反复消毒 2～3 次。

（八）粪便消毒

粪便中含有多种病原体，染疫动物粪便中病原体的含量更高，是外界环境的主要污染源。及时、正确地做好粪便的消毒，对切断疫病传播途径具有重要意义。主要有以下几种方法。

1. 生物热消毒法

常用的有堆粪法和发酵池法两种。

（1）堆粪法。选择远离人、畜居住地并避开水源处，在地面挖深 20～25 厘米的长形沟或浅圆形坑，沟的长短宽窄、坑的大小，视粪便量而定。先在底层铺上 25 厘米厚的非传染性粪便或杂草等，在其上面堆放需要消毒的粪便，高 1～1.5 米，若粪便过稀可混合一些干粪土，若过干时应泼洒适量的水。含水量应保持在 50%～70%，在粪堆表面覆盖 10～20 厘米厚的非传染性粪便，最外层抹上 10 厘米厚草泥封闭。冬季不短于 3 个月，夏季不短于 3 周，即可完成消毒。

（2）发酵池法。地点选择与堆粪法相同。先在粪池底层放一些干粪，再将需要消毒的畜禽粪便、垃圾、垫草倒入池内，快满的时候，在粪堆表面再盖一层泥土封好。经 1～3 个月，即可出粪清池。此法适合于饲养数量较多、规模较大的养殖场。

2. 掩埋法

漂白粉或生石灰与粪便按 1∶5 混合，然后地下深埋 2 米左右。本法适合于烈性疫病病原体污染的少量粪便的处理。

3. 焚烧法

少量的带芽孢粪便可直接与垃圾、垫草和柴草混合焚烧。必要时地上挖一个坑，宽 75～100 厘米，深 75 厘米，以粪便多少而定，在距坑底 40～50 厘米处加一层铁梁（相当于炉箅子，以不漏粪土为宜），铁梁下放燃料，梁上放需要消毒的粪便。如粪便太湿，可混一些干草，以便烧毁。

（九）人员、衣物等消毒

饲养管理人员进出场舍应洗澡更衣。工作服、靴、帽等，用前先洗干净，然后放入消毒室，用福尔马林 28～42 毫升/米^3 熏蒸 30 分钟后备用。

二、影响消毒效果的因素

消毒药的抗菌作用不仅取决于药物的理化性质，还受许多相关因素的影响。

（一）消毒药的浓度

一般说来，消毒药的浓度和消毒效果成正比。也有的当浓度达到一定程度后，消毒药的效力就不再增高，如 75% 的乙醇杀菌效果要比 95% 的乙醇好。因此，使用消毒剂时应选择有效和安全的杀菌浓度。

（二）消毒药的作用时间

一般情况下，消毒药的效力与作用时间成正比，与病原体接触并作用的时间越长，其消毒效果就越好。

（三）病原体对消毒药的敏感性

不同的病原体和处于不同状态的同一种病原体，对同一种消毒药的敏感性不同。如病毒对碱类消毒药很敏感，对酚类消毒药有抵抗力；适当浓度的酚类消毒药对繁殖型细菌消毒效力强，对芽孢消毒效力弱。

（四）温度、湿度

消毒药的杀菌力与环境温度成正相关，温度增高，杀菌力增强；湿度对甲醛熏蒸消毒作用有明显的影响。

（五）酸碱度

环境或组织的 pH 值对有些消毒药的作用影响较大。如新洁尔灭、洗必泰（氯己定）等阳离子消毒药，在碱性环境中消毒作用强；石炭酸、来苏儿等阴离子消毒药在酸性环境中的消毒效果好；含氯消毒药在 pH 值 5～6 时，杀菌活性最强。

（六）消毒物品表面的有机物

消毒物品表面的有机物与消毒药结合形成不溶性化合物，或者将其吸附，发生化学反应或对微生物起机械性保护作用。因此消毒药物使用前，对消毒场所先进行充分的机械性清扫，对消毒物品先清除表面的有机物，对需要处理的创伤先清除脓汁。

（七）水质硬度

硬水中的 Ca^{2+} 和 Mg^{2+} 能与季铵盐类消毒药、碘附等结合成不溶性盐，从而降低消毒效力。

(八)消毒药间的拮抗作用

有些消毒药由于理化性质不同,两种消毒药合用时,可能产生拮抗作用,使消毒药药效降低。如阴离子清洁剂肥皂与阳离子清洁剂苯扎溴铵共用时,可发生化学反应而使消毒效果减弱,甚至完全消失。

第六章 重大动物疫情处理

第一节 重大动物疫情应急处理的原则

一、动物疫病的分类

（一）动物疫病的分类

《动物防疫法》规定，根据动物疫病对养殖业生产和人体健康的危害程度，将动物疫病分为三类。

对人与动物危害严重，需要采取紧急、严厉的强制预防、控制、扑灭等措施的为一类疫病，例如口蹄疫、猪瘟、高致病性猪繁殖与呼吸综合征、小反刍兽疫、绵羊痘和山羊痘、高致病性禽流感、新城疫等。可能造成重大经济损失，需要采取严格控制、扑灭等措施，防止扩散的为二类疫病，例如狂犬病、布鲁氏菌病、炭疽、棘球蚴病等。常见多发、可能造成重大经济损失，需要控制和净化的为三类疫病，例如大肠杆菌病、肝片吸虫病、丝虫病、附红细胞体病等。

一、二、三类动物疫病具体病种名录由国务院兽医主管部门制定并公布。

（二）人畜共患传染病名录和一、二、三类动物疫病病种名录

根据《动物防疫法》有关规定，农业农村部于2022年6月23日同时发布第571号和第573号公告，对原《人畜共患传染病名录》《一、二、三类动物疫病病种名录》进行了修订，新名录如下。

人畜共患传染病（24种）：牛海绵状脑病、高致病性禽流感、狂犬病、炭疽、布鲁氏菌病、弓形虫病、棘球蚴病、钩端螺旋体病、沙门氏菌病、牛结核病、日本血吸虫病、日本脑炎（流行性乙型脑炎）、猪链球菌Ⅱ型感染、旋毛虫、囊尾蚴、马鼻疽、李氏杆菌病、类鼻疽、片形吸虫病、鹦鹉热、Q热、利什曼原虫病、尼帕病毒性脑炎、华支睾吸虫病。

一类动物疫病（11种）：口蹄疫、猪水疱病、非洲猪瘟、尼帕病毒性脑炎、非洲马瘟、牛海绵状脑病、牛瘟、牛传染性胸膜肺炎、痒病、小反刍兽疫、高致病性禽流感。

二类动物疫病（37种）：

多种动物共患病（7种）：狂犬病、布鲁氏菌病、炭疽、蓝舌病、日本脑炎、棘球蚴病、日本血吸虫病。

牛病（3种）：牛结节性皮肤病、牛传染性鼻气管炎（传染性脓疱外阴阴道炎）、牛结核病。

绵羊和山羊病（2种）：绵羊痘和山羊痘、山羊传染性胸膜肺炎。

马病（2种）：马传染性贫血、马鼻疽。

猪病（3种）：猪瘟、猪繁殖与呼吸综合征、猪流行性腹泻。

禽病（3种）：新城疫、鸭瘟、小鹅瘟。

兔病（1种）：兔出血症。

蜜蜂病（2种）：美洲蜜蜂幼虫腐臭病、欧洲蜜蜂幼虫腐臭病。

鱼类病（11种）：鲤春病毒血症、草鱼出血病、传染性脾肾坏死病、锦鲤疱疹病毒病、刺激隐核虫病、淡水鱼细菌性败血症、病毒性神经坏死病、传染性造血器官坏死病、流行性溃疡综合征、鲫造血器官坏死病、鲤浮肿病。

甲壳类病（3种）：白斑综合征、十足目虹彩病毒病、虾肝肠胞虫病。

三类动物疫病（126种）：

多种动物共患病（25种）：伪狂犬病、轮状病毒感染、产气荚膜梭菌病、大肠杆菌病、巴氏杆菌病、沙门氏菌病、李氏杆菌病、链球菌病、溶血性曼氏杆菌病、副结核病、类鼻疽、支原体病、衣原体病、附红细胞体病、Q热、钩端螺旋体病、东毕吸虫病、华支睾吸虫病、囊尾蚴病、片形吸虫病、旋毛虫病、血矛线虫病、弓形虫病、伊氏锥虫病、隐孢子虫病。

牛病（10种）：牛病毒性腹泻、牛恶性卡他热、地方流行性牛白血病、牛流行热、牛冠状病毒感染、牛赤羽病、牛生殖道弯曲杆菌病、毛滴虫病、牛梨形虫病、牛无浆体病。

绵羊和山羊病（7种）：山羊关节炎/脑炎、梅迪-维斯纳病、绵羊肺腺瘤病、羊传染性脓疱皮炎、干酪性淋巴结炎、羊梨形虫病、羊无浆体病。

马病（8种）：马流行性淋巴管炎、马流感、马腺疫、马鼻肺炎、马病毒性动脉炎、马传染性子宫炎、马媾疫、马梨形虫病。

猪病（13种）：猪细小病毒感染、猪丹毒、猪传染性胸膜肺炎、猪波氏菌病、猪圆环病毒病、格拉瑟病、猪传染性胃肠炎、猪流感、猪丁型冠状病毒感染、猪塞内卡病毒感染、仔猪红痢、猪痢疾、猪增生性肠病。

禽病（21种）：禽传染性喉气管炎、禽传染性支气管炎、禽白血病、传染性法氏囊病、马立克病、禽痘、鸭病毒性肝炎、鸭浆膜炎、鸡球虫病、低致病性禽流感、禽网状内皮组织增殖病、鸡病毒性关节炎、禽传染性脑脊髓炎、鸡传染性鼻炎、禽坦布苏病毒感染、禽腺病毒感染、鸡传染性贫血、禽偏肺病毒感染、鸡红螨病、鸡坏死性肠炎、鸭呼肠孤病毒感染。

兔病（2种）：兔波氏菌病、兔球虫病。

蚕、蜂病（8种）：蚕多角体病、蚕白僵病、蚕微粒子病、蜂螨病、瓦螨病、亮热厉螨病、蜜蜂孢子虫病、白垩病。

犬猫等动物病（10种）：水貂阿留申病、水貂病毒性肠炎、犬瘟热、犬细小病毒病、犬传染性肝炎、猫泛白细胞减少症、猫嵌杯病毒感染、猫传染性腹膜炎、犬巴贝斯虫病、利什曼原虫病。

鱼类病（11种）：真鲷虹彩病毒病、传染性胰脏坏死病、牙鲆弹状病毒病、鱼爱德华氏菌病、链球菌病、细菌性肾病、杀鲑气单胞菌病、小瓜虫病、黏孢子虫病、三代虫病、指环虫病。

甲壳类病（5种）：黄头病、桃拉综合征、传染性皮下和造血组织坏死病、急性肝胰腺坏死病、河蟹螺原体病。

贝类病（3种）：鲍疱疹病毒病、奥尔森派琴虫病、牡蛎疱疹病毒病。

两栖与爬行类病（3种）：两栖类蛙虹彩病毒病、鳖腮腺炎病、蛙脑膜炎败血症。

（三）重大动物疫情

综合《动物防疫法》《重大动物疫情应急条例》中的规定，重大动物疫情是指高致病性禽流感等发病率或者死亡率高的一、二、三类动物疫病突然发生，迅速传播，给养殖业生产安全造成严重威胁、危害，以及可能对公众身体健康与生命安全造成危害的情形，包括特别重大动物疫情。重大动物疫情由省、自治区、直辖市人民政府农业农村主管部门认定，必要时报国务院农业农村主管部门认定。

二、重大动物疫情的应急处理原则

（一）疫情应急与应急准备

1. 疫情应急

重大动物疫情应急工作应当坚持加强领导、密切配合，依靠科学、依法防治，群防群控、果断处理的方针，及时发现，快速反应，严格处理，减少损失。

重大动物疫情应急工作按照属地管理的原则，实行政府统一领导、部门分工负责，逐级建立责任制。县级以上人民政府兽医主管部门具体负责组织重大动物疫情的监测、调查、控制、扑灭等应急工作；县级以上人民政府林业主管部门、兽医主管部门按照职责分工，加强对陆生野生动物疫源疫病的监测；县级以上人民政府其他有关部门在各自的职责范围内，做好重大动物疫情的应急工作。

2. 应急准备

（1）应急预案。国务院兽医主管部门应当制定全国重大动物疫情应急预案，报国务院批准，并按照不同动物疫病病种及其流行特点和危害程度，分别制定实施方案，报国务院备案。

县级以上地方人民政府根据本地区的实际情况，制定本行政区域的重大动物疫情应急预案，报上一级人民政府兽医主管部门备案。县级以上地方人民政府兽医主管部门，应当按照不同动物疫病病种及其流行特点和危害程度，分别制定实施方案。

重大动物疫情应急预案及其实施方案应当根据疫情的发展变化和实施情况，及时修改、完善。

重大动物疫情应急预案主要包括下列内容：应急指挥部的职责、组成以及成员单位的分工；重大动物疫情的监测、信息收集、报告和通报；动物疫病的确认、重大动物疫情的分级和相应的应急处理工作方案；重大动物疫情疫源的追踪和流行病学调查分析；预防、控制、扑灭重大动物疫情所需资金的来源、物资和技术的储备与调度；重大动物疫情应急处理设施和专业队伍建设。

（2）分级准备。国务院有关部门和县级以上地方人民政府及其有关部门，应当根据重大动物疫情应急预案的要求，确保应急处理所需的疫苗、药品、设施设备和防护用品等物资的储备。

县级以上人民政府应当建立和完善重大动物疫情监测网络和预防控制体系，加强动物防疫基础设施和乡镇动物防疫组织建设，并保证其正常运行，提高对重大动物疫情的应急处理能力。

县级以上地方人民政府根据重大动物疫情应急需要，可以成立应急预备队，在重大动物疫情应急指挥部的指挥下，具体承担疫情的控制和扑灭任务。应急预备队由当地兽医行政管理人员、动物防疫工作人员、有关专家、执业兽医等组成；必要时，可以组织动员社会上有一定专业知识的人员参加。公安机关、中国人民武装警察部队应当依法协助其执行任务。应急预备队应当定期进行技术培训和应急演练。

县级以上人民政府及其兽医主管部门应当加强对重大动物疫情应急知识和重大动物疫病科普知识的宣传，增强全社会的重大动物疫情防范意识。

（二）疫情应急处理原则

1. 统一领导，分级管理

各级人民政府统一领导和指挥突发重大动物疫情应急处理工作；疫情应急处理工作实行属地管理；地方各级人民政府负责扑灭本行政区域内的突发重大动物疫情，各有关部门按照预案规定，在各自的职责范围内做好疫情应急处理的有关工作。根据突发重大动物疫情的范围、性质和危害程度，对突发重大动物疫情实行分级管理。

2. 快速反应，高效运转

各级人民政府和兽医行政管理部门要依照有关法律、法规，建立和完善突发重大动物疫情应急体系、应急反应机制和应急处理制度，提高突发重大动物疫情应急处理能力；发生突发重大动物疫情时，各级人民政府要迅速作出反应，采取果断措施，及时控制和扑灭突发重大动物疫情。

3. 预防为主，群防群控

贯彻预防为主的方针，加强防疫知识的宣传，提高全社会防范突发重大动物疫情的意识；落实各项防范措施，做好人员、技术、物资和设备的应急储备工作，并根据需要定期开展技术培训和应急演练；开展疫情监测和预警预报，对各类可能引发突发重大动物疫情的情况要及时分析、预警，做到疫情早发现、快行动、严处理。突发重大动物疫情应急处理工作要依靠群众，全民防疫，动员一切资源，做到群防群控。

（三）重大动物疫情应急处理

重大动物疫情发生后，国务院和有关地方人民政府设立的重大动物疫情应急指挥部统一领导、指挥重大动物疫情应急工作。

重大动物疫情发生后，县级以上地方人民政府兽医主管部门应当立即划定疫点、疫区和受威胁区，调查疫源，向本级人民政府提出启动重大动物疫情应急指挥系统、应急预案和对疫区实行封锁的建议，有关人民政府应当立即作出决定。

疫点、疫区和受威胁区的范围应当按照不同动物疫病病种及其流行特点和危害程度划定，具体划定标准由国务院兽医主管部门制定。

国家对重大动物疫情应急处理实行分级管理，按照应急预案确定的疫情等级，由有关人民政府采取相应的应急控制措施。

1. 对疫点应当采取的措施

扑杀并销毁染疫动物和易感染的动物及其产品；对病死的动物、动物排泄物、被污染饲料、垫料、污水进行无害化处理；对被污染的物品、用具、动物圈舍、场地进行严格消毒。

2. 对疫区应当采取的措施

在疫区周围设置警示标志，在出入疫区的交通路口设置临时动物检疫消毒站，对出入的人员和车辆进行消毒；扑杀并销毁染疫和疑似染疫动物及其同群动物，销毁染疫和疑似染疫的动物产品，对其他易感染的动物实行圈养或者在指定地点放养，役用动物限制在疫区内使役；对易感染的动物进行监测，并按照国务院兽医主管部门的规定实施紧急免疫接种，必要时对易感染的动物进行扑杀；关闭动物及动物产品交易市场，禁止动物进出疫区和动物产品运出疫区；对动物圈舍、动物排泄物、垫料、污水和其他可能受污染的物品、场地，进行消毒或者无害化处理。

3. 对受威胁区应当采取的措施

对易感染的动物进行监测；对易感染的动物根据需要实施紧急免疫接种。

重大动物疫情应急处理中设置临时动物检疫消毒站以及采取隔离、扑杀、销毁、消毒、紧急免疫接种等控制、扑灭措施的，由有关重大动物疫情应急指挥部决定，有关单位和个人必须服从；拒不服从的，由公安机关协助执行。

国家对疫区、受威胁区内易感染的动物免费实施紧急免疫接种；对因采取扑杀、销毁等措施给当事人造成的已经证实的损失，给予合理补偿。紧急免疫接种和补偿所需费用，由中央财政和地方财政分担。

重大动物疫情应急指挥部根据应急处理需要，有权紧急调集人员、物资、运输工具以及相关设施、设备。

单位和个人的物资、运输工具以及相关设施、设备被征集使用的，有关人民政府应当及时归还并给予合理补偿。

重大动物疫情发生后，县级以上人民政府兽医主管部门应当及时提出疫点、疫区、受威胁区的处理方案，加强疫情监测、流行病学调查、疫源追踪工作，对染疫和疑似染疫动物及其同群动物和其他易感染动物的扑杀、销毁进行技术指导，并组织实施检验检疫、消毒、无害化处理和紧急免疫接种。

重大动物疫情应急处理中，县级以上人民政府有关部门应当在各自的职责范围内，做好重大动物疫情应急所需的物资紧急调度和运输、应急经费安排、疫区群众救济、人的疫病防治、肉食品供应、动物及其产品市场监管、出入境检验检疫和社会治安维护等工作。

中国人民解放军、中国人民武装警察部队应当支持配合驻地人民政府做好重大动物疫情的应急工作。

重大动物疫情应急处理中，乡镇人民政府、村民委员会、居民委员会应当组织力量，向村民、居民宣传动物疫病防治的相关知识，协助做好疫情信息的收集、报告和各项应急处理措施的落实工作。

重大动物疫情发生地的人民政府和毗邻地区的人民政府应当通力合作，相互配合，做好重大动物疫情的控制、扑灭工作。

有关人民政府及其有关部门对参加重大动物疫情应急处理的人员，应当采取必要的卫生防护和技术指导等措施。

自疫区内最后一头（只）发病动物及其同群动物处理完毕起，经过一个潜伏期以上的监测，未出现新的病例的，彻底消毒后，经上一级动物防疫监督机构验收合格，由原发布封锁令的人民政府宣布解除封锁，撤销疫区；由原批准机关撤销在该疫区设立的临时动物检疫消毒站。

县级以上人民政府应当将重大动物疫情确认、疫区封锁、扑杀及其补偿、消毒、无害化处理、疫源追踪、疫情监测以及应急物资储备等应急经费列入本级财政预算。

（四）三类动物疫病防治规范

1. 疫病预防

（1）从事动物饲养、屠宰、经营、隔离、运输等活动的单位和个人应当加强管理，保持畜禽养殖环境卫生清洁、通风良好、合理的环境温度和湿度；确保水生动物养殖场所具有合格水源、独立进排水系统，保持适宜的养殖水环境。

（2）从事动物饲养、屠宰、经营、隔离、运输等活动的单位和个人应当建立并执行动物防疫消毒制度，科学规范开展消毒工作，及时对病死动物及其排泄物、被污染的饲料、垫料等进行无害化处理。

（3）从事动物饲养、屠宰、经营、隔离等活动的单位和个人应控制车辆、人员、物品等进出，并严格消毒。

（4）动物饲养场和隔离场所、动物屠宰加工场所以及动物和动物产品无害化处理场所应当取得动物防疫条件合格证；经营动物、动物产品的集贸市场应当具备相应动物防疫条件。

（5）应使用营养全面、品质良好的饲料。畜禽养殖应使用清洁饮水，鼓励采取全进全出、自繁自养的饲养方式。

（6）养殖场（户）可根据本地区疫病流行情况，合理制定免疫程序，对危害严重的疫病实施免疫。

（7）养殖场（户）应根据国家和本地区的动物疫病防治要求，主动开展疫病净化工作。

（8）饲养种用、乳用动物的单位和个人，应按照相应动物健康标准等规定，定期开展动物疫病检测；检测不合格的，应当按照国家有关规定处理。

2. 疫情报告

（1）从事动物饲养、屠宰、经营、隔离、运输等活动的单位和个人发现动物患病或疑似患病时，应当立即向所在地农业农村主管部门或者动物疫病预防控制机构报告，并迅速采取消毒、隔离、控制移动等措施，防止动物疫情扩散。其他单位和个人发现动物患病或疑似患病时，应当及时报告。

（2）执业兽医、乡村兽医以及从事动物疫病检测、检验检疫、诊疗等活动的单位和个人在开展动物疫病诊断、检测过程中发现动物患病或疑似患病时，应及时将动物疫病发生情况向所在地农业农村主管部门或者动物疫病预防控制机构报告。

（3）县级以上动物疫病预防控制机构应每月汇总本行政区域内动物疫情信息，经同级农业农村主管部门审核后逐级报送，畜禽疫情报中国动物疫病预防控制中心，水生动物疫情报全国水产技术推广总站。中国动物疫病预防控制中心和全国水产技术推广总站按规定报送农业农村部。

（4）三类动物疫病发病率、死亡率、传播速度出现异常升高等情况，或呈暴发性流行时，应当按照动物疫情快报要求进行报告。

3. 疫病诊治

（1）经临床诊断、流行病学调查或实验室检测，综合研判认定为三类动物疫病的，可对患病动物进行治疗。

（2）对于需使用抗菌药、抗病毒药、驱虫和杀虫剂、消毒剂等进行治疗的，应当符合国家兽药管理规定。药物使用应确保精准，严格执行用药时间、剂量、疗程、休药期等规定，建立用药记录，并保存2年以上。

（3）治疗畜禽寄生虫病后，应及时收集排出的虫体和粪便，并进行无害化处理。

（4）对患病畜禽应隔离饲养，必要时对患病动物的同群动物采取给药、免疫等预防性措施。

（5）动物疫病诊疗过程中，相关人员应做好个人防护。治疗期间所使用的用具应严格消毒，产生的医疗废弃物等应进行无害化处理。

第二节　疫情应急处理的组织体系与职责

一、指挥机构及其职责

（一）应急指挥机构

农业农村部在国务院统一领导下，负责组织、协调全国突发重大动物疫情应急处理工作。

县级以上地方人民政府兽医行政管理部门在本级人民政府统一领导下，负责组织、协调本行政区域内突发重大动物疫情应急处理工作。

国务院和县级以上地方人民政府根据本级人民政府兽医行政管理部门的建议和实际工作需要，决定是否成立全国和地方应急指挥部。

1. 全国突发重大动物疫情应急指挥部的职责

国务院主管领导担任全国突发重大动物疫情应急指挥部总指挥，国务院办公厅负责同志、农业农村部部长担任副总指挥，全国突发重大动物疫情应急指挥部负责对特别重大突发动物疫情应急处理的统一领导、统一指挥，作出处理突发重大动物疫情的重大决策。指挥部成员单位根据突发重大动物疫情的性质和应急处理的需要确定。

指挥部下设办公室，设在农业农村部。负责按照指挥部要求，具体制定防治政策，部署扑灭重大动物疫情工作，并督促各地各有关部门按要求落实各项防治措施。

2. 省级突发重大动物疫情应急指挥部的职责

省级突发重大动物疫情应急指挥部由省级人民政府有关部门组成，省级人民政府主管领导担任总指挥。省级突发重大动物疫情应急指挥部统一负责对本行政区域内突发重大动物疫情应急处理的指挥，作出处理本行政区域内突发重大动物疫情的决策，决定要采取的措施。

（二）日常管理机构

农业农村部负责全国突发重大动物疫情应急处理的日常管理工作。

省级人民政府兽医行政管理部门负责本行政区域内突发重大动物疫情应急的协调、管理工作。

市（地）级、县级人民政府兽医行政管理部门负责本行政区域内突发重大动物疫情应急处理的日常管理工作。

（三）专家委员会

农业农村部和省级人民政府兽医行政管理部门组建突发重大动物疫情专家委员会。

市（地）级和县级人民政府兽医行政管理部门可根据需要，组建突发重大动物疫情应急处理专家委员会。

二、应急处理机构及职责

（一）动物防疫监督机构

主要负责突发重大动物疫情报告，现场流行病学调查，开展现场临床诊断和实验室检测，加强疫病监测，对封锁、隔离、紧急免疫、扑杀、无害化处理、消毒等措施的实施进行指导、落实和监督。

动物疫病预防控制机构是疫情应急处理的专业机构，开展疫情的监测、疫病诊断和报告、流行病学调查和疫源追踪等工作；提出疫情控制和扑灭的技术方案；划定疫点、疫区和受威胁区，提出封锁建议；确定扑杀对象，出具扑杀通知书，并监督、指导扑杀、无害化处理和消毒等工作；指导对易感动物进行紧急免疫；组织建立紧急防疫物资储备库，储备疫苗、诊断试剂、消毒药品及器械、防护用品、封锁和无害化处理设施等；参与对疫点、疫区及受威胁区群众的宣传工作；提出启动、终止疫情应急响应建议；负责依法对受威胁区内的动物及其产品生产贮藏、运输、销售等环节进行检疫监督。

（二）出入境检验检疫机构

负责加强对出入境动物及动物产品的检验检疫、疫情报告、消毒处理、流行病学调查和宣传教育等。

第三节　突发重大动物疫情分级与应急响应

一、突发重大动物疫情分级

根据突发重大动物疫情的性质、危害程度、涉及范围，对突发重大动物疫情实行分级管理，将突发重大动物疫情划分为特别重大（Ⅰ级）、重大（Ⅱ级）、较大（Ⅲ级）和一般（Ⅳ级）四级。

（一）特别重大突发疫情（Ⅰ级）

1. 高致病性禽流感在21天内有下列情况之一的

（1）在相邻省份的相邻区域有10个以上县发生疫情。

（2）在1个省有20个以上县发生或者10个以上县连片发生疫情。

（3）在数省内呈多发态势的疫情。

（4）特殊情况需要启动Ⅰ级响应的。

2. 非洲猪瘟

在21天内多数省份发生疫情，且新发疫情持续增加、快速扩散，对生猪产业发展和经济社会运行构成严重威胁（注：农业农村部《非洲猪瘟疫情应急实施方案（第六版）》）。

3. 口蹄疫有下列情形之一的

（1）在14日内，5个以上（含）省份连片发生疫情。

（2）20个以上县（区）连片发生，或疫点数达到30个以上。

（3）农业农村部认定的其他特别严重口蹄疫疫情。

确认Ⅰ级疫情后，按程序启动《国家突发重大动物疫情应急预案》和相应疫病防控应急预案。

4. 小反刍兽疫有下列情况之一的

（1）2个或多个省份发生疫情。

（2）在1个省有3个以上（含）地（市）发生疫情。

（3）特殊情况需要划为Ⅰ级疫情。

确认Ⅰ级疫情后，按程序启动《国家突发重大动物疫情应急预案》。

5. 动物暴发疯牛病等人畜共患病感染到人,并继续大面积扩散蔓延。

6. 农业农村部认定的特别重大的高致病性猪繁殖与呼吸综合征、小反刍兽疫疫情。

7. 农业农村部认定的其他特别重大突发动物疫情。

(二)重大突发动物疫情(Ⅱ级)

1. 高致病性禽流感在 21 天内有下列情况之一的

(1)在 1 个省级行政区域内有 2 个以上市(地)连片发生疫情。

(2)在 1 个省级行政区域内有 20 个疫点或者 5 个以上 10 个以下县连片发生疫情。

(3)在相邻省份的相邻区域有 10 个以下县发生疫情。

(4)特殊情况需要启动Ⅱ级响应的。

2. 非洲猪瘟在 21 天内 9 个以上省份发生疫情,且疫情有进一步扩散趋势时,应启动Ⅱ级疫情响应。

3. 口蹄疫有下列情形之一的

(1)在 14 日内,在 1 个省级行政区域内有 2 个以上(含)相邻地(市)的相邻区域或者 5 个以上(含)县(区)发生疫情;或有新的口蹄疫亚型病毒引发的疫情。

(2)农业农村部认定的其他重大口蹄疫疫情。确认为Ⅱ级疫情后,按程序启动《国家突发重大动物疫情应急预案》和相应疫病防控应急预案。

4. 小反刍兽疫,在 1 个省 2 个以下(含)地(市)行政区域内发生疫情的,为Ⅱ级(重大)疫情。

确认Ⅱ级疫情后,按程序启动省级疫情应急响应机制。

5. 在一个平均潜伏期内,5 个以上县(市)发生猪瘟、新城疫疫情,或疫点数达到 30 个以上。

6. 在我国已消灭的牛瘟、牛肺疫等又有发生,或我国尚未发生的疯牛病、非洲马瘟等疫病传入发生。

7. 在一个平均潜伏期内,布鲁氏菌病、结核病、狂犬病、炭疽等二类动物疫病呈暴发流行,波及 5 个以上县(市)或其中的人畜共患病发生感染人的病例,并有继续扩散趋势。

8. 省级以上兽医行政主管部门认定的重大的高致病性猪病、小反刍兽疫疫情。

9. 农业农村部或省级兽医行政管理部门认定的其他重大突发性动物疫情。

(三)较大突发动物疫情(Ⅲ级)

1. 高致病性禽流感在 21 天内有下列情况之一的

(1)在 1 个省级行政区域内有 1 个市(地)2 个以上 5 个以下县发生疫情。

（2）在1个省级行政区域内有1个县内出现5个以上10个以下疫点。

（3）特殊情况需要启动Ⅲ级响应的。

2. 非洲猪瘟在21天内4个以上、8个以下省份发生疫情，或3个相邻省份发生疫情时，应启动Ⅲ级疫情响应。

3. 口蹄疫有下列情况之一的为Ⅲ级（较大）疫情

（1）在14日内，在1个地（市）行政区域内2个以上（含）县（区）发生疫情或者疫点数达到5个以上（含）。

（2）农业农村部认定的其他较大口蹄疫疫情。

4. 在一个平均潜伏期内，在省内3个以上县（市）发生猪瘟、新城疫疫情，或疫点数达到10个以上。

5. 在一个平均潜伏期内，在省内有3个以上县（市）发生布鲁氏菌病、结核病、狂犬病、炭疽等二类动物疫病暴发流行。

6. 高致病性禽流感、口蹄疫、炭疽等高致病性病原微生物菌种、毒种发生丢失。

7. 高致病性猪繁殖与呼吸综合征、小反刍兽疫在一个平均潜伏期内在市行政区域内有2个以上县（市）发生疫情。

8. 市级以上兽医行政管理部门认定的其他较大突发动物疫情。

（四）一般突发动物疫情（Ⅳ级）

1. 高致病性禽流感在21天内有下列情况之一的

（1）在1个市（县）行政区域发生疫情。

（2）常规监测中，同一地方行政区域内未发生禽只异常死亡病例但多点检出高致病性禽流感病原学阳性。

（3）特殊情况需要启动Ⅳ级响应的。

必要时，农业农村部可根据防控实际对突发高致病性禽流感疫情具体级别进行认定。

2. 非洲猪瘟在21天内3个以下省份发生疫情的应启动Ⅳ级疫情响应。

3. 口蹄疫有下列情况之一的

（1）在1个县（区）行政区域内发生疫情。

（2）农业农村部认定的其他一般口蹄疫疫情。

4. 二、三类动物疫病在1个县（市）行政区域内呈暴发流行。

5. 高致病性猪繁殖与呼吸综合征、小反刍兽疫在一个平均潜伏期内。在1个县（市）行政区域内呈暴发流行。

6. 省级以上兽医行政管理部门认定的其他一般突发动物疫情。突发重大动物疫情的应急响应和终止。

二、突发重大动物疫情应急响应的原则

发生突发重大动物疫情时,事发地的县级、市(地)级、省级人民政府及其有关部门按照分级响应的原则作出应急响应。同时,要遵循突发重大动物疫情发生发展的客观规律,结合实际情况和预防控制工作的需要,及时调整预警和响应级别。要根据不同动物疫病的性质和特点,注重分析疫情的发展趋势,对势态和影响不断扩大的疫情,应及时升级预警和响应级别;对范围局限、不会进一步扩散的疫情,应相应降低响应级别,及时撤销预警。

突发重大动物疫情应急处理要采取边调查、边处理、边核实的方式,有效控制疫情发展。

未发生突发重大动物疫情的地方,当地人民政府兽医行政管理部门接到疫情通报后,要组织做好人员、物资等应急准备工作,采取必要的预防控制措施,防止突发重大动物疫情在本行政区域内发生,并服从上一级人民政府兽医行政管理部门的统一指挥,支援突发重大动物疫情发生地的应急处理工作。

三、突发重大动物疫情的应急响应

(一)特别重大突发动物疫情(Ⅰ级)的应急响应

确认特别重大突发动物疫情后,按程序启动本预案。

1. 县级以上地方各级人民政府

(1)组织协调有关部门参与突发重大动物疫情的处理。

(2)根据突发重大动物疫情处理需要,调集本行政区域内各类人员、物资、交通工具和相关设施、设备参加应急处理工作。

(3)发布封锁令,对疫区实施封锁。

(4)在本行政区域内采取限制或者停止动物及动物产品交易、扑杀染疫或相关动物,临时征用房屋、场所、交通工具;封闭被动物疫病病原体污染的公共饮用水源等紧急措施。

(5)组织铁路、交通、民航、质检等部门依法在交通站点设置临时动物防疫监督检查站,对进出疫区、出入境的交通工具进行检查和消毒。

(6)按国家规定做好信息发布工作。

(7)组织乡镇、街道、社区以及居委会、村委会,开展群防群控。

(8)组织有关部门保障商品供应,平抑物价,严厉打击造谣传谣、制假售假等违法犯罪和扰乱社会治安的行为,维护社会稳定。

必要时,可请求中央予以支持,保证应急处理工作顺利进行。

2. 兽医行政管理部门

（1）组织动物防疫监督机构开展突发重大动物疫情的调查与处理；划定疫点、疫区、受威胁区。

（2）组织突发重大动物疫情专家委员会对突发重大动物疫情进行评估，提出启动突发重大动物疫情应急响应的级别。

（3）根据需要组织开展紧急免疫和预防用药。

（4）县级以上人民政府兽医行政管理部门负责对本行政区域内应急处理工作的督导和检查。

（5）对新发现的动物疫病，及时按照国家规定，开展有关技术标准和规范的培训工作。

（6）有针对性地开展动物防疫知识宣教，提高群众防控意识和自我防护能力。

（7）组织专家对突发重大动物疫情的处理情况进行综合评估。

3. 动物防疫监督机构

（1）县级以上动物防疫监督机构做好突发重大动物疫情的信息收集、报告与分析工作。

（2）组织疫病诊断和流行病学调查。

（3）按规定采集病料，送省级实验室或国家参考实验室确诊。

（4）承担突发重大动物疫情应急处理人员的技术培训。

4. 出入境检验检疫机构

（1）境外发生重大动物疫情时，会同有关部门停止从疫区国家或地区输入相关动物及其产品；加强对来自疫区运输工具的检疫和防疫消毒；参与打击非法走私入境动物或动物产品等违法活动。

（2）境内发生重大动物疫情时，加强出口货物的查验，会同有关部门停止疫区和受威胁区的相关动物及其产品的出口；暂停使用位于疫区内的依法设立的出入境相关动物临时隔离检疫场。

（3）出入境检验检疫工作中发现重大动物疫情或者疑似重大动物疫情时，立即向当地兽医行政管理部门报告，并协助当地动物防疫监督机构做好疫情控制和扑灭工作。

（二）重大突发动物疫情（Ⅱ级）的应急响应

确认重大突发动物疫情后，按程序启动省级疫情应急响应机制。

1. 省级人民政府

省级人民政府根据省级人民政府兽医行政管理部门的建议，启动应急预案，统一领导和指挥本行政区域内突发重大动物疫情应急处理工作。组织有关部门和人员扑疫；紧急调集各种应急处理物资、交通工具和相关设施设备；发布或督导发布封锁令，对疫区实施封锁；依法设置临时动物防疫监督检查站查堵疫源；限制或停止动物及动物产品交易、扑杀染疫或相关动物；封锁被动物疫源污染的公共饮用水源等；按国家规定做好信息发布工作；组织乡镇、街道、社区及居委会、村委会，开展群防群控；组织有关部门保障商品供应，平抑物价，维护社会稳定。必要时，可请求中央予以支持，保证应急处理工作顺利进行。

2. 省级人民政府兽医行政管理部门

重大突发动物疫情确认后，向农业农村部报告疫情。必要时，提出省级人民政府启动应急预案的建议。同时，迅速组织有关单位开展疫情应急处理工作。组织开展突发重大动物疫情的调查与处理；划定疫点、疫区、受威胁区；组织对突发重大动物疫情应急处理的评估；负责对本行政区域内应急处理工作的督导和检查；开展有关技术培训工作；有针对性地开展动物防疫知识宣教，提高群众防控意识和自我防护能力。

3. 省级以下地方人民政府

疫情发生地人民政府及有关部门在省级人民政府或省级突发重大动物疫情应急指挥部的统一指挥下，按照要求认真履行职责，落实有关控制措施。具体组织实施突发重大动物疫情应急处理工作。

4. 农业农村部

加强对省级兽医行政管理部门应急处理突发重大动物疫情工作的督导，根据需要组织有关专家协助疫情应急处理；并及时向有关省份通报情况。必要时，建议国务院协调有关部门给予必要的技术和物资支持。

（三）较大突发动物疫情（Ⅲ级）的应急响应

1. 市（地）级人民政府

市（地）级人民政府根据本级人民政府兽医行政管理部门的建议，启动应急预案，采取相应的综合应急措施。必要时，可向上级人民政府申请资金、物资和技术援助。

2. 市（地）级人民政府兽医行政管理部门

对较大突发动物疫情进行确认，并按照规定向当地人民政府、省级兽医行政管理部门和农业农村部报告调查处理情况。

3. 省级人民政府兽医行政管理部门

省级兽医行政管理部门要加强对疫情发生地疫情应急处理工作的督导，及时组织专家对地方疫情应急处理工作提供技术指导和支持，并向本省有关地区发出通报，及时采取预防控制措施，防止疫情扩散蔓延。

（四）一般突发动物疫情（Ⅳ级）的应急响应

县级地方人民政府根据本级人民政府兽医行政管理部门的建议，启动应急预案，组织有关部门开展疫情应急处理工作。

县级人民政府兽医行政管理部门对一般突发重大动物疫情进行确认，并按照规定向本级人民政府和上一级兽医行政管理部门报告。

市（地）级人民政府兽医行政管理部门应组织专家对疫情应急处理进行技术指导。

省级人民政府兽医行政管理部门应根据需要提供技术支持。

（五）非突发重大动物疫情发生地区的应急响应

应根据发生疫情地区的疫情性质、特点、发生区域和发展趋势，分析本地区受波及的可能性和程度，重点做好以下工作。

（1）密切保持与疫情发生地的联系，及时获取相关信息。

（2）组织做好本区域应急处理所需的人员与物资准备。

（3）开展对养殖、运输、屠宰和市场环节的动物疫情监测和防控工作，防止疫病的发生、传入和扩散。

（4）开展动物防疫知识宣传，提高公众防护能力和意识。

（5）按规定做好公路、铁路、航空、水运交通的检疫监督工作。

四、应急处理人员的安全防护

要确保参与疫情应急处理人员的安全。针对不同的重大动物疫病，特别是一些重大人兽共患病，应急处理人员还应采取特殊的防护措施。

五、突发重大动物疫情应急响应的终止

突发重大动物疫情应急响应的终止需符合以下条件：疫区内所有的动物及其产品按规定处理后，经过该疫病的至少一个最长潜伏期无新的病例出现。

特别重大突发动物疫情由农业农村部对疫情控制情况进行评估，提出终止应急措施的建议，按程序报批宣布。

重大突发动物疫情由省级人民政府兽医行政管理部门对疫情控制情况进行评估，提出终止应急措施的建议，按程序报批宣布，并向农业农村部报告。

较大突发动物疫情由市（地）级人民政府兽医行政管理部门对疫情控制情况进行评估，提出终止应急措施的建议，按程序报批宣布，并向省级人民政府兽医行政管理部门报告。

一般突发动物疫情，由县级人民政府兽医行政管理部门对疫情控制情况进行评估，提出终止应急措施的建议，按程序报批宣布，并向上一级和省级人民政府

兽医行政管理部门报告。

上级人民政府兽医行政管理部门及时组织专家对突发重大动物疫情应急措施终止的评估提供技术指导和支持。

六、三类动物疫病疫情控制措施

按照《动物防疫法》要求，发生一、二、三类动物疫病时，要分别采取疫情防控措施。

（一）一类动物疫病疫情控制措施

发生一类动物疫病时，应当采取下列控制措施。

（1）所在地县级以上地方人民政府农业农村主管部门应当立即派人到现场，划定疫点、疫区、受威胁区，调查疫源，及时报请本级人民政府对疫区实行封锁。疫区范围涉及两个以上行政区域的，由有关行政区域共同的上一级人民政府对疫区实行封锁，或者由各有关行政区域的上一级人民政府共同对疫区实行封锁。必要时，上级人民政府可以责成下级人民政府对疫区实行封锁。

（2）县级以上地方人民政府应当立即组织有关部门和单位采取封锁、隔离、扑杀、销毁、消毒、无害化处理、紧急免疫接种等强制性措施。

（3）在封锁期间，禁止染疫、疑似染疫和易感染的动物、动物产品流出疫区，禁止非疫区的易感染动物进入疫区，并根据需要对出入疫区的人员、运输工具及有关物品采取消毒和其他限制性措施。

（二）二类动物疫病疫情控制措施

发生二类动物疫病时，应当采取下列控制措施。

（1）所在地县级以上地方人民政府农业农村主管部门应当划定疫点、疫区、受威胁区。

（2）县级以上地方人民政府根据需要组织有关部门和单位采取隔离、扑杀、销毁、消毒、无害化处理、紧急免疫接种、限制易感染的动物和动物产品及有关物品出入等措施。

疫点、疫区、受威胁区的撤销和疫区封锁的解除，按照国务院农业农村主管部门规定的标准和程序评估后，由原决定机关决定并宣布。

（三）三类动物疫病疫情控制措施

发生三类动物疫病时，所在地县级、乡级人民政府应当按照国务院农业农村主管部门的规定组织防治。

二、三类动物疫病呈暴发性流行时，按照一类动物疫病处理。

疫区内有关单位和个人，应当遵守县级以上人民政府及其农业农村主管部门依法作出的有关控制动物疫病的规定。

（四）三类动物疫病疫情控制总体要求

（1）任何单位和个人不得藏匿、转移、盗掘已被依法隔离、封存、处理的动物和动物产品。

（2）发生动物疫情时，航空、铁路、道路、水路运输企业应当优先组织运送防疫人员和物资。

（3）国务院农业农村主管部门根据动物疫病的性质、特点和可能造成的社会危害，制定国家重大动物疫情应急预案报国务院批准，并按照不同动物疫病病种、流行特点和危害程度，分别制定实施方案。

县级以上地方人民政府根据上级重大动物疫情应急预案和本地区的实际情况，制定本行政区域的重大动物疫情应急预案，报上一级人民政府农业农村主管部门备案，并抄送上一级人民政府应急管理部门。县级以上地方人民政府农业农村主管部门按照不同动物疫病病种、流行特点和危害程度，分别制定实施方案。

重大动物疫情应急预案和实施方案根据疫情状况及时调整。

（4）发生重大动物疫情时，国务院农业农村主管部门负责划定动物疫病风险区，禁止或者限制特定动物、动物产品由高风险区向低风险区调运。

（5）发生重大动物疫情时，依照法律和国务院的规定以及应急预案采取应急处理措施。

第四节　动物疫情的监测和报告

一、动物疫情监测

动物防疫监督机构负责重大动物疫情的监测，饲养、经营动物和生产、经营动物产品的单位和个人应当配合，不得拒绝和阻碍。

二、动物疫情报告

（一）疫情报告的有关要求

从事动物隔离、疫情监测、疫病研究与诊疗、检验检疫以及动物饲养、屠宰加工、运输、经营等活动的有关单位和个人，发现动物出现群体发病或者死亡的，应当立即向所在地的县（市）动物防疫监督机构报告。

县（市）动物防疫监督机构接到报告后，应当立即赶赴现场调查核实。初步认为属于重大动物疫情的，应当在2小时内将情况逐级报省、自治区、直辖市动物防疫监督机构，并同时报所在地人民政府兽医主管部门；兽医主管部门应当及时通报同级卫生主管部门。

省、自治区、直辖市动物防疫监督机构应当在接到报告后 1 小时内，向省、自治区、直辖市人民政府兽医主管部门和国务院兽医主管部门所属的动物防疫监督机构报告。

省、自治区、直辖市人民政府兽医主管部门应当在接到报告后 1 小时内报本级人民政府和国务院兽医主管部门。

重大动物疫情发生后，省、自治区、直辖市人民政府和国务院兽医主管部门应当在 4 小时内向国务院报告。

重大动物疫情报告包括下列内容：疫情发生的时间、地点；染疫、疑似染疫动物种类和数量、同群动物数量、免疫情况、死亡数量、临床症状、病理变化、诊断情况；流行病学和疫源追踪情况；已采取的控制措施；疫情报告的单位、负责人、报告人及联系方式。

（二）疫情报告的时限

疫情报告时限分为快报、月报和年报三种。

1. 快报

快报是指以最快的速度将出现的重大动物疫情或疑似重大动物疫情上报有关部门，以便及时采取有效防控疫病的措施，从而最大限度地减少疫病造成的经济损失，保障人畜健康。

（1）快报对象。发生口蹄疫、高致病性禽流感等一类动物疫病的；二、三类动物疫病呈暴发流行的；发生新发动物疫病或外来动物疫病的；动物疫病的寄主范围、致病性、毒株等流行病学发生变化的；无规定动物疫病区（生物安全隔离区）发生规定动物疫病的；在未发生极端气候变化、地震等自然灾害情况下，不明原因急性发病或大量动物死亡的；农业农村部规定需要快报的其他情形。

（2）快报时限。县级动物疫病预防控制机构接到报告后，应当组织进行现场调查核实。初步认为发生一类动物疫病的，发生新发动物疫病或外来动物疫病的，无规定动物疫病区（生物安全隔离区）发生规定动物疫病的，应当在 2 小时内将情况逐级报至省、自治区、直辖市动物疫病预防控制机构，并同时报所在地人民政府兽医主管部门。

省、自治区、直辖市动物疫病预防控制机构应当在接到报告后 1 小时内，向省、自治区、直辖市人民政府兽医主管部门和中国动物疫病预防控制中心报告。

发生其他需要快报的情形时，地方各级动物疫病预防控制机构报同级人民政府兽医主管部门的同时，应当在 12 小时内报至中国动物疫病预防控制中心。

（3）快报内容。快报应当包括基础信息、疫情概况、疫点情况、疫区及受威胁区情况、流行病学信息、控制措施，诊断方法及结果、疫点地图位置分布，疫情处理进展，其他需要说明的信息等内容。

2. 月报

县级以上地方动物疫病预防控制机构应当在次月 5 日前，将上月本行政区域内的动物疫情进行汇总和审核，经同级人民政府兽医主管部门审核后，通过动物疫情信息管理系统逐级上报至中国动物疫病预防控制中心。中国动物疫病预防控制中心，应当在每月 15 日前将上月汇总分析结果报农业农村部畜牧兽医局。

月报内容包括动物种类，疫病名称，疫情县数、疫点数，疫区内易感动物存栏数、发病数、病死数、扑杀数、急宰数、紧急免疫数和治疗数等。

3. 年报

县级以上地方动物疫病预防控制机构应当在翌年 1 月 10 日前，汇总和审核上年度本行政区域内动物疫情，报同级人民政府兽医主管部门。中国动物疫病预防控制中心应当于 2 月 15 日前将上年度汇总分析结果报农业农村部畜牧兽医局。

年报内容包括动物种类、疫病名称、疫情县数、疫点数、疫区内易感动物存栏数、发病数、病死数、扑杀数、急宰数、紧急免疫数和治疗数等。

快报、月报和年报要求做到迅速、全面、准确地进行疫情报告，能使防疫部门及时掌握疫情，做出判断，及时制订控制、消灭疫情的对策和措施。

第五节　疫情应急处理技术

一、隔离

隔离是指将传染源置于不能将疫病传染给其他易感动物的条件下，将疫情控制在最小范围内，便于管理消毒，中断流行过程，就地扑灭疫情，是控制扑灭疫情的重要措施之一。

在发生动物疫病时，首先对动物群进行疫病监测，查明动物群感染的程度。根据疫病监测的结果，一般将全群动物分为染疫动物、可疑感染动物和假定健康动物三类，分别采取不同的隔离措施。

（一）染疫动物的隔离

染疫动物包括有发病症状或其他方法检查呈阳性的动物。它们随时可将病原体排出体外，污染外界环境，包括地面、空气、饲料甚至水源等，是危险性最大的传染源，应选择不易散播病原体，消毒处理方便的场所进行隔离。

染疫动物需要专人饲养和管理，加强护理，严格对污染的环境和污染物消毒，搞好畜舍卫生，根据动物疫病情况和相关规定进行治疗或扑杀。同时在隔离场所内禁止闲杂人员出入，隔离场所内的用具、饲料、粪便等未经消毒的不能运出。隔离期依该病的传染期而定。

（二）可疑感染动物的隔离

可疑感染动物指在检查中未发现任何临诊症状，但与染疫动物或其污染的环境有过明显的接触，如同群、同圈，使用共同的水源、用具等的动物。这类动物有可能处于疫病的潜伏期，有向体外排出病原体的危险。

对可疑感染动物，应经消毒后另选地方隔离，限制活动，详细观察，及时再分类。出现症状者立即转为按染病动物处理。经过该病一个最长潜伏期仍无症状者，可取消隔离。隔离期间，在密切观察被检动物的同时，要做好防疫工作，对人员出入隔离场要严格控制，防止扩散疫情。

（三）假定健康动物的隔离

除上述两类外，疫区内其他易感动物都属于假定健康动物。对假定健康动物应限制其活动范围并采取保护措施，严格与上述两类动物分开饲养管理，并进行紧急免疫接种或药物预防。同时注意加强卫生消毒措施。经过该病一个最长潜伏期仍无症状者，可取消隔离。

采取隔离措施时应注意，仅靠隔离不能扑灭疫情，需要与其他防疫措施相配合。

二、封锁

当发生某些重要疫病时，在隔离的基础上，针对疫源地采取封闭措施，防止疫病由疫区向安全区扩散，这就是封锁。封锁是消灭疫情的重要措施之一。

由于封锁区内各项活动基本处于与外界隔绝的状态，不可避免地要对当地的生产和生活产生很大影响，故该措施必须严格依照《动物防疫法》执行。

（一）封锁的对象和原则

1. 封锁的对象

国家规定的一类动物疫病、呈暴发性流行时的二类和三类动物疫病。

2. 封锁的原则

执行封锁时应掌握"早、快、严"的原则。"早"是指加强疫情监测，做到"早发现、早诊断、早报告、早确认"，确保疫情的早期预警预报；"快"是指健全应急反应机制，及时处理突发疫情；"严"是指规范疫情处理，全面彻底，确保疫情控制在最小范围，将疫情损失减到最小。

（二）封锁的程序

发生需要封锁的疫情时，当地县级以上地方人民政府兽医主管部门应当立即派人到现场，划定疫点、疫区、受威胁区，调查疫源，及时报请本级人民政府对疫区实行封锁。

县级或县级以上地方人民政府发布和解除封锁令，疫区范围涉及两个以上行政区域的，由有关行政区域共同的上一级人民政府对疫区实行封锁，或者由各有关行政区域的上一级人民政府共同对疫区实行封锁。

（三）封锁区域的划分

为扑灭疫病采取封锁措施而划出的一定区域，称为封锁区。兽医行政管理部门根据规定及扑灭疫情的实际，结合该病流行规律、当时流行特点、动物分布、地理环境、居民点以及交通条件等具体情况划定疫点、疫区和受威胁区。

1. 疫点

疫点指发病动物所在的地点，一般是指发病动物所在的养殖场（户）、养殖小区或其他有关的屠宰加工、经营单位。如为农村散养户，则应将发病动物所在的自然村划为疫点；放牧的动物以发病动物所在的牧场及其活动场所为疫点；动物在运输过程中发生疫情，以运载动物的车、船、飞行器等为疫点；在市场发生疫情，则以发病动物所在市场为疫点。

2. 疫区

疫区是疫病正在流行的地区，范围比疫点大，但不同的动物疫病，其划定的疫区范围也不尽相同。疫区划分时注意考虑当地的饲养环境和天然屏障，如河流、山脉。

3. 受威胁区

受威胁区指疫区周围疫病可能传播到的地区，不同的动物疫病，其划定的受威胁区范围也不相同。

（四）封锁措施

县级或县级以上地方人民政府发布封锁令后，应当启动相应的应急预案，立即组织有关部门和单位针对疫点、疫区和受威胁区采取强制性措施，并通报毗邻地区。

1. 疫点内措施

扑杀并销毁疫点内所有的染疫动物和易感动物及其产品，对动物的排泄物、被污染饲料、垫料、污水等进行无害化处理，对被污染的物品、交通工具、用具、饲养环境进行彻底消毒。

对发病期间及发病前一定时间内售出的动物进行追踪，并做扑杀和无害化处理。

2. 疫区边缘措施

在疫区周围设置警示标志，在出入疫区的交通路口设置动物检疫消防检查站，执行监督检查任务，对出入的人员和车辆进行消毒。

3. 疫区内措施

扑杀并销毁染疫动物和疑似染疫动物及其同群动物，销毁染疫动物和疑似染疫的动物产品,对其他易感染的动物实行圈养或者在指定地点放养;对动物圈舍、动物排泄物、垫料、污水和其他可能受污染的物品、场地,进行消毒或者无害化处理。

对易感动物进行监测,并实施紧急免疫接种,必要时对易感动物进行扑杀。

关闭动物及动物产品交易市场,禁止动物进出疫区和动物产品运出疫区。

4. 受威胁区内措施

对所有易感动物进行紧急免疫接种,建立"免疫带",防止疫情扩散。加强疫情监测和免疫效果检测,掌握疫情动态。

(五)封锁的解除

自疫区内最后一头(只)发病动物及其同群动物处理完毕起,经过该病一个最长的潜伏期以上的监测,再无新病例出现,经终末消毒,报上一级动物防疫监督机构验收合格,由原发布封锁令的人民政府宣布解除封锁,撤销疫区。

疫区解除封锁后,要继续对该区域进行疫情监测,如高致病性禽流感疫区解除封锁后6个月内未发现新病例,方可宣布该次疫情被扑灭。

三、染疫动物尸体的处理

染疫动物尸体含有大量病原体,如果不及时合理处理,就会污染外界环境,传播疫病。因此,及时合理处理染疫动物尸体,在动物疫病的防控和维护公共卫生方面都有重要意义。

处理染疫动物尸体要严格按照《动物防疫法》《病死及病害动物无害化处理技术规范》(农医发〔2017〕25号)等有关文件规定进行无害化处理。

(一)染疫动物的扑杀

扑杀就是将患有严重危害人畜健康疫病的染疫动物(有时包括疑似染疫动物)、缺乏有效的治疗办法或者无治疗价值的患病动物,进行人为致死并无害化处理,以防止疫病扩散,把疫情控制在最小的范围内。扑杀是迅速、彻底消灭传染源的一种有效手段。

按照《动物防疫法》和农业农村部相关重大动物疫病处理技术规范,必须采用不放血方法将染疫动物致死后才能进行无害化处理。实际工作中应选用简单易行、干净彻底、低成本的无血扑杀方法。

1. 电击法

利用电流对机体的破坏作用,达到扑杀染疫动物的目的。适合于猪、牛、羊、马属动物等大中型动物的扑杀。

电击法不需要对动物进行保定,可提高扑杀效率;所需工具简单,扑杀时间短,经济适用,适合于大规模的扑杀。但该方法具有危险性,需要专业人员操作。

2. 毒药灌服法

应用毒性药物灌服致死。适合于猪、牛、羊、马属动物等大中型动物的扑杀。该方法所用的药物毒性大，需专人保管。

3. 静脉注射法

用静脉输液的办法将消毒药、安定药、毒药输入到动物体内。从杀灭病原的角度看，静脉输入消毒药是很理想的方法。适合扑杀牛、羊、马属动物等染疫动物。该方法需要对动物进行可靠的保定，所需时间长，只适合于少量染疫动物的扑杀。

4. 心脏注射法

心脏注射法最好选用消毒药，也可选用毒药。消毒药随血液循环进入大动脉内和小动脉及组织中，杀灭体液及组织中的病原体，破坏肉质，与焚烧深埋相结合，可有效地防止人为再利用现象。牛、马属动物等大型动物先麻醉，再心脏注射；猪、羊等中小型动物直接保定进行心脏注射。该方法需要保定动物，所需时间长，适合少量动物的扑杀。

5. 窒息法（二氧化碳法）

适合扑杀家禽类。先将待扑杀禽只装入袋中，置入密封车或其他密封容器内，通入二氧化碳窒息致死；或将禽只装入密封袋中，通入二氧化碳窒息致死。该方法具有安全、无二次污染、劳动量小、成本低廉等特点。

6. 扭颈法

适用于扑杀少量禽类。根据禽只大小，一只手握住头部，另一只手握住体部，朝相反方向扭转拉伸，使颈部脱臼，阻断呼吸和大脑供血。

（二）染疫动物尸体的收集转运与人员防护

1. 包装

包装材料应符合密闭、防水、防渗、防破损、耐腐蚀等要求；包装材料的容积、尺寸和数量应与需处理病死及病害动物和相关动物产品的体积、数量相匹配；包装后应进行密封；使用后，一次性包装材料应作销毁处理，可循环使用的包装材料应进行清洗消毒。

2. 暂存

采用冷冻或冷藏方式进行暂存，防止无害化处理前病死及病害动物和相关动物产品腐败；暂存场所应能防水、防渗、防鼠、防盗，易于清洗和消毒；暂存场所应设置明显警示标识；应定期对暂存场所及周边环境进行清洗消毒。

3. 转运

可选择符合《医疗废物转运车技术要求》（GB 19217—2003）条件的车辆或

专用封闭厢式运载车辆，车厢四壁及底部应使用耐腐蚀材料，并采取防渗措施；专用转运车辆应加施明显标识，并加装车载定位系统，记录转运时间和路径等信息；车辆驶离暂存、养殖等场所前，应对车轮及车厢外部进行消毒；转运车辆应尽量避免进入人口密集区；若转运途中发生渗漏，应重新包装、消毒后运输；卸载后，应对转运车辆及相关工具等进行彻底清洗、消毒。

4. 工作人员的防护

实施染疫动物尸体的收集、暂存、装运、无害化处理操作的工作人员应经过专门培训，掌握相应的动物防疫知识。操作过程中应穿戴防护服、口罩、护目镜、胶鞋及手套等防护用具。工作完毕后，应对一次性防护用品作销毁处理，对循环使用的防护用品消毒处理。

（三）染疫动物尸体的无害化处理方法

染疫动物尸体无害化处理，是指用物理、化学等方法处理染疫动物尸体及相关动物产品，消灭其所携带的病原体，消除动物尸体危害的过程。常用的方法有焚烧法、化制法、高温法、深埋法、化学处理法等。

1. 焚烧法

焚烧法是指在焚烧容器内，使动物尸体及相关动物产品在富氧或无氧条件下进行氧化反应或热解反应的方法。

（1）适用对象。国家规定的染疫动物及其产品、病死或者死因不明的动物尸体，屠宰前确认的病害动物、屠宰过程中经检疫或肉品品质检验确认为不可食用的动物产品，以及其他应当进行无害化处理的动物及动物产品。

（2）焚烧方法。

①直接焚烧法。可视情况对病死及病害动物和相关动物产品进行破碎等预处理。

将病死及病害动物和相关动物产品或破碎产物，投至焚烧炉本体燃烧室，经充分氧化、热解，产生的高温烟气进入二次燃烧室继续燃烧，产生的炉渣经出渣机排出。

燃烧室温度应 ≥ 850 ℃。燃烧所产生的烟气从最后的助燃空气喷射口或燃烧器出口到换热面或烟道冷风引射口之间的停留时间应 ≥ 2 秒。焚烧炉出口烟气中氧含量应为 6%~10%（干气）。

二次燃烧室出口烟气经余热利用系统、烟气净化系统处理，达到《大气污染物综合排放标准》（GB 16297—1996）要求后排放。

焚烧炉渣与除尘设备收集的焚烧飞灰应分别收集、贮存和运输。焚烧炉渣按一般固体废物处理或作资源化利用；焚烧飞灰和其他尾气净化装置收集的固体废物需按《危险废物鉴别标准 浸出毒性鉴别》（GB 5085.3—2007）要求作危险废物鉴定，如属于危险废物，则按《危险废物焚烧污染控制标准》（GB 18484—2020）和《危险废物贮存污染控制标准》（GB 18597—2023）要求处理。

操作时，要严格控制焚烧进料频率和重量，使病死及病害动物和相关动物产品能够充分与空气接触，保证完全燃烧；燃烧室内应保持负压状态，避免焚烧过程中发生烟气泄漏；二次燃烧室顶部设紧急排放烟囱，应急时开启；烟气净化系统，包括急冷塔、引风机等设施。

②炭化焚烧法。病死及病害动物和相关动物产品投至热解炭化室，在无氧情况下经充分热解，产生的热解烟气进入二次燃烧室继续燃烧，产生的固体炭化物残渣经热解炭化室排出。

热解温度应≥600℃，二次燃烧室温度≥850℃，焚烧后烟气在850℃以上停留时间≥2秒。

烟气经过热解炭化室热能回收后，降至600℃左右，经烟气净化系统处理，达到《大气污染物综合排放标准》（GB 16297—1996）要求后排放。

操作时，应检查热解炭化系统的炉门密封性，以保证热解炭化室的隔氧状态；定期检查和清理热解气输出管道，以免发生阻塞；热解炭化室顶部需设置与大气相连的防爆口，热解炭化室内压力过大时可自动开启泄压；应根据处理物种类、体积等严格控制热解的温度、升温速度及物料在热解炭化室里的停留时间。

2. 化制法

（1）适用对象。不得用于患有炭疽等芽孢杆菌类疫病，以及牛海绵状脑病、痒病的染疫动物及产品、组织的处理。其他适用对象同焚烧法。

（2）化制方法。

①干化法。可视情况对病死及病害动物和相关动物产品进行破碎等预处理。

病死及病害动物和相关动物产品或破碎物输送入高温高压灭菌容器。

处理物中心温度≥140℃，压力≥0.5兆帕（绝对压力），时间≥4小时（具体处理时间随处理物种类和体积大小而设定）。

加热烘干产生的热蒸汽经废气处理系统后排出。

加热烘干产生的动物尸体残渣传输至压榨系统处理。

操作时需要注意，搅拌系统的工作时间应以烘干剩余物基本不含水分为宜，根据处理物量的多少，适当延长或缩短搅拌时间；应使用合理的污水处理系统，有效去除有机物、氨氮，达到《污水综合排放标准》（GB 8978—1996）要求；应使用合理的废气处理系统，有效吸收处理过程中动物尸体腐败产生的恶臭气体，达到《大气污染物综合排放标准》（GB 16297—1996）要求后排放；高温高压灭菌容器操作人员应符合相关专业要求，持证上岗；处理结束后，需对墙面、地面及其相关工具进行彻底清洗消毒。

②湿化法。可视情况对病死及病害动物和相关动物产品进行破碎预处理。

将病死及病害动物和相关动物产品或破碎产物送入高温高压容器，总质量不得超过容器总承受力的4/5。

处理物中心温度≥135℃，压力≥0.3兆帕（绝对压力），处理时间≥30分钟（具体处理时间随处理物种类和体积大小而设定）。

高温高压结束后，对处理产物进行初次固液分离。

固体物经破碎处理后，送入烘干系统；液体部分送入油水分离系统处理。

操作时，高温高压容器操作人员应符合相关专业要求，持证上岗；处理结束后，须对墙面、地面及其相关工具进行彻底清洗消毒；冷凝排放水应冷却后排放，产生的废水应经污水处理系统处理，达到《污水综合排放标准》（GB 8978—1996）要求；处理车间废气应通过安装自动喷淋消毒系统、排风系统和高效微粒空气过滤器（HEPA过滤器）等进行处理，达到《大气污染物综合排放标准》（GB 16297—1996）要求后排放。

3. 高温法

（1）适用对象。同焚烧法。

（2）技术工艺。可视情况对病死及病害动物和相关动物产品进行破碎等预处理。处理物或破碎产物体积（长×宽×高）≤125厘米^3（5厘米×5厘米×5厘米）。

向容器内输入油脂，容器夹层经导热油或其他介质加热。

将病死及病害动物和相关动物产品或破碎产物输送入容器内，与油脂混合。常压状态下，维持容器内部温度≥180℃，持续时间≥2.5h（具体处理时间随处理物种类和体积大小而设定）。

加热产生的热蒸汽经废气处理系统后排出。

加热产生的动物尸体残渣传输至压榨系统处理。

操作时注意的问题同化制法的干化法。

4. 深埋法

（1）适用对象。发生动物疫情或自然灾害等突发事件时病死及病害动物的应急处理，以及边远和交通不便地区零星病死畜禽的处理。不得用于患有炭疽等芽孢杆菌类疫病，以及牛海绵状脑病、痒病的染疫动物及产品、组织的处理。

（2）深埋的方法。深埋地点应选择地势高燥，处于下风向的地方，并远离学校、公共场所、居民住宅区、村庄、动物饲养和屠宰场所、饮用水源地、河流等地区。

深埋坑体容积以实际处理动物尸体及相关动物产品数量确定；深埋坑底应高出地下水位1.5米以上，要防渗、防漏；坑底撒一层厚度为2~5厘米的生石灰或漂白粉等消毒药；将动物尸体及相关动物产品投入坑内，最上层距离地表1.5米以上；生石灰或漂白粉等消毒药消毒；覆盖距地表20～30厘米，厚度不少于1～1.2米的覆土。

操作时，深埋覆土不要太实，以免腐败产气造成气泡冒出和液体渗漏；深埋后，在深埋处设置警示标识；深埋后，第一周内应每日巡查1次，第二周起应每周巡查1次，连续巡查3个月，深埋坑塌陷处应及时加盖覆土；深埋后，立即用氯制剂、漂白粉或生石灰等消毒药对深埋场所进行1次彻底消毒。第一周内应每日消毒1次，第二周起应每周消毒1次，连续消毒3周以上。

5. 化学处理法

（1）硫酸分解法。

①适用对象。同化制法。

②技术工艺。可视情况对病死及病害动物和相关动物产品进行破碎等预处理。

将病死及病害动物和相关动物产品或破碎产物，投至耐酸的水解罐中，按每吨处理物加入水150～300千克，后加入98%的浓硫酸300～400千克（具体加入水和浓硫酸量随处理物的含水量而设定）。

密闭水解罐，加热使水解罐内升至100～108℃，维持压力≥0.15兆帕，反应时间≥4小时，至罐体内的病死及病害动物和相关动物产品完全分解为液态。

处理中使用的强酸应按国家危险化学品安全管理、易制毒化学品管理有关规定执行，操作人员应做好个人防护；水解过程中要先将水加入耐酸的水解罐中，然后加入浓硫酸；控制处理物总体积不得超过容器容量的70%；酸解反应的容器及储存酸解液的容器均要求耐强酸。

（2）化学消毒法。

①适用对象。适用于被病原微生物污染或可疑被污染的动物皮毛消毒。

②化学消毒的方法。主要方法有盐酸食盐溶液消毒法、过氧乙酸消毒法和碱盐液浸泡消毒法。

盐酸食盐溶液消毒法：用2.5%盐酸溶液和15%食盐水溶液等量混合，将皮张浸泡在此溶液中，并使溶液温度保持在30℃左右，浸泡40小时，1米^{2}的皮张用10升消毒液（或按100毫升25%食盐水溶液中加入盐酸1毫升配制消毒液，在室温15℃条件下浸泡48小时，皮张与消毒液之比为1:4）。浸泡后捞出沥干，放入2%（或1%）氢氧化钠溶液中，以中和皮张上的酸，再用水冲洗后晾干。

过氧乙酸消毒法：将皮毛放入新鲜配制的2%过氧乙酸溶液中浸泡30分钟。将皮毛捞出，用水冲洗后晾干。

碱盐液浸泡消毒法：将皮毛浸入5%碱盐液（饱和盐水内加5%氢氧化钠）中，室温（18～25℃）浸泡24小时，并随时加以搅拌。取出皮毛挂起，待碱盐液流净，放入5%盐酸液内浸泡，使皮上的酸碱中和。将皮毛捞出，用水冲洗后晾干。

（3）发酵法。是指将动物尸体及相关动物产品与稻糠、木屑等辅料按要求摆放，利用动物尸体及相关动物产品产生的生物热或加入特定生物制剂，发酵或分解动物尸体及相关动物产品的方法。主要分为条垛式和发酵池式。

该法具有投资少，动物尸体处理速度快、运行管理方便等优点，但发酵过程产生恶臭气体，因重大动物疫病及人兽共患病死亡的动物尸体和相关动物产品不得使用此种方式进行处理。要有废气处理系统。

(四) 记录要求

病死动物的收集、暂存、装运、无害化处理等环节应建有台账和记录。有条件的地方应保存运输车辆行车信息和相关环节视频记录。暂存环节的接收台帐和记录应包括病死动物及相关动物产品来源场（户）、种类、数量、动物标识号、死亡原因、消毒方法、收集时间、经手人员等；运出台账和记录应包括运输人员、联系方式、运输时间、车牌号、病死动物及产品种类、数量、动物标识号、消毒方法、运输目的地以及经手人员等；处理环节的接收台账和记录应包括病死动物及相关动物产品来源、种类、数量、动物标识号、运输人员、联系方式、车牌号、接收时间及经手人员等；处理台账和记录应包括处理时间、处理方式、处理数量及操作人员等。涉及病死动物无害化处理的台账和记录至少要保存两年。

第六节 重大动物疫情处置保障措施

重大动物疫情应急处置要建立强有力的保障措施，疫情发生后，各级政府应积极组织协调畜牧兽医、卫生、财政、交通、公安等有关部门，做好疫情处置的应急保障工作。

一、技术保障

（1）建立县级以上动物疫病诊断实验室，负责重大动物疫病的诊断；成立防控重大动物疫病诊断专家组，负责提出防治和扑灭重大动物疫病技术方案、建议和现场诊断意见，其诊断结果作为现场处理的依据。

（2）县级以上指挥部办公室和各乡镇及有关部门应逐步建立和完善应急指挥基础信息数据库，包括突发重大动物疫情监测和疫情预警数据库、应急预案库、应急决策咨询专家库、辅助决策、知识库等，要做到及时维护更新，确保数据的质量，为突发重大动物疫情应急指挥及分析决策提供支持。

二、队伍保障

各级重大动物疫情应急机构都要建立突发重大动物疫情应急预备队，在应急处置突发重大动物疫情时，由县级指挥部领导临时指派应急预备队负责人进行现场指挥、处置重大动物疫情。

乡镇政府建立综合协调、扑杀无害化处置、消毒灭源、强制免疫、疫区封锁、疫源追踪排查6个突发重大动物疫情应急处置工作组。

三、交通运输保障

交通运输部门要开通绿色通道，优先安排紧急防疫物资的调运。

四、紧急医疗卫生救援保障

突发重大动物疫情可能感染人类的，卫生主管部门和畜牧兽医主管部门应当及时相互通报情况。卫生部门应当对高危人群进行监测，并采取相应的预防、控制措施。对参加应急处置工作的人员和相关人员的卫生防护工作要做到安全保障到位，防范措施到位。在处置人兽共患病时卫生部门要对高风险人员进行监测和临床观察，确保他们的身体健康和生命安全。

五、治安保障

公安部门要协助做好疫区封锁和强制扑杀工作，做好疫区安全保卫和社会治安管理。

六、经费保障

各级财政要安排一定额度的重大动物疫病应急专项资金。主要用于应急防控物资储备、封锁、隔离、紧急免疫接种、检疫、消毒、无害化处理、监测、强制免疫应激死亡及对扑杀病畜禽及同群畜禽的饲养者进行补偿等方面。

七、应急物资保障

建立县级以上防控重大动物疫情物资储备库，常年保证疫苗、诊断试剂、消毒药品、消毒设备、防护用品和其他用品的储备。物资储备由畜牧兽医局负责管理，指挥部统一调配。

第七章　常见人兽共患传染病防控技术

第一节　高致病性禽流感

高致病性禽流感是由A型流感病毒引起的禽类烈性传染病。该病具有发病急、传播快、发病率和死亡率高等特征，对家禽业危害巨大。该病可感染人和其他哺乳动物，对人类健康构成持续威胁，可导致严重的经济损失和公共卫生危害。世界动物卫生组织（WOAH）将其列为必须报告的动物疫病，我国将其列为一类动物疫病。

党中央、国务院始终高度重视高致病性禽流感防治工作。近年来，各地各有关部门按照国家总体部署，坚持预防为主，实施免疫与扑杀相结合的综合防治措施，加大防控工作力度，高致病性禽流感防控工作取得显著成效。全国高致病性禽流感疫情得到有效控制，家禽疫情报告起数和人感染病例数多年来处于较低水平，为促进农业农村经济平稳发展和保障人民群众生命健康作出了重大贡献。

高致病性禽流感病毒基因型复杂、变异快。我国已在家禽和野鸟中监测到多个HA进化分支。周边国家和地区疫情形势依然复杂，境外疫情传入风险持续存在。同时，我国处于多条候鸟迁徙路线，国内家禽饲养密度高，标准化规模化养殖程度低、群众消费习惯未发生根本改变，局部地区发生疫情的可能性依然存在，高致病性禽流感防治任务十分艰巨。

一、诊断方法

（一）流行病学

1. 传染源

主要为病禽（野鸟）和带毒禽（野鸟）。病毒可在污染的粪便、水等环境中存活较长时间。

2. 传播途径

主要为接触传播和呼吸道传播。感染禽（野鸟）及其分泌物和排泄物，污染的饲料、水、蛋托（箱）、垫草、种蛋、鸡胚和精液等媒介以及气溶胶，都可传播禽流感病毒。

3. 易感动物

鸡、火鸡、鸭、鹅、鹌鹑、雉鸡、鹧鸪、鸵鸟、孔雀等多种禽类易感，多种野鸟也可感染发病。

4. 潜伏期

病毒毒力、家禽免疫情况、品种和抵抗力、饲养管理和营养状况、环境卫生及应激因素等都会影响潜伏期。潜伏期可从数小时到数天，最长可达 21 天。世界动物卫生组织《OIE 陆生动物卫生法典》将高致病性禽流感的潜伏期定为 21 天。

5. 发病率和病死率

与宿主、感染毒株和禽群免疫状况等因素密切相关，最高可达 100%。

6. 季节性

没有明显的季节性，但冬春多发。

（二）临床表现

（1）饮水量异常变化、采食量下降。

（2）精神沉郁，嗜睡，可见扭颈等神经症状；呼吸困难，有呼吸道症状。

（3）冠髯发绀、发紫，脚鳞或有出血。

（4）产蛋突然下降，软壳蛋、畸形蛋增多。

（5）发病率高，发病急、死亡快。

（6）鸭、鹅等水禽可见腹泻和神经症状，有时可见角膜发红、充血、有分泌物，甚至失明。

（三）剖检变化

（1）气管弥漫性充血、出血，有少量黏液；肺部有炎性症状。

（2）腹腔有混浊的炎性分泌物；肠道可见卡他性炎症；输卵管内有混浊的炎性分泌物，卵泡充血、出血、萎缩、破裂，有的可见卵黄性腹膜炎；胰腺边缘有出血、坏死。

（3）心冠及腹部脂肪出血；腺胃肌胃交界处可见带状出血，腺胃乳头可见出血；盲肠扁桃体肿大出血；直肠黏膜及泄殖腔出血。

急性死亡家禽有时无明显剖检变化。

（四）实验室诊断

1. 样品的采集、运输和保存

尽量在发病初期采集具有典型临床症状的禽只样品。采样过程中应避免交叉污染，并规范填写采样登记表。

（1）血清样品的采集。无菌采集禽类的血液，每只约 2 毫升，编号并填写相应采样单。待血液凝固，血清析出后，收集血清用于血凝抑制（HI）检测。

（2）病原学样品的采集。活禽可采集咽喉和/或泄殖腔拭子样品，病死禽可采集气管、肺和脑等组织样品。

拭子样品。取咽喉拭子时将拭子深入喉头及上腭裂来回刮2～3次并旋转，取分泌液；取泄殖腔拭子时将拭子深入泄殖腔旋转一圈并蘸取少量粪便；将采样后的拭子分别放入盛有1.2毫升采样缓冲液的2毫升采样管中，编号并填写相应采样单。

组织样品。发病禽可无菌采集气管、肺、脑、肠（包括内容物）、肝、脾、肾、心等组织脏器，装入无菌采样袋或其他灭菌容器，编号并填写相应采样单。

（3）样品保存、包装和运输。样品采集后置保温箱中，加入预冷的冰袋，密封，尽量24小时内送到实验室。样品的包装和运输应符合农业农村部《高致病性动物病原微生物菌（毒）种或者样本运输包装规范》等规定。

样品运抵后应尽快处理。病原学样品4℃存放不得超过4天，否则应在-70℃下保存；在样品保存过程中，应避免反复冻融；尽量避免在-20℃下保存。血清学样品在一周内能检测，则保存在4℃环境中，否则应在-20℃下保存。

2. 血清学检测

采用HI试验，检测血清中H5或H7亚型禽流感病毒血凝素抗体。HI抗体水平≥24，结果判定为阳性。

3. 病原学检测

（1）病原学快速检测。采用反转录－聚合酶链式反应（RT-PCR）或实时荧光定量RT-PCR等方法。

（2）血凝素基因裂解位点序列测定。对血凝素基因裂解位点的核苷酸序列进行测定，与高致病性禽流感病毒基因序列比对。

（3）病毒分离与鉴定。采用鸡胚接种或细胞培养分离鉴定病毒。从事高致病性禽流感病毒分离鉴定，必须经农业农村部批准。

（4）致病性测定。静脉内接种致病指数（IVPI）＞1.2或用0.2毫升1∶10稀释的无菌感染禽流感病毒的鸡胚尿囊液，经静脉注射接种8只4～8周龄的易感鸡，在接种后10天内，能致6～8只鸡死亡，即死亡率≥75%。

（五）结果判定

1. 可疑病例

禽群发病率、死亡率超出正常范围，且符合下述标准之一的，判定为可疑病例。

（1）临床判断标准。脚鳞出血；冠髯发绀，头部和面部水肿；产蛋突然下降，软壳蛋、畸形蛋增多；出现神经症状。

符合上述条件之一的,判定为符合临床标准。

（2）剖检病变标准。消化道、呼吸道黏膜广泛充血、出血；心冠及腹部脂肪出血；卵泡充血、出血，可见卵黄性腹膜炎；腺胃肌胃交界处可见带状出血。

符合上述条件之一的,判定为符合剖检病变标准。

2. 疑似病例

对临床可疑病例，经市（地）、县级动物疫病预防控制机构实验室检测为H5或H7亚型禽流感病毒核酸阳性的，判定为疑似病例。

3. 确诊病例

对疑似病例，省级动物疫病预防控制机构经RT-PCR或实时荧光定量RT-PCR方法复核阳性，且测序证实含有高致病性禽流感病毒分子特征的病毒核酸或病毒分离鉴定为高致病性禽流感病毒的，可判定为确诊病例。

二、防控技术

（一）监测与流行病学调查

严格执行国家动物疫病监测与流行病学调查计划。进一步完善高致病性禽流感监测体系，健全疫情报告机制，持续开展疫情监测和流行病学调查工作，及时准确掌握病原分布和疫情动态，科学评估疫情传播风险。县级动物疫病预防控制机构以抗体监测和病原学初筛为主；地市级和省级动物疫病预防控制机构以病原学监测为主，开展局部地区的流行病学调查和风险评估；国家禽流感参考实验室重点跟踪病毒变异情况，分析疫苗毒株与流行毒株的匹配性，对重点地区开展专项监测，提出防控措施建议；禽流感专业实验室重点对病原分布情况进行监测和流行病学调查。

在控制、净化、免疫无疫和非免疫无疫等不同阶段，监测重点和数量各有不同。免疫无疫区以病原监测为主，免疫无疫区的养殖场设立哨兵动物；非免疫无疫区以血清学监测为主，样本量按证明无疫的方式进行抽样。对家禽优势产业区、高风险地区、野禽家禽生态界面，以掌握禽流感病毒分布及演化态势为调查监测目标。

无疫区监测频次和数量按照国家动物疫病监测与流行病学调查计划相关规定，按照证明无疫的要求执行，其他区域按照预期流行率和置信度确定年度监测采样数量。

（二）强制免疫

饲养动物的单位和个人，应当按照《动物防疫法》的规定切实履行强制免疫义务，严格执行国家禽流感免疫计划，在控制、净化和免疫无疫阶段实施免疫。动物疫病预防控制机构应当开展以免疫抗体监测为主的免疫效果评价。省级畜牧兽医主管部门应根据防控实际建立禽流感免疫退出机制。

（三）检疫监管

进一步完善家禽市场准入制度，严格无疫区和生物安全隔离区调入家禽的准入条件，严格控制活禽尤其是水禽的跨区域流通，鼓励家禽冰鲜产品的流通。

逐步建立以实验室检测和动物卫生风险评估为依托的产地检疫机制，提升检疫科学化水平。严格执行《跨省调运乳用、种用动物产地检疫规程》，切实做好跨省调运种禽产地检疫和流通监管工作。

（四）应急处置

完善应急预案，健全防控应急机制，强化应急培训和演练，完善应急防疫物资储备制度，做好各项应急准备工作。对已退出免疫的地区和禽群采取严格扑杀政策；对实施免疫的地区和禽群适当调整扑杀政策，根据疫点周边地区免疫状况确定扑杀范围。对监测阳性水禽执行同群扑杀政策；对监测到的新毒株，按新发病严格进行应急处置。

（五）外疫防范

加强边境地区防控，坚持"内防外堵"。在边境地区建立动物防疫安全屏障。在内蒙古、辽宁、吉林、黑龙江、西藏、广西、云南等东北和西南边境地区，加强多部门合作，建立健全联防联控机制，形成防控合力，重点防范H7亚型禽流感等境外疫情的传入。严禁进口来自高致病性禽流感疫情国家和地区的禽类及相关产品。

（六）生物安全管理

加强从养殖到屠宰全链条的生物安全管理，建立完善家禽生物安全隔离区建设标准和技术规范，实现区域内家禽生产、疫病控制和养殖环境标准化管理；以种禽产业为重点，建设肉鸡、蛋鸡、水禽的祖代、父母代及孵化场生物安全隔离系统，兼顾建设商品代养殖场、屠宰场、饲料厂等生物安全屏障保护系统。

落实卫生消毒制度，完善养禽场和高风险地区环境消毒技术方案，净化养殖环境。对家禽孵化场、养殖场、屠宰场、活禽市场和兽用生物制品生产企业等场所的病死家禽及其产品和废弃物严格实施无害化处理。按照国务院办公厅有关文件要求，建设覆盖饲养、屠宰、经营、运输等环节的病死禽无害化处理体系，构建科学完备、运转高效的病死禽无害化处理机制。

加强动物防疫条件审查。制定完善动物饲养、屠宰、活禽交易等场所防疫条件审查标准，有效推进防疫条件审查，重点提高全国祖代以上种禽场和已通过防疫条件审查养禽场的生物安全水平。加强活禽交易市场防疫条件监督检查。

加强家禽优势产业带疫病防控。在家禽生产密集地区应合理规划家禽产业带和养殖场布局，大力推广标准化、集约化、规模化养殖模式。大中城市、候鸟迁徙带及养殖密度较低地区可根据实际情况划定风险区，采取限养或禁养措施。

（七）无疫区与生物安全隔离区建设评估

在海南、辽宁、吉林、黑龙江、山东、福建等自然屏障好、畜牧业比较发达、防疫基础条件好的动物疫病防治优势区，以及北京、上海、天津等中心城市，全面推进无疫区和生物安全隔离区建设。建立健全无疫评估验收制度，完善评估程序和标准。达到国家规定的免疫无疫、非免疫无疫标准时，由所在区域的省级兽医主管部门在自评估基础上，向农业农村部提出评估验收申请，经农业农村部组织验收合格后发布。

第二节　狂犬病

狂犬病是由狂犬病病毒侵害中枢神经系统而引起的一种急性致死性人兽共患传染病，病死率高达100%。狂犬病病毒几乎能感染所有温血动物，野生动物是该病主要储存宿主和传播载体，家犬在传播病毒中起重要作用。我国将其列为二类动物疫病。

狂犬病在世界范围内流行，严重危害人民身体健康和公共卫生安全。全世界超过2/3的国家和地区曾报告发生人畜狂犬病疫情，每年因狂犬病致死的人数约7万人。世界卫生组织（WHO）把每年的9月28日定为"世界狂犬病日"。我国狂犬病的流行历史较长，进入21世纪，狂犬病疫情呈现上升趋势。2023年，全国共报告人狂犬病死亡病例131例。近年来，在各级政府领导下，农业农村部门与有关部门加强合作，加大犬免疫和监测工作力度，积极探索狂犬病综合防治试点模式，加强防控知识宣传和培训，防治工作取得了积极进展。但是由于全国养犬数量多、犬流动性大、注册管理率低、群众防疫意识薄弱等因素，狂犬病疫情仍较严重，防治任务依然艰巨。

一、诊断方法

（一）临床诊断

狂犬病临床症状主要表现为狂躁不安、意识紊乱，死亡率可达100%。

1. 犬的临床症状

一般分为狂暴型和麻痹型两种类型。

狂暴型可分为前驱期、兴奋期和麻痹期，整个病程为6～8天，个别可达10天。前驱期为半天到2天。病犬精神沉郁，常躲在暗处，不愿和人接近或不听呼唤，强迫牵引则咬畜主；食欲反常，喜吃异物，喉头轻度麻痹，吞咽时颈部伸展；瞳孔散大，反射机能亢进，轻度刺激即兴奋，有时望空扑咬；性欲亢进，嗅舔自己或其他犬的性器官；唾液分泌逐渐增多，后躯软弱。兴奋期2～4天，病犬高度兴奋，表现狂暴，常攻击人和其他动物。狂暴和沉郁交替出现，疲劳时卧地不动，不久又立起，表现一种特殊的斜视惶恐表情。随病势发展，陷于意识障碍，反射紊乱，显著消瘦，吠声嘶哑，眼球凹陷，散瞳或缩瞳，下颌麻痹，流涎和夹尾等。麻痹期1～2天。下颌下垂，舌脱出口外，流涎显著，后躯及四肢麻痹导致卧地不起，因呼吸中枢麻痹或衰竭而死。

麻痹型的兴奋期很短或只有轻微兴奋表现即转入麻痹期。表现喉头、下颌、后躯麻痹，流涎显著、吞咽困难和恐水等，经2～4天死亡。

2. 猫的临床症状

一般为狂暴型，症状与犬的相似，但病程较短，出现症状后2～4天死亡。发病时常蜷缩在阴暗处，受刺激后攻击其他动物和人。

3. 其他动物的临床症状

牛、羊、猪、马等动物发生狂犬病时，多表现为精神兴奋、性欲亢进、流涎和具有攻击性，最后麻痹衰竭而死。

（二）实验室诊断

1. 免疫荧光试验

按《狂犬病诊断技术》（GB/T 18639—2023）执行。

2. 小鼠和细胞培养物感染试验

按《狂犬病诊断技术》（GB/T 18639—2023）执行。

3. 反转录－聚合酶链式反应或荧光定量聚合酶链式反应。

（三）结果判定

1. 疑似患病动物

被发病动物咬伤或符合上述临床特征的动物判定为疑似患病动物；反转录－聚合酶链式反应结果呈阳性的动物，判定为疑似患病动物。

2. 患病动物

（1）免疫荧光试验或小鼠和细胞培养物感染试验呈阳性结果，判定为患病动物。

（2）被发病动物咬伤或符合上述临床特征的疑似患病动物，同时反转录－聚合酶链式反应或荧光定量聚合酶链式反应结果呈阳性，判定为患病动物。

二、防控技术

（一）免疫预防

对犬实施免疫。各地要根据流行状况和养犬情况，制定实施本辖区的免疫方案，并做好免疫效果评价。狂犬病疫情较重或持续发生的地区，力争将狂犬病列为地方强制免疫病种。各级畜牧兽医主管部门依托基层畜牧兽医站或动物诊疗机构等单位设立动物狂犬病免疫接种点，提供免疫技术指导和服务，并向社会公布。对免疫后的犬，按要求建立犬免疫档案、发放免疫证明。

（二）监测和流行病学调查

持续开展疫情监测和流行病学调查工作，及时准确掌握病原分布和疫情动态，科学评估疫情传播风险。县级动物疫病预防控制机构以抗体水平监测为主，地市级和省级动物疫病预防控制机构以病原学监测为主，开展局部地区的流行病学调查和风险评估；狂犬病参考实验室开展疫情确诊、疫情高发省份持续监测以及野生动物流行病学调查。

各级畜牧兽医主管部门接到病例通报后，应及时组织开展传染源追溯性调查和监测等工作。

（三）疫情报告和诊断

所有单位和个人发现疑似患病动物、被疑似患病动物咬（抓）伤的动物，应该立即向当地畜牧兽医主管部门、动物卫生监督机构或者动物疫病预防控制机构报告，并配合做好隔离、消毒、紧急免疫等防治措施。

各级动物疫病预防控制机构按照《狂犬病防治技术规范》规定进行诊断，并将病料送参考实验室进行病原确诊和分析跟踪。

（四）检疫监管

各地动物卫生监督机构要强化犬的产地检疫。逐步建立起以实验室检测和动物卫生风险评估为依托的产地检疫机制，不断提升检疫科学化水平。强化犬移动监管，规范跨省移动电子出证，实现检疫数据互联互通。

（五）疫情处置

对疑似患病动物、被疑似患病动物咬（抓）伤的动物，畜牧兽医主管部门要配合相关部门对动物进行隔离观察、限制移动，并采样送检、诊断。当发生狂犬病疫情时，按照《狂犬病防治技术规范》的要求对疫点、疫区的易感动物进行紧急强化免疫，指导和协助相关部门开展扑杀、消毒等疫情处置工作。

（六）宣传教育和人员防护

各级畜牧兽医主管部门要充分利用各种媒体平台普及狂犬病防治知识，提高公众对狂犬病危害的认识，增强群众自我防护意识。特别要加强对养犬者的宣传教育，强化其责任意识，引导养犬者履行动物防疫义务。组织对狂犬病防治工作人员进行法律法规、人员防护和防治技术培训，为防治工作人员提供必要的个人防护用品。

第三节 炭 疽

炭疽是由炭疽杆菌引起的一种人兽共患传染病。世界动物卫生组织将其列为必须报告的动物疫病，我国将其列为二类动物疫病。

一、诊断方法

依据该病流行病学调查、临床症状，结合实验室诊断结果做出综合判定。

（一）流行特点

该病为人畜共患传染病，各种家畜、野生动物及人对该病都有不同程度的易感性。草食动物最易感，其次是杂食动物，再次是肉食动物，家禽一般不感染。人也易感。

患病动物和因炭疽而死亡的动物尸体以及污染的土壤、草地、水、饲料都是该病的主要传染源，炭疽芽孢对环境具有很强的抵抗力，其污染的土壤、水源及场地可形成持久的疫源地。该病主要经消化道、呼吸道和皮肤感染。

该病呈地方性流行。有一定的季节性，多发生在吸血昆虫多、雨水多、洪水泛滥的季节。

（二）临床症状与病理变化

该病的潜伏期为 20 天。

1. 典型症状

该病主要呈急性经过，多以突然死亡、天然孔出血、尸僵不全为特征。

牛：体温升高常达 41℃ 以上，可视黏膜呈暗紫色、心动过速、呼吸困难。呈慢性经过的病牛，在颈、胸前、肩胛、腹下或外阴部常见水肿；皮肤病灶温度增高，坚硬，有压痛，也可发生坏死，有时形成溃疡；颈部水肿常与咽炎和喉头水肿相伴发生，致使呼吸困难加重。急性病例一般经 24～36 小时后死亡，亚急性病例一般经 2～5 天后死亡。

马：体温升高，腹下、乳房、肩及咽喉部常见水肿。舌炭疽多见呼吸困难、发绀；肠炭疽腹痛明显。急性病例一般经 24～36 小时后死亡，有炭疽痈时，病程可达 3～8 天。

羊：多表现为最急性（猝死）病症，摇摆、磨牙、抽搐、挣扎、突然倒毙，有的可见从天然孔流出带气泡的黑红色血液。病程稍长者也只持续数小时后死亡。

猪：多为局限性变化，呈慢性经过，临床症状不明显，常在宰后见病变。

犬和其他肉食动物临床症状不明显。

2.病理变化

死亡患病动物可视黏膜发绀、出血。血液呈暗紫红色,凝固不良,黏稠似煤焦油状。皮下、肌间、咽喉等部位有浆液性渗出及出血。淋巴结肿大、充血,切面潮红。脾脏高度肿胀,达正常数倍,脾髓呈黑紫色。

严禁在非生物安全条件下进行疑似患病动物、患病动物的尸体剖检。

(三)实验室诊断

实验室病原学诊断必须在相应级别的生物安全实验室进行。

1.病原鉴定

(1)样品采集、包装与运输。按照《动物炭疽诊断技术》(NY/T 561—2002)条款中 2.1.2、4.1、5.1 执行。

(2)病原学诊断。炭疽的病原分离及鉴定见《动物炭疽诊断技术》(NY/T 561—2002)。

2.血清学诊断

炭疽沉淀反应见《动物炭疽诊断技术》(NY/T 561—2002)。

3.分子生物学诊断

聚合酶链式反应。

二、疫情报告与处理

(一)疫情报告

(1)任何单位和个人发现患有该病或者疑似该病的动物,都应立即向当地动物防疫监督机构报告。

(2)当地动物防疫监督机构接到疫情报告后,按国家动物疫情报告管理的有关规定执行。

(二)疫情处理

当地畜牧兽医部门接到疑似炭疽疫情报告后,应及时派人员到现场进行流行病学调查和临床检查,采集病料送符合规定的实验室诊断,并立即隔离疑似患病动物及同群动物,限制移动。对病死动物尸体,严禁进行解剖检查,采样时必须按规定进行,防止病原污染环境,形成永久性疫源地。

该病呈零星散发时,应对患病动物作无血扑杀处理,对同群动物立即进行强制免疫接种,并隔离观察20天。对病死动物及排泄物、可能被污染饲料、污水等按要求进行无害化处理;对可能被污染的物品、交通工具、用具、动物舍进行严格彻底消毒。疫区、受威胁区所有易感动物进行紧急免疫接种。对病死动物尸体严禁进行开放式解剖检查,采样必须按规定进行,防止病原污染环境,形成永久性疫源地。

该病呈暴发流行时（1个县10天内发现5头以上的患病动物），要报请同级人民政府对疫区实行封锁；疫点出入口必须设立消毒设施。限制人、易感动物、车辆进出和动物产品及可能受污染的物品运出。对疫点内动物舍、场地以及所有运载工具、饮水用具等必须进行严格彻底的消毒。患病动物和同群动物全部进行无血扑杀处理。其他易感动物紧急免疫接种。对所有病死动物、被扑杀动物，以及排泄物和可能被污染的垫料、饲料等物品产品按要求进行无害化处理。动物尸体需要运送时，应使用防漏容器，须有明显标志，并在动物疫病预防控制机构的监督下实施。停止疫区内动物及其产品的交易、移动。所有易感动物必须圈养，或在指定地点放养；对动物舍、道路等可能污染的场所进行消毒。对疫区和受威胁区内的所有易感动物进行紧急免疫接种，并进行疫源分析与流行病学调查。

三、防控技术

（一）环境控制

饲养、生产、经营场所和屠宰场必须符合《动物防疫条件审查办法》规定的动物防疫条件，建立严格的卫生（消毒）管理制度。加强免疫接种，各地根据当地疫情流行情况，按农业农村部制定的免疫方案，确定免疫接种对象、范围；使用国家批准的炭疽疫苗，并按免疫程序进行适时免疫接种，做好免疫记录。注意消毒灭源，对新老疫区进行经常性消毒，洪涝灾害时要重点消毒。皮张、毛等按要求实施消毒。

（二）人员防护

动物防疫检疫、实验室诊断及饲养场、畜产品及皮张加工企业工作人员要注意个人防护，参与疫情处理的有关人员，应穿防护服、戴口罩和手套，做好自身防护。皮张用环氧乙烷高压密闭消毒。

第四节　布鲁氏菌病

布鲁氏菌病（也称布氏杆菌病）是由布鲁氏菌属细菌引起的人兽共患的常见传染病。我国将其列为二类动物疫病。

一、诊断方法

（一）流行特点

多种动物和人对布鲁氏菌易感。布鲁氏菌属的6个种和主要易感动物见表7-1。

表 7-1　布鲁氏菌属的 6 个种和主要易感动物

种	主要易感动物
羊种布鲁氏菌	羊、牛
牛种布鲁氏菌	牛、羊
猪种布鲁氏菌	猪
绵羊附睾种布鲁氏菌	绵羊
犬种布鲁氏菌	犬
沙林鼠种布鲁氏菌	沙林鼠

布鲁氏菌是一种细胞内寄生的病原菌，主要侵害动物的淋巴系统和生殖系统。病畜主要通过流产物、精液和乳汁排菌，污染环境。羊、牛、猪的易感性最强。母畜比公畜，成年畜比幼年畜发病多。在母畜中，第一次妊娠母畜发病较多。带菌动物，尤其是病畜的流产胎儿、胎衣是主要传染源。消化道、呼吸道、生殖道是主要的感染途径，也可通过损伤的皮肤、黏膜等感染。常呈地方性流行。人主要通过皮肤、黏膜、消化道和呼吸道感染，尤其以感染羊种布鲁氏菌、牛种布鲁氏菌最为严重。猪种布鲁氏菌感染人较少见，犬种布鲁氏菌感染人罕见，绵羊附睾种布鲁氏菌、沙林鼠种布鲁氏菌基本不感染人。

（二）临床症状

潜伏期一般为 14～180 天。最显著症状是怀孕母畜发生流产，流产后可能发生胎衣滞留和子宫内膜炎，从阴道流出污秽不洁、恶臭的分泌物。新发病的畜群流产较多；老疫区畜群发生流产的较少，但发生子宫内膜炎、乳房炎、关节炎、胎衣滞留、久配不孕的较多。公畜往往发生睾丸炎、附睾炎或关节炎。

（三）病理变化

主要病变为生殖器官的炎性坏死，脾、淋巴结、肝、肾等器官形成特征性肉芽肿（布鲁氏菌病结节）。有的可见关节炎。胎儿主要呈败血症病变，浆膜和黏膜有出血点和出血斑，皮下结缔组织发生浆液性、出血性炎症。

（四）实验室诊断

1. 病原学诊断

（1）显微镜检查。采集流产胎衣、绒毛膜水肿液、肝、脾、淋巴结、胎儿胃内容物等组织，制成抹片，用柯兹罗夫斯基染色法染色，镜检，布鲁氏菌为红色球杆状小杆菌，而其他菌为蓝色。

（2）分离培养。新鲜病料可用胰蛋白胨琼脂面或血液琼脂斜面、肝汤琼脂斜面、3% 甘油 0.5% 葡萄糖肝汤琼脂斜面等培养基培养；若为陈旧病料或污病料，可用选择性培养基培养。培养时，一份在普通条件下，另一份放于含有 5%～10% 二氧化碳的环境中，37℃培养 7～10 天。然后进行菌落特征检查和单价特异性抗血清凝集试验。为使防治措施有更好的针对性，还需做种型鉴定。如病料被污染或含菌极少时，可将病料用生理盐水稀释 5～10 倍，健康豚鼠腹腔内注射 0.1～0.3 毫升/只。如果病料腐败时，可接种于豚鼠的股内侧皮下。接种后 4～8 周，将豚鼠扑杀，从肝、脾分离培养布鲁氏菌。

2. 血清学诊断

虎红平板凝集试验、全乳环状试验、试管凝集试验、补体结合试验等。

（五）结果判定

县级以上动物防疫监督机构负责布鲁氏菌病诊断结果的判定。

符合该病的流行特点、临床症状和病理变化时，判定为疑似疫情。

符合该病的流行特点、临床症状和病理变化，且显微镜检查或细菌分离培养阳性时，判定为患病动物。

未免疫动物的结果判定如下：虎红平板凝集试验或全乳环状试验阳性时，判定为疑似患病动物。分离培养或试管凝集试验或补体结合试验阳性时，判定为患病动物。符合虎红平板凝集试验或全乳环状试验阳性，但试管凝集试验或补体结合试验阴性时，30 天后应重新采样检测，虎红平板凝集试验或试管凝集试验或补体结合试验阳性的判定为患病动物。

二、畜间疫情报告和处置

（一）疫情报告

规模养殖场（户）制定布鲁氏菌病疫情报告和应急处置预案，当发生疑似病例时，根据规定向所在地农业农村主管部门或动物疫病预防控制机构报告。散养户发现流产等疑似病例时，及时报告村级防疫员或乡镇动物防疫人员，由其向当地动物疫病预防控制机构报告，或直接报告当地动物疫病预防控制机构。

（二）疫情处置

接到报告后，相关机构应及时派专业技术人员到现场进行诊断和流行病学调查。确认畜间布鲁氏菌病疫情的，按《布鲁氏菌病防治技术规范》要求严格处置，扑杀患病动物。开展流行病学调查，隔离饲养同群畜和有流行病学关联的畜群，加强临床排查，必要时开展应急监测。连续 2 次间隔 30 天检测为阴性的，解除隔离。

（三）隔离阳性动物

在养殖场生产区域下风口用 2 道栅栏或实体围墙隔离，设置阳性动物隔离区，与健康牛羊舍保持至少 5 米距离。隔离区内工作人员、车辆、用具等要相对固定，进出口设置专门消毒设施，对进出的人员和车辆等进行严格消毒。奶畜隔离区配备专门的挤奶设备和全密封巴氏高温杀菌设备，分区挤奶并对阳性动物产的鲜奶进行巴氏高温杀菌。

（四）无害化处理

按照病死及病害动物无害化处理相关技术规范要求，或按照地方兽医管理部门规定，对病死、扑杀牛羊进行无害化处理，对日常检疫中发现的患病牛羊及其流产胎儿、胎衣、排泄物、乳、乳制品等进行严格彻底的无害化处理，对患病动物污染的场所、用具、物品严格进行消毒。由无害化处理公司统一处理的，一律收集后交由其进行处理；无统一处理条件的，设立专门的无害化处理池。污染的饲料、垫料和阳性动物粪便等，可采取深埋发酵或焚烧的方式无害化处理。

（五）实行彻底消毒

对阳性动物污染的牛羊舍、运动场、挤奶厅、运输设备、用具、物品等，要每天至少 2 次严格消毒，持续 2 周以上。阳性动物隔离区每天至少全面彻底消毒 2 次，直到隔离的阳性动物全部处置完毕为止。牛羊产后要对产房进行全面彻底消毒，对流产物污染的地方进行严格彻底消毒。

三、防控技术

（一）加强饲养卫生管理

1. 坚持自繁自养和引种检疫

养殖场（户）应坚持自繁自养，如需引种，事先做好引进动物的疫病检测或查验检测报告，防止购入病畜和隐性感染畜。运输车辆消毒后方可进场，预留隔离舍。隔离饲养引入动物，确定无疫病后，方可混群饲养。必要时按规定程序进行免疫接种。

2. 加强日常管理

畜群分群管理，定时、定量饲喂，保持日粮的相对稳定，保证足够新鲜、清洁、适温的饮水。做好冬季防寒、夏季防暑工作，注意圈舍通风。做好环境卫生工作，及时清粪，保持圈舍、运动场清洁卫生。实施雨污分离，保证排水顺畅。设置单独产房，加强产后消毒工作。放牧时，做到不与其他畜群混合放牧。

3. 加强日常临床巡查

观察畜群采食、饮水、精神状态，发现母畜流产、不孕、乳腺炎，公畜睾丸肿大、关节炎等临床异常情况，要及时报告送检，做进一步诊断。

4. 做好各项档案记录和标识管理

详细记录和保存养殖、免疫、检测、诊疗、消毒、无害化处理、生物安全管理等记录，做到及时归档、分类保存。规范使用耳标等各类个体标识，详细记录个体生产信息，对养殖家畜实施可追溯管理。

（二）规范免疫措施

1. 基本要求

按照国家和当地布鲁氏菌病免疫政策要求做好布鲁氏菌病免疫工作，免疫县非免疫场和非免疫县免疫场应按相关规定及时报备。科学选择疫苗，规模场实行程序免疫，散养户实行春秋两季集中免疫。确保畜群应免尽免，强化免疫人员个人防护，做好免疫记录和档案。对实施布鲁氏菌病免疫的场户，应及时开展免疫后抗体监测，确保免疫质量和密度。

2. 推荐免疫程序

（1）羊免疫程序。布鲁氏菌活疫苗（S2株）：推荐皮下或肌内注射免疫，口服（灌服）免疫也可，不推荐饮水免疫。口服（灌服）免疫可用于孕畜（包括牛），注射免疫不能用于孕畜（包括牛），小尾寒羊、湖羊等四季配种产羔的羊种慎用。每年对3～4月龄健康羔羊实施免疫，以后每年可视免疫效果加强免疫一次。对于调入调出羊只频繁的育肥场（户）、阳性率较高的自繁自养场（户）剔除阳性家畜后，可每年春季或秋季对所有存栏羊只实施整群免疫。

布鲁氏菌基因缺失活疫苗（M5-Δ26株）或布鲁氏菌活疫苗（M5株）：用于3月龄以上的羊免疫，母羊可在配种前2～3月期间接种，腿部或颈部皮下注射。以后每年接种一次。不可用于孕畜。

（2）牛免疫程序。布鲁氏菌基因缺失活疫苗（A19-ΔVirB12株）或布鲁氏菌活疫苗（A19株）：3～8月龄牛免疫，皮下注射，必要时可在12～13月龄（即第1次配种前一个月）再低剂量接种1次；以后可根据牛群布鲁氏菌病流行情况决定是否再进行接种。不可用于孕畜。

（3）其他动物免疫程序。骆驼和牦牛参照牛的免疫程序执行。

3. 免疫接种

（1）免疫时间。免疫应尽可能避开高温季节、湿热天气、刮风和怀孕、分娩高峰期。

（2）人员要求。免疫人员应掌握布鲁氏菌病危害及防控、应急处置等相关专业知识，并能熟练操作。所有在场人员，包括保定人员、免疫操作人员、畜主、饲养员等均应站在上风向或动物侧面，做好个人防护。

（3）动物要求。动物免疫接种前、后3日内禁止使用抗生素。用保定绳、保定栏或分羊栏保定动物，使其头部和身体不能移动。

（4）免疫器械及消毒。口服免疫时使用已经消毒的布鲁氏菌病疫苗专用全封闭式投药器或连续投药枪进行免疫；注射免疫应使用一次性注射器或连续注射器，可选择腿部内侧或颈部两侧进行皮下注射。

（5）免疫前后消毒。免疫前应对场地进行全面压尘消毒；免疫结束后对场地、设施设备、人员、防护用品及疫苗瓶等进行及时消毒和无害化处理。

（6）疫苗保存和使用。疫苗全程冷链运输低温保存。严格按照疫苗说明书要求配制、稀释和使用。疫苗开启后，限当日使用，确保疫苗效力。

4. 应急处置

（1）应激反应的处置。免疫后如动物出现体温升高、饮食欲减退等应激反应，一般无需处理，在3日内可自行恢复正常；严重者可注射肾上腺素、地塞米松等药物，并采取辅助治疗措施。

（2）疫苗泄漏的处置。免疫过程中，如有划伤、疫苗喷出或泄漏，及时对人员进行消毒，轻微伤口立即自行冲洗，并及时就医。对环境、器械等进行彻底消毒。

（三）畜间布鲁氏菌病监测

1. 动物疫病预防控制机构监测

动物疫病预防控制机构按照《国家动物疫病监测与流行病学调查计划》要求，规范开展家畜布鲁氏菌病监测。对于免疫群，需要记录背景信息（包括动物种类、年龄、免疫时间、免疫途径、疫苗名称、疫苗厂家、调运情况等），牛免疫A19株疫苗12个月后、羊免疫S2株疫苗6个月后，可按监测要求进行疫病监测。对非免疫群，对大于2岁的所有牛群和大于6月龄的所有羊群，可按监测要求进行疫病监测。

2. 养殖场（户）监测

养殖场（户）要严格落实动物防疫主体责任，做好日常巡查，积极配合当地动物疫病预防控制机构做好布鲁氏菌病监测工作。有条件的场户，可自行或委托兽医社会化服务组织对本场开展布鲁氏菌病监测。

（四）开展布鲁氏菌病净化和无疫建设

1. 开展布鲁氏菌病场群净化和无疫建设

牛羊养殖场依据《动物疫病净化场评估技术规范》《无布鲁氏菌病小区标准》等技术指导文件，在各级动物疫病预防控制机构和相关机构的指导和帮助下，针对本场布鲁氏菌病本底调查情况，并考虑自身条件和本场实际，"一场一册"制定相应净化或无疫小区建设方案。建立完善的防疫和生产管理等制度，优化生产结构和建筑设计布局，构建可靠的生物安全防护体系。采取严格的生物安全措施，加强人流、物流管控，实行"自繁自养"生产模式，降低疫病水平传播风险。强化对引入种用动物和本场留种动物监测，降低疫病垂直传播风险。持续开展病原学监测和感染抗体监测，通过淘汰带菌动物、分群饲养等方法建立健康动物群，以布鲁氏菌病阴性的生产核心群为基础，逐步扩大健康群，最终实现全场净化和无疫。

2. 开展布鲁氏菌病区域净化和无疫建设

有条件的地区，可集中连片推进布鲁氏菌病场群净化或无疫小区建设，以点带面，积极推广疫病监测、风险评估、分级防控、调运监管、生物安全管理等布鲁氏菌病区域净化技术，在区域内开展本底调查和风险评估，制定实施监测净化或无疫建设方案，建立区域生物安全综合防控体系，强化家畜流动监管措施，统筹规模场和散养户，统筹畜间防控和人间防控，推进区域内养殖、运输、屠宰全链条防控，全方位强化区域内布鲁氏菌病系统治理水平，实现区域布鲁氏菌病净化和无疫。

（五）及时清理和消毒

1. 环境清理

保持场区内雨水沟通畅，无淤积物堵塞，及时清理粪污等异物。圈舍内定期更换垫料，及时更换饮水，清理剩草料和粪便。清理青贮窖周围积水，保持青贮窖排水沟通畅。粪污存放地点应防雨、防渗漏、防溢流，保持粪堆规整，易于覆膜发酵，周边无散落粪便。生活区内垃圾定点存放，并集中处理。开展预防性灭蚊蝇、灭鼠工作。不散养犬猫等其他动物。

2. 环境消毒

圈舍用1∶400氯制剂喷雾消毒或无家畜时用2%～3%的火碱消毒，日常每周2次，疫情发生时每天2次。场区、运动场、主干道及粪场用3%火碱喷洒消毒，每周2次。产房每次使用后立即用2%～3%火碱或1∶400氯制剂进行消毒，生产用具用1∶400氯制剂浸泡或喷洒消毒。饲槽水槽用1∶400氯制剂清洗消毒，每周2次。隔离舍、装卸台、磅秤及周转区周围环境，在每次畜群流动前后，用2%～3%的火碱或1∶400氯制剂消毒1次。进场车辆用1∶400氯制剂喷雾消毒。更衣室用1∶800氯制剂每天消毒1次，下班后用紫外线灯进行消毒。奶畜场挤奶厅每天消毒1次。

（六）严格报检和检疫

1. 落实动物检疫申报制度

（1）出售牛羊等易感动物及其产品。出售或者运输牛羊等易感动物及其产品的，货主或养殖者应当提前3天向所在地动物卫生监督机构申报检疫。

（2）屠宰牛羊等易感动物。屠宰牛羊等易感动物的，应当提前6小时向所在地动物卫生监督机构申报检疫；急宰的可以随时申报。

（3）向无疫区输入牛羊等易感动物及其产品。向牛羊无规定动物疫病区输入牛羊等易感动物及其产品，货主除按上述要求向输出地动物卫生监督机构申报检疫外，还应当在启运3天前向输入地动物卫生监督机构申报检疫。输入易感动物的，向输入地隔离场所在地动物卫生监督机构申报；输入易感动物产品的，在输入地省级动物卫生监督机构指定的地点申报。

（4）落地报告。购入活畜要进行落地报告，告知当地动物卫生监督机构。购入种用、乳用动物在当地隔离场或者饲养场内隔离饲养30天，经布鲁氏菌病复检结果为阴性的方可合群饲养。购入其他布鲁氏菌病易感动物的，确保无布鲁氏菌病感染后方可合群饲养。

2. 严格实施动物检疫工作

动物卫生监督机构接到检疫申报后，应当及时对申报材料进行审查。申报材料齐全的，予以受理。受理申报后，动物卫生监督机构应当指派官方兽医实施检疫，可以安排协检人员协助官方兽医到现场或指定地点核实信息，开展临床健康检查。官方兽医严格按照《动物检疫管理办法》做好相应的产地检疫、屠宰检疫、进入牛羊无规定动物疫病区的动物检疫等工作，经检疫符合规定的，出具动物检疫证明。

（七）加强生物安全管理

1. 配备生物安全硬件设施设备

养殖者要树立生物安全防护意识，规模场区入口应设置车辆消毒池、覆盖全车的消毒设施以及人员消毒设施。场区内的区域按生物安全风险等级实施分区管理，办公区、生活区、生产区、粪污处理区、病死动物无害化（暂存）处理区应严格分开。生产区距离其他功能区50米以上或通过物理屏障有效隔离，生产区入口应设置人员消毒、淋浴、更衣设施。不同生物安全风险等级的区域之间应设立跨区通道，并配备相应的清洗消毒等生物安全防护设施设备。散养户周围应建有围墙、网围栏等物理屏障，并实行人畜分离。

2. 健全生物安全管理体系和制度

按照防疫要求对畜群开展健康状况分析、疫病监测、废弃物处理及风险评估，严格执行各项生物安全措施。加强车辆、人员、饲料、饲草、兽药和其他投入品入场管理，制定科学合理的卫生防疫制度和布鲁氏菌病防控应急预案，规模养殖场（户）应设立配套兽医室，配备与生产规模相适应的动物防疫技术人员，中小养殖场（户）可委托兽医社会化服务组织、乡村兽医等提供技术服务。

（八）做好人员防护

工作中应注意个人卫生，勤洗手消毒，禁止吸烟、吃零食，合理佩戴防护用品。工作完成后，先用消毒水洗手，再用肥皂和清水冲洗。工作场地应及时清扫消毒。皮肤、手臂如有刮伤、破损，要及时冲洗消毒、包扎。入职前要体检，必要时留存本底血清，上岗前开展职业防护教育。每年要定期进行健康检查，发现患有布鲁氏菌病的人员应调离岗位，及时治疗。

1. 饲养饲喂人员

进入圈舍须佩戴口罩、穿戴工作服、胶鞋、手套等防护用品，防止吸入含菌灰尘，避免直接接触病畜及其排泄物、分泌物。进行消毒的工作人员必须做好个人防护，佩戴齐全护目镜、口罩、手套等防护用品。

2. 产房工作人员

处理难产、流产和病畜的排泄物、分泌物、胎盘、死胎及接生过程，须穿防护服、戴手套和护目镜，禁止赤手接产及直接接触流产胎儿等。工作结束后应及时洗手、洗脸，工作场地要及时清扫、消毒，对使用的防护装备也要进行消毒。

3. 配种、剪毛、挤奶等人员

工作时必须穿工作服和工作鞋，戴好乳胶手套、口罩、帽子，工作结束后必须洗手，注意个人卫生。工作场所如有定向气流，人应该选择在上风向工作。

4. 从事实验室检测人员

按照相应生物安全级别的实验室防护要求，人员佩戴防护用品，执行各项消毒规定。

5. 动物疫病防治人员

在开展免疫、采样、保定、扑杀、无害化处理等工作时应佩戴口罩、乳胶手套（长臂乳胶手套）、防护帽、护目镜、防护服、防水长筒胶靴等人员防护用品。工作结束后对全身进行消毒，对一次性防护用品进行无害化处理，重复使用的防护用品做彻底消毒处理。

（九）强化宣传教育

1. 加强健康教育

加强对职业人群的健康教育。对养殖场（户）相关人员，挤奶、接产、诊疗人员，屠宰和畜产品加工人员，实验室诊断检测人员等高危职业人员进行防控知识宣传，养殖场（户）落实防疫主体责任，相关从业者严格执行个人防护制度，采取防护措施，避免人员感染。

2. 加强宣传培训

（1）加强防治技术培训。加强布鲁氏菌病防疫人员技术培训，基层防疫人员应熟练掌握采血、免疫、消毒、检测、个人防护等防治技术要点，指导养殖场（户）做好各项防控工作。

（2）推广健康养殖行为。倡导人畜分居，不要在居室内饲养家畜，不用人用碗盆喂养家畜，不和牛犊和羊羔玩耍。开展人居环境整治，提升散养户院落整洁度，推行畜禽粪便、病死动物集中存放集中处理，引导开展规范化、标准化家庭养殖，减少环境污染和疫病传播风险。

（3）培养健康习惯。培养健康饮食习惯和良好个人卫生习惯，不吃不清洁的食物，饭前洗手，不喝生水。家庭用的菜刀、菜案，要生熟分开；切生肉的刀、案，要用热水消毒，避免污染其他餐具。倡导不食用病死家畜肉、不喝未经加热煮沸的生鲜乳、不吃生肉等健康饮食习惯，不购买、出售、食用现挤的牛羊奶。

（十）人间布鲁氏菌病监测

1. 病例监测

（1）从业人员自我监测。从业人员如有持续数日的发热（包括低热）、乏力、多汗、关节和肌肉疼痛等表现，应怀疑是否得布鲁氏菌病，及时就医，并告知医生有病畜或者疑似病畜接触史。若确诊为布鲁氏菌病，应按医嘱规范、足疗程服药，按时复查，在医生判断治愈后方可停药、避免慢性化危害。确诊布鲁氏菌病后，应提醒有病畜或疑似病畜接触史的家人、亲友和同事，如有上述布鲁氏菌病可疑症状及时就诊；配合疾控机构完成个案流行病学调查。

（2）医疗卫生机构诊断与报告。各级各类医疗卫生机构、疾病预防控制机构按照我国《布鲁氏菌病诊断标准》对病例进行诊断，发现病例（包括疑似病例、临床病例和实验室确诊病例）后，应当于24小时内进行网络直报。

（3）疾控机构开展个案流调。县（区）级疾病预防控制机构，在接到辖区内的病例报告后，要在24小时内完成报告卡审核，对临床诊断病例和确诊病例进行个案流行病学调查，按照我国人间布鲁氏菌病监测方案要求填写《布鲁氏菌病病例个案调查表》，主要调查感染来源，发现暴发线索，尤其食源性暴发，及时调查处置。

（4）突发公共卫生事件信息报告。饲养场、家畜集散市场、屠宰加工厂等单位和各级各类医疗卫生机构发现人间布鲁氏菌病暴发疫情或其他突发公共卫生事件信息时，应按规定及时向当地县（区）级疾病预防控制机构报告。

2. 监测点强化监测

疾病预防控制机构按照《全国布鲁氏菌病监测工作方案》要求，在监测点强化人间布鲁氏菌病监测，并开展重点职业人群血清学监测、病原学监测和畜间疫情收集工作。

第五节　弓形虫病

弓形虫病又称为弓浆虫病或弓形体病，是由刚地弓形虫感染人和动物引起的疾病，为世界性分布的人畜共患寄生虫病，我国将其列为三类动物疫病。弓形虫可广泛寄生在人和动物的有核细胞内，随血液流动到达身体各部位，破坏大脑、心脏、眼底，致使人和动物的免疫力下降，增加患各种疾病的风险。人多呈隐性感染，临床表现复杂，缺乏特征性的临床症状，易造成误诊。弓形虫常可导致宿主的免疫功能低下、中枢神经系统损害和全身性感染等严重后果。

一、诊断方法

（一）病原及流行特点

弓形虫属于原生动物门、孢子虫纲、真球虫目的专性细胞内寄生原虫，因其滋养体呈弓形而得名。弓形虫在自然界分布广泛，可感染包括人在内的几乎所有的温血动物，猫科动物是终末宿主，人和其他哺乳动物以及家禽均可为弓形虫的中间宿主。

弓形虫有着十分复杂的生活史，在发育过程中需要转换宿主，完整的发育过程有5种主要形态：速殖子（假包囊）、缓殖子（包囊）、裂殖子、配子体和卵囊。

猫科动物是其终末宿主，其他哺乳动物及人类，或禽类等为中间宿主。终末宿主因吞食弓形虫包囊、假包囊或感染性卵囊而感染，在体内可进行完整的5个期发育，最后形成的卵囊成熟后进入肠腔随粪便排出体外，在适宜的外界环境中发育为感染性卵囊。中间宿主吞食了被弓形虫感染性卵囊、包囊或假包囊污染的饲料或饮水后而感染，子孢子、缓殖子或速殖子随淋巴和血液循环分布到肠外的各种组织器官。

弓形虫病呈世界性分布，其宿主十分广泛，可感染几乎所有哺乳动物和鸟类，如可感染猪、黄牛、水牛、马、山羊、绵羊、鹿、兔、猫、犬、鼠、鸡等多种动物。尤其是猫和猪的感染率较高，人也属于易感动物。

动物弓形虫病的传播途径分为先天性传播和获得性传播。先天性传播：怀孕期感染，母体通过胎盘屏障传播给胎儿。获得性传播：①食入被弓形虫卵囊污染的饲草，或饮用被污染的水；②食肉动物捕食含弓形虫包囊的动物或者未煮熟的肉。

人类对弓形虫普遍易感，通常无明显的年龄、性别和种族等方面的易感差异，一般孕妇、幼儿、老人的感染率较高。有随接触机会增多而感染率上升的危险，接触动物较多的人群如动物饲养员、屠宰场工作人员以及医务人员感染率较高。此外，严重疾病患者或免疫功能下降者，如恶性肿瘤、淋巴肉芽肿、长期服用免疫抑制剂以及免疫缺陷如艾滋病等患者多易发生弓形虫病。

（二）临床症状

1. 猪弓形虫病

猪弓形虫病是一种感染率极高的病症，疫情一旦暴发很快就会使整个猪场的猪全部感染。猪弓形虫病潜伏期为3～7天。主要临床症状如下。

（1）急性期。发病初期，病猪体温明显升高，达到40～42℃，呈稽留热，最高可达 42.9℃，体温稽留可达 3～10 天或更久；精神不振，经常嗜睡，食欲不振，鼻镜干燥；尿液呈橘黄色；通常排出暗红色或煤焦油色粪便，稀便多见于乳猪或断奶仔猪。严重时呼吸急促，往往呈犬坐姿势或者腹式呼吸，且吸气深而呼气浅短，有时伴有呕吐和咳嗽现象；眼内存在浆液性或者脓性分泌物，鼻孔流清鼻涕；发病经过几天，开始表现出神经症状，后躯麻痹。随着病程的推进，鼻端、耳翼、腹下部及四肢下部等皮肤有紫红色斑，有时耳尖会发生干性坏死。病猪最终往往由于呼吸困难和体温快速降低而发生死亡。妊娠母猪容易出现流产和产出死胎。

（2）亚急性期。病猪体温升高，食欲减少，精神委顿，呼吸困难等症状仍然存在。发病后 10～14 天发病猪体内形成抗体，此时弓形虫在组织器官内的发育受到抑制，病情逐渐恢复。虫体可在肌肉、脑和眼等抗体含量少的组织内长期存活并部分形成包囊。如脑包囊可使病猪发生癫痫样痉挛、后躯麻痹、运动障碍和斜颈等神经症状，以及引起脉络膜视网膜炎，甚至导致失明。

（3）慢性期。病猪外表看不到症状，但是生长发育缓慢，有些病猪变成僵猪；有些病猪食欲不振，精神欠佳，间歇性下痢，有些病猪还会出现后躯麻痹。

2. 犬猫弓形虫病

犬猫弓形虫病广泛流行于世界范围。在我国分布广泛，几乎全国各地区都有报道，但是地域差异性非常明显，猫的感染率在东部沿海地区较低（约 11%），内陆地区较高（约 25%）；犬感染弓形虫只有零星的报道，感染率大约为 10%；随着年龄增长，感染率也在增高。弓形虫病在流浪猫中的感染率很高。近年来因为家养猫注意饲养卫生和不喂食生肉，感染率逐年下降。

犬猫弓形虫病多数是隐性感染或无症状感染，急性阶段可见如下临床症状。

（1）犬。类似于犬瘟热，如体温升高，精神沉郁，咳嗽和呼吸音增强；严重患犬出现呕吐，出血性腹泻，眼鼻有脓性分泌物，少数呈运动失调或后肢麻痹现象，怀孕母犬所产仔犬常见排稀便，呼吸困难和运动失调，但多见流产或分娩死亡，患犬大腿内侧、腹部等处可见瘀斑。

（2）猫（中间宿主）。急性发病表现肺炎症状如发热、厌食、咳嗽和呼吸迫促，也有运动失调和流产现象。

（3）猫（终末宿主）。主要表现为轻度肠炎。

（三）实验室检测

1. 病原学检查

将可疑病畜或死亡动物的组织或体液，做涂片、压片或切片，甲醇固定后，做瑞氏染色或吉姆萨染色镜检可找到弓形虫滋养体或包囊。还可采用动物接种的检测方法，即采集病猪的组织研磨后接种小鼠，待小鼠发病后抽取小鼠腹水做涂片镜检。

2. 核酸检测

设计特异性引物进行 PCR 检测。

3. 血清学诊断

间接免疫荧光试验、间接血凝试验、酶联免疫吸附试验（ELISA）和补体结合试验检测特异性 IgM、IgG、IgA 抗体或血清循环抗原。

（四）诊断要点

1. 猪弓形虫病的诊断要点

（1）临床检查。根据稽留高热，应用青霉素、链霉素等抗生素治疗无效，剖检以肺气肿、肺水肿及淋巴结髓样肿胀为主要病变，可在肝脏表面发现坏死斑点，通常呈现针尖状或绿豆状，颜色为米黄色。此外，脾脏位置还有出血现象。

（2）触片检查。将病死猪的心、肺、肝、淋巴结等组织各取下一部分制作涂片，自然干燥后甲醇固定，进行吉姆萨染色，镜检。也可取病猪的体液、脑脊液等制作涂片，染色后进行观察。还可将病猪的淋巴结取下，磨碎后用生理盐水过滤、离心、取沉渣涂片，染色后观察，可在显微镜下观察到弓形或半月形的滋养体。

（3）动物接种。采集病猪的淋巴结、肺、肝、脑等组织充分研磨，加入 10 倍体积的生理盐水制成悬液，加入双抗，混匀后取悬液腹腔感染小鼠，接种后 7～15 天取小鼠腹腔液涂片、镜检。可在显微镜下观察到弓形或半月形的滋养体。

（4）血液或组织样品。弓形虫核酸检测或循环抗原检测阳性。

2. 其他家畜和野生动物弓形虫病的诊断要点

（1）病原学诊断。将感染胎盘或胎儿的组织接种小鼠、鸡胚或进行体外细胞培养，寻找虫体；或用感染组织的切片以荧光抗体染色检出虫体。

（2）免疫学诊断。ELISA 检测、间接血凝试验（IHA）检测、补体结合试验或染色试验，可作为群体诊断。

（3）分子生物学诊断。应用 PCR 技术扩增弓形虫特异性靶基因序列，巢式 PCR、实时荧光定量 PCR 等技术均可检测该病。

二、防控技术

（一）动物弓形虫病的治疗

当确定动物感染弓形虫后，应对其进行隔离治疗。对于有重要价值的猪，如遗传资源保种的猪或宠物猪的弓形虫病，可选用如下方法：第一种是磺胺间甲氧嘧啶 80 毫克/千克和黄芪多糖 5 毫克/千克用量添加到病猪饲料，搅拌均匀后投喂给病猪，每天投喂1次，连续投喂4日就可以看到治疗效果。第二种是磺胺林+甲氧苄啶，畜禽按磺胺林30毫克/千克、甲氧苄啶10毫克/千克用药，口服，每日1次，连服3日以上。第三种是磺胺嘧啶+乙胺嘧啶，动物每次按磺胺嘧啶70毫克/千克、乙胺嘧啶每次6毫克/千克用药，口服，每日2次，连用3日以上。其他动物弓形虫病也主要以磺胺类药物治疗为主，乙胺嘧啶和磺胺嘧啶联合用药是目前应用最多的治疗方案。食用动物的弓形虫病不建议治疗，应做无害化处理。

（二）疑似病例处理

养殖户发现疑似弓形虫病畜后，应立即隔离疑似动物并进行血清学检测，发现阳性个体后应立即上报当地兽医主管部门，配合兽医主管部门处理疫情。可视动物病情严重程度及经济价值进行药物治疗或淘汰处理，治疗可选择应用磺胺嘧啶和乙胺嘧啶，使用复方磺胺嘧啶钠注射液，应用剂量为20~30毫克/千克，肌内注射，每日1~2次，连用2~3日，但长期或大剂量使用易引起结晶尿，应同时使用碳酸氢钠，并给病畜大量饮水；4-磺胺-6-甲氧嘧啶钠，内服一次量每千克体重家畜首次量50~100毫克，维持量25~50毫克，每日1~2次，连用3~5日。磺胺间甲氧嘧啶钠，内服一次量家畜50~100毫克/千克，维持量减半。

当地兽医主管部门接到疫情报告后，应及时到达疫点，调查发病情况、临床症状，对其进行剖检，观察病理变化；采集病料送实验室检查，确诊为弓形虫病后，立即向当地有关部门上报并进行疫情处理。采取主要措施如下。

（1）对病死动物进行深埋处理，病畜进行隔离治疗，要严格处理好流产胎儿和病猪的排泄物，及时清除圈舍内的粪便，对养殖场进行彻底打扫消毒，包括场地、用具等，确保圈舍清洁卫生。

（2）对病畜选用磺胺类药物进行治疗。

（3）对未发病动物用磺胺间甲氧嘧啶原粉拌料，以后定期给予预防。

（4）开展流行病学调查，追溯病源，并加强防治。

（三）消毒

猫排出的未成熟的卵囊在通风、温暖、潮湿的环境下发育为感染性的孢子化卵囊，其囊壁致密性的结构对低温、干燥等环境的抵抗力较强，但是卵囊壁由富含半胱氨酸和酪氨酸的蛋白质组成，通过高温加热、蒸煮或物理方法等使蛋白质变性可以有效破坏卵囊。如使用1%的来苏儿或3%的烧碱溶液可有效杀灭环境中的弓形虫卵囊，也可以使用火焰等进行杀灭。被弓形虫卵囊污染的饲料、饮水等，可进行高温处理（加热至70℃以上），以有效杀灭卵囊。

弓形虫速殖子可存在于宿主的乳汁、唾液、尿液等分泌物中，其中乳源的污染一直被认为是弓形虫速殖子感染的主要途径。弓形虫速殖子对各种理化因素的抵抗力差,通常胃酸及胃蛋白酶可有效杀灭,除大量摄入,经口感染的概率不高。对于乳制品而言,巴氏灭菌或煮沸可有效杀灭弓形虫速殖子。此外,弓形虫速殖子对干燥敏感,日光直射、紫外线照射等均能很快杀灭速殖子。

患弓形虫病的动物流产下的死胎及胎盘、污水、垫料等需要进行无害化处理,不得直接抛弃或饲喂其他动物。常用碘附及苯扎溴铵进行阴道灌洗消毒。受污染的分娩圈舍可喷洒3%的烧碱溶液或使用火焰消毒。

(四)预防

(1)坚持自繁自养,减少或杜绝疫病传入的可能性。

(2)加强饲养管理,养殖密度不宜过大,注意环境消毒,每日彻底清理圈舍中的粪便和其他垃圾。在保证适宜温度和湿度的条件下,注意通风换气。

(3)养殖场内严禁养猫,并防止家猫或野猫进入圈舍,严防饲料和饮水接触猫粪。同时做好圈舍的灭鼠、灭蚊蝇工作。

(4)定期进行弓形虫病的血清学检查,及时淘汰或治疗病原阳性病畜。加强对饲养动物体温、食欲及粪便的观察,一旦发现异常,应立即隔离治疗。

(5)引进新动物前需进行隔离检疫,健康动物方可混群饲养。

养宠物的家庭,尽量给宠物喂食商品化宠物粮,自制的新鲜食物须烧煮熟透后再进行饲喂。清理宠物猫粪便、垫料时应戴手套等,做好个人防护工作,清理完成后及时清洗双手。牵遛宠物犬外出时应系好安全绳,避免宠物在外进食。存在开放性伤口的人员应尽量避免与宠物密切接触。

第六节 棘球蚴病

棘球蚴病又名包虫病,是由棘球属绦虫的幼虫即棘球蚴(包虫)引起的一类重要人兽共患寄生虫病。因它对家畜和人的危害严重,被世界动物卫生组织定为必须通报的动物疫病之一,被中国列为二类动物疫病。在中国,最常见的棘球绦虫有3个种:细粒棘球绦虫、多房棘球绦虫、石渠棘球绦虫,相应的幼虫分别为细粒棘球蚴、多房棘球蚴和石渠棘球蚴。

一、诊断方法

(一)流行特点

棘球蚴病流行于中国西部及东北广大农牧区,其中青海、新疆、宁夏、甘肃、四川、内蒙古和西藏7省(自治区)最为严重。棘球绦虫需要两个宿主(即中间宿主和终末宿主)才能完成生活史。对于中间宿主,羊是细粒棘球蚴的最易感动物，牛次之；田鼠是多房棘球蚴常见、易感的动物；高原鼠兔是石渠棘球蚴常见、易感的动物。对于终末宿主，犬、狐狸、狼是细粒棘球绦虫感染常见动物，狐狸和犬是多房棘球绦虫感染常见动物，藏狐是石渠棘球绦虫感染常见动物。

寄生部位：幼虫，即细粒棘球蚴多寄生于肝，其次为肺；多房棘球蚴多寄生于肝脏；石渠棘球蚴多寄生于肺。成虫，即棘球绦虫均寄生于犬科动物的小肠。

在流行区，中间宿主（牛、羊等）与终末宿主（犬、狼、狐狸等）有接触史，终末宿主（犬、狼、狐狸等）吞食过带有棘球蚴包囊的脏器是该病传播流行的主要途径。

（二）临床诊断

细粒棘球蚴寄生于羊肝脏严重时，腹部明显臌大，叩触有浊音，触诊和按压肝区时出现疼痛。寄生于羊肺部时咳嗽，咳后长久卧地不起。

细粒棘球蚴寄生于牛肝脏严重时，营养失调，反刍无力，消瘦，右腹部显著增大，触诊和按压检查时有疼痛感，叩诊有半浊音往往超过季肋。寄生于牛肺部严重时，呼吸困难和有微弱的咳嗽；听诊时在不同部位有局限性的半浊音灶，在病灶处肺泡呼吸音减弱或消失。

（三）病理组织学诊断

1. 剖检

细粒棘球蚴寄生于绵羊和牦牛肝脏时，肝肿大，色暗紫红；寄生于肺时，肺明显肿大，周边有肉样实质性病变。寄生部位有大小不等的灰白色、半透明的包囊组织，其中突出于脏器表面的包囊呈乳白色、平整光滑、不透明。

多房棘球蚴多寄生于田鼠，也可寄生于高原鼠兔；石渠棘球蚴主要寄生于高原鼠兔，也可寄生于田鼠，目前，未发现寄生于家畜或人。多房棘球蚴寄生于青海田鼠和石渠棘球蚴寄生于较大的包囊切开后，囊液略带黄色、透明，包组织与肝、肺交界处可见乳白色包囊壁，无血管结构，囊壁分两层，其中外侧一层为角质层，内侧一层为生发层。抽取囊液，沉淀物在光学显微镜下检测，发现沉淀物中存在两头节。

2. 病理组织学变化

（1）肝细粒棘球蚴病病理变化。显微镜下观察，羊肝细粒棘球蚴包囊外层（即外囊）呈典型的特殊肉芽肿病变，由纤维组织和上皮样细胞构成，结构致密、无血管。内囊呈乳白色、半透明、表面平滑、有光泽的球形包囊；棘球蚴囊壁分两层，外层是不含细胞结构的角质层，内层是生发层（胚层）。在生发层的内面长出很多细小颗粒状的育囊（原头蚴）及雏囊（子囊），故名细粒棘球蚴。角质层由生发层细胞的分泌物形成，板层样结构，富含糖原，PAS（过碘酸希夫）染色反应阳性，即红染，这是棘球蚴病的示病性特征。包囊周围肝细胞受压迫而发生萎缩；肝间质结缔组织大量增生，将肝小叶分割，形成假小叶，小胆管显著增生。肝细胞呈明显的水泡变性，细胞肿胀。有些部位的肝细胞消失，取而代之的是一些均质、淡红染的浆液、纤维素性渗出物，渗出物中可见大量以嗜酸性粒细胞为主的炎性细胞浸润、充血、出血。

（2）肺细粒棘球蚴病病理变化。棘球蚴包囊内充满囊液，有时有原头蚴。包囊的囊壁内侧为均质红染的板层结构，板层结构外侧为普通肉芽组织；有的包囊囊壁由上皮样细胞和成纤维细胞构成，未见均质红染的板层结构（PAS 阴性）。部分肺间质增生、伴随大量淋巴细胞浸润，发生炎症反应；包囊外侧肺泡腔受压迫呈裂隙状；肺泡壁高度增生，小血管充血，有大量淋巴细胞与嗜酸性粒细胞浸润。外囊壁包含肺组织和小气管。

（四）结果判定

（1）绵羊、山羊、牦牛等出现上述临床症状，并有上述流行病学史时可判定为棘球蚴病疑似病例。

（2）在剖检或病理学检查时发现被检样本中有棘球蚴包囊、囊壁（板层结构）、PAS 阳性反应、囊液或/和原头蚴，即可确诊为棘球蚴病病例。

实验室可通过间接红细胞凝集试验、酶联免疫吸附试验、家畜与野生动物棘球蚴感染 PCR 诊断等方法确诊。

二、防控技术

国家卫生健康委员会、农业农村部、国家林业和草原局联合印发的《包虫病防治技术方案（2019 版）》中指出，包虫病防治坚持预防为主、防治结合、因地制宜、分类指导的工作原则，采取"以控制传染源为主、中间宿主防控与病人查治相结合"的综合防治策略。

（一）流行区分类

依据人群患病率和犬感染率，以县为单位，将包虫病流行县分为以下 4 类。

Ⅰ类县：人群患病率≥1%，或犬感染率≥5%；

Ⅱ类县：0.1%≤人群患病率<1%，或 1%≤犬感染率<5%；

Ⅲ类县：0<人群患病率<0.1%，或 0<犬感染率<1%；

Ⅳ类县：曾有本地感染包虫病病例报告，但近 3 年未发现本地感染新病人，且无感染犬存在。

以 2012—2015 年全国包虫病流行病学调查结果为依据（西藏为 2016 年调查结果），将全国 370 个包虫病流行县进行了分类。

（二）传染源控制

1. 犬只管理和驱虫

（1）家犬登记管理。按照各流行县包虫病防治职责分工，责任部门或机构负责为辖区内所有家犬建立驱虫登记卡，并每年更新；定期组织对辖区内所有家犬驱虫。

（2）染疫和疑似染疫无主犬管理。采取多种措施捕杀染疫和疑似染疫的无主犬，控制无主犬数量。以行政村为单位定期对无主犬进行驱虫。

（3）犬驱虫方法。采用吡喹酮对3月龄以上的所有犬进行药物驱虫。体重小于5千克的犬每次给药50毫克；体重5~15千克的犬每次给药200毫克；体重大于15千克的犬每次给药400毫克。将药物包被在犬能够吞食的饵料中，给犬喂食。确认犬吞服后在犬驱虫登记卡上记录。各地可根据当地情况设立驱虫日，以便统一驱虫。

（4）投药频率与间隔。西藏、青海、四川和甘肃4个省份的Ⅰ、Ⅱ和Ⅲ类县，每犬每月定期驱虫1次。其他省份的Ⅰ、Ⅱ类县，每犬每月定期驱虫1次，Ⅲ类县每犬每季度驱虫1次。所有Ⅳ类县每犬每半年驱虫1次。

（5）驱虫后的犬粪处理。驱虫后5天内，收集犬粪进行无害化处理（高温高压、深埋或焚烧），防止棘球绦虫卵污染环境。

（6）禁止犬只跨区域无序转运。严禁未经检疫犬只无序异地转运，防止染疫犬跨区域传播包虫病。

2. 野外犬科动物驱虫

在Ⅰ类县有野外犬科动物（流浪犬、狐狸和狼）粪样较多的野外区域，投放饵料包被的药物（每份含吡喹酮100毫克）。每季度投放1次，每县投放20个区域；每个区域投放10份，间隔500米投放1份。投药时，应当避免投放到啮齿类动物较多的区域；同时，通过适宜方式告知群众和儿童，避免误食。

在投放区域，采集野外犬科动物粪样进行感染检测。

（三）中间宿主控制

1. 家畜屠宰管理

（1）集中屠宰场的管理。各流行县的屠宰场应当制订屠宰家畜内脏包虫病检疫制度；按照农业农村部《病死及病害动物无害化处理技术规范》要求，动检部门对发现的病变脏器实施无害化处理，严禁出售。严禁在屠宰场内养犬，防止犬进入屠宰场。

（2）家庭和个体屠宰的管理。在尚不具备定点屠宰条件的地区，教育群众不用家畜脏器喂犬，并做好病变脏器无害化处理。

要求群众发现病变脏器后，实施冷冻（24小时以上）或者煮沸（切碎至5

厘米以下，煮沸 30 分钟以上）、焚烧、深埋（填土 50 厘米以上）等无害化处理。

2. 家畜免疫

Ⅰ、Ⅱ类县，每年对当年新生存栏羊进行疫苗接种，对免疫羊每年进行一次强制免疫。

3. 鼠类控制

泡型包虫病流行地区，在牧民定居点及外周 1 公里半径内实施灭鼠并恢复草地植被，控制鼠类密度。

（四）畜间包虫病治疗

1. 药物治疗

常用的药物有阿苯达唑和吡喹酮。这些药物可以通过口服的方式给予，能够有效杀死包虫囊内的幼虫，从而减轻病情。

2. 手术治疗

对于严重的包虫病，手术治疗是必要的。手术可以彻底清除包虫囊，防止病情进一步恶化。手术过程中需要注意避免包虫囊破裂，以免幼虫扩散到其他部位。

第七节　钩端螺旋体病

钩端螺旋体病（钩体病），是由致病性钩端螺旋体（简称钩体）引起的人兽共患病，俗称"打谷黄""稻瘟病"。农业农村部将其列为三类动物疫病，国家卫生健康委员会将其列为乙类人间传染病。

一、诊断方法

1. 流行情况

全国除新疆、青海、甘肃、宁夏外，其他省（区、市）均有过钩体病病例报道，并以盛产水稻的中南、西南、华东等地区较为严重。在水稻收割季节和抗洪救灾中，由于接触钩体污染水的人群较多，常常会大规模流行。

钩端螺旋体的宿主非常广泛。家畜如猪、犬、牛、羊、马等，野生动物如鼠、狼、兔、蛇、蛙等均可成为传染源，鼠类和猪是两大主要传染源，我国南方及西南地区以带菌鼠为主，北方和沿海平原以猪为主。

钩端螺旋体在微碱并含有一定腐殖质（如稻田水）和淤泥中可长期生存，是一种经水传播的疫病。动物感染后，病原体可通过肾脏随尿排出，污染水源、土壤、饲料、牛栏、用具等。该病经皮肤、黏膜和消化道传染，也可通过交配、人工授精和在菌血症期间通过吸血昆虫传播。一般呈地方性流行或散发，夏秋季多见，幼畜较成年畜易感而且病情严重。

人在生产劳动或生活中接触受钩体污染水，病原体可通过皮肤（特别是破损皮肤）、黏膜进入到人体，引起人发病。直接接触感染是指人在饲养、屠宰、加工、运输动物等过程中直接接触到动物身上的病原体而感染。偶然情况有母婴垂直传播的报道，但人传人意义不大。

几乎所有的动物都可感染，鼠类最易感，也是最重要的贮存宿主。其次是猪、水牛、牛、鸭，再次是羊、马、骆驼、兔、猫。家禽也可感染。人对钩端螺旋体病普遍易感。非疫区居民进入疫区，尤其易感。

该病是一种自然疫源性传染病。病例相对集中于夏秋收稻时或大雨洪水后，在气温较高地区则终年可见。该病以青壮年农民多见，其他接触钩体污染水机会多的渔民、矿工、屠宰工及饲养员等，也可发病。

2. 临床症状

急性病例的临床特征主要呈现短期发热、贫血、黄疸、血红蛋白尿、黏膜及皮肤的坏死等症状。但大多数动物都是隐性感染，缺乏明显的临床症状。

（1）牛。在我国从牛分离出9个型的钩端螺旋体，以波摩那群为主，黄疸出血群次之，常缺乏典型的症状，仅见消瘦、腹泻。典型病例取急性经过，病初体温高在40.5～41℃。精神沉郁，食欲废绝，鼻镜干燥，甚至皲裂，逐渐消瘦。泌乳量减少或停止泌乳，乳色变黄呈初乳状，并常有血凝块。有的发生流产后2～3天，可视黏膜黄染，同时出现血红蛋白尿。病牛常在口腔黏膜、耳、头、乳房及外生殖器等部位皮肤发生坏死。慢性病例呈间歇热，病牛逐渐消瘦，黄疸及血红蛋白尿时隐时现。

（2）猪。猪的钩端螺旋体病较普遍。我国已从猪体内分离出14个菌型，主要是波摩那群，其次为犬群。大多数无明显的临床症状。急性病例多见于仔猪，呈现短时间发热（39.8～41℃）及结膜炎。精神沉郁，食欲减少，可视黏膜黄染，头部浮肿。皮肤弹性降低，后期出现皮肤坏死，尿淡黄色及至褐色。妊娠后期的母猪常发生流产和死胎。

（3）马。大多为隐性感染，急性病例较少。急性病马的症状与牛相似，主要呈现体温升高，精神沉郁，结膜炎，可视黏膜黄染。尿量少，尿液黏稠，呈黄红色豆油样。妊娠马流产，血红蛋白量减少，白细胞数增加，中性粒细胞增多，细胞核左移。

（4）人。潜伏期为2～20日，一般7～13日。病程可分为三个阶段：早期"重感冒样"症候群，有"三症状"，即畏寒发热、肌肉酸痛、全身乏力；三体征，即眼结膜充血、腓肠肌压痛、淋巴结肿大。中期可分为四型。流感伤寒型，肺大出血型，黄疸出血型，脑膜脑炎型。将出现不同程度的器官损害。如鼻衄、咯血、肺弥漫性出血、皮肤黏膜黄疸或出血点；肾型患者出现蛋白尿、血尿、管型尿等肾功能损害；脑膜脑炎型患者出现剧烈头痛、呕吐、颈强直及脑脊液成分改变。在急性期退热后6个月内（个别可长达9个月）再次出现一些症状或器官损害表现。常见的后发症有后发热、眼后发症、变态反应性脑膜炎等。钩体病人的病变基础是全身毛细血管中毒性损伤，钩体大量侵入内脏如肺、肝、肾、心及中枢神经系统，导致脏器损害，并出现相应脏器的并发症。病情的轻重与钩端螺旋体的菌型、菌量及毒力有关。毒力强的钩体可引起肺出血或黄疸出血等严重表现。

二、防控技术

1. 防治措施

动物可用青霉素，其他如链霉素、庆大霉素等对该病都有较好疗效。此外，新砷凡纳明也有很好疗效。

开展群众性综合性预防措施，灭鼠和预防接种是控制钩体病暴发流行，减少发病的关键。开展灭鼠保粮、灭鼠防病群众运动。结合"两管（水、粪）、五改（水井、厕所、畜圈、炉灶、环境）"工作，尤应提倡圈猪积肥、尿粪管理，从而达到防止污染水源、稻田、池塘、河流的目的。注意饮水卫生，隔离病畜，严防病畜尿液污染饮水和饲料。疫区居民、部队及参加收割、防洪、排涝可能与疫水接触的人员，尽可能提前1个月接种与本地区流行菌型相同的钩体多价菌苗。常发病地区，可接种钩端螺体菌苗。消灭鼠类和野犬。对高危易感者如孕妇、儿童青少年、老年人或实验室工作人员意外接触钩体、疑似感染该病但无明显症状时，可注射青霉素每日80万～120万单位，连续2～3日。

2. 公共卫生与人员防护

该病属于自然疫源性传染病，带菌动物可长期向环境中排菌，当易感动物和人类接触到病原，即可感染，在我国产稻区，一直有病例发生，尤其有洪水自然灾害，常暴发流行。灾区群众预防钩体病主要是灭鼠（如药物灭鼠）、防鼠（如农田改造），管理家畜减少环境污染（如圈养猪），尽量避免接触疫水，如收割稻谷前将田间的水放干、晾晒，必要时进行钩端螺旋体病疫苗预防接种，采取口服药物预防等。与接触疫水机会多的渔民、矿工、屠宰工及饲养员等高危人群和进入钩体病疫区从事现场工作的人员，应避免接触疫水，在进行动物宿主密度、带菌率调查时注意戴防护手套，不要用手直接接触动物及其尸体。必要时，可在进入疫区工作15天前接种钩端螺旋体病疫苗，或口服强力霉素等应急预防钩体病感染。

第八节 沙门氏菌病

沙门氏菌是一种重要的人兽共患病原菌,成为世界公共卫生安全的重点监测对象。畜禽感染沙门氏菌后引起鸡白痢、猪副伤寒、禽伤寒、禽副伤寒等病症,降低动物生产性能、繁殖能力、产蛋率等,甚至引起急性死亡。由此造成的生产成本增加和生产力下降给畜禽养殖业造成严重的经济损失。人感染沙门氏菌后引起发热、腹痛、呕吐,影响人身体健康。耐药性、疫苗缺陷、重视程度不够等问题增加了防制困难。

一、诊断方法

(一)流行特点

沙门氏菌共有约2 600种血清型。国内外常见的血清型依次为肠炎沙门氏菌、鼠伤寒沙门氏菌、德尔卑沙门氏菌,其中危害畜禽生产的血清型主要是猪霍乱沙门氏菌、肠炎沙门氏菌和鸡白痢沙门氏菌等,给畜禽养殖业造成严重的经济损失。

沙门氏菌在形态、培养特性和抵抗力上与大肠杆菌相似,但在生化反应和抗原构造方面却有明显区别。本属细菌不同血清型间也存在抗原和生化特性等方面的差异。沙门氏菌为革兰氏阴性杆菌。菌体长2~3微米,宽0.4~0.9微米,大多数沙门氏菌具有菌毛,能吸附于细胞表面;除雏鸡白痢沙门氏菌和鸡伤寒沙门氏菌外,其余都有鞭毛,能运动,不形成芽孢和荚膜,为需氧和兼性厌氧菌,能在普通培养基快速增殖。具有稳定的菌体抗原和鞭毛抗原,少数还有表面抗原。对干燥、腐败和日光等外界因素的抵抗力较强。在有机物中细菌存活时间较长,对一般消毒药抵抗力不强。

该病各种年龄畜禽均可感染,但幼年畜禽较成年者易感。在猪上,该病常发生于6月龄以下的仔猪,以1~4月龄者发生较多。在牛上,以出生30~40天的犊牛最易感。在羊上,以断乳或断乳不久的羔羊最易感。病畜和带菌者是该病的主要传染源。可由粪便、尿、乳汁以及流产的胎儿、胎衣和羊水排出病菌,污染水源和饲料等,经消化道感染健康畜。病畜与健康畜交配或用病公畜的精液人工授精可发生感染。此外,子宫内感染也有可能。有人认为鼠类可传播该病。人类感染该病,一般是由于与感染的动物及动物性食品的直接或间接接触,人类带菌者也可成为传染源。据观察,健康畜禽的带菌现象(特别是鼠伤寒沙门氏菌)相当普遍。病菌可潜藏于消化道、淋巴组织和胆囊内。当外界不良因素使动物抵抗力降低时,病菌可活化而发生内源感染,病菌连续通过若干易感家畜,毒力增强而扩大传染。

该病每年各季均可发生，但猪在多雨潮湿季节发病较多。成年牛多于夏季放牧时发生，马多发生于春、秋季，育成期羔羊常于夏季和早秋发病，妊娠羊则主要在晚冬、早春季节发生流产。

该病在畜群内发生后，一般呈散发性或地方流行性。饲养管理较好而又无不良因素刺激的猪群，甚少发病，即使发病，亦多呈散发性。反之，则常呈地方流行性。成年牛发病呈散发性，每个牛群仅有 1～2 头发病，第 1 个病例出现后，往往相隔 2～3 周再出现第 2 个病例。但犊牛发病后传播迅速，往往呈流行性。马一般呈散发性，有时呈地方流行性。

禽沙门氏菌病常形成相当复杂的传播循环。病禽、带菌禽是主要的传染源。该病有多种传播途径，较常见的是通过带菌卵传播。被感染的雏鸡若不加治疗，则大部分死亡，耐过该病的鸡长期带菌，成年后也能产卵，卵又带菌。若以此作为种蛋时，则可周而复始地代代相传。

（二）临床症状

猪沙门氏菌病，别名猪副伤寒，多发于 4 月龄以下的仔猪。急性患病猪体温升高至约 42℃，腹泻排黄色水样粪便，湿咳，食欲减退，部分猪迅速死亡，耳根和胸膜下皮肤发紫。此外，非急性病例较常见，病猪体温升高但不明显，眼角有黏性分泌物。病猪初期腹泻持续 3 日以上，中后期皮肤可见弥漫性湿疹，腹部可见浆性覆盖物，底层发生溃疡。病程往往为 2～3 周，死亡率较低，部分猪由于长期腹泻引起的脱水、低钾血症导致极度消瘦而死亡或成为僵猪。

鸡感染沙门氏菌后主要引起鸡白痢、禽伤寒和禽副伤寒 3 种病症。鸡白痢急性死亡多见于雏鸡；稍缓病例主要表现为下白痢、绒毛松乱、成群拥挤，泄殖腔和肛门周围被粪便污染甚至糊住肛门；成年耐过鸡生产性能降低，个别病例出现眼盲、关节肿大，另有部分由于腹膜炎而致腹部下垂。禽伤寒急性病例迅速死亡；稍缓病例表现为鸡不合群、停止采食、卧地不动，鸡冠色泽偏暗，腹泻伴有黄绿色稀粪；慢性病例身体消瘦，大部分康复后成为带菌者。禽副伤寒急性病例因败血症死亡，多见于雏鸡；成年鸡常呈亚急性经过，主要表现为食欲不振、水样下痢、闭目畏冷，个别出现结膜炎、鼻窦炎。

（三）病理变化

猪沙门氏菌病临床上分为急性、亚急性和慢性 3 种类型。猪副伤寒急性型呈败血症经过而死亡，外观表现为皮肤多处出血或淤血；剖检见脾脏肿大硬化，颜色偏蓝；肝脏出现黄白色点状坏死病灶；肠系膜淋巴结肿大。亚急性和慢性病例多发坏死性肠炎，死亡动物尸体消瘦；剖检见回肠和盲肠肠壁增厚，肠黏膜附有糜烂坏死物，黏膜层出现溃疡；脾脏稍有肿大，呈网状组织增殖；肠系膜淋巴结、肝脏病变类似急性病例；肺部常伴有卡他性肺炎病灶。

鸡感染沙门氏菌后引起的鸡白痢、禽伤寒和禽副伤寒分别表现不同的病理变化。鸡白痢病理变化为：雏鸡表现为卵黄变性、脐环愈合不良；肺部有出血性肺炎或灰黄色结节；肝脏肿大，呈紫红色，可见点状黄白色坏死病灶，部分出现关节肿大；育成期鸡发病后肝脏肿大更为明显，易破碎导致腹腔积血，其余病变与雏鸡相似；成年母鸡伴有输卵管炎和腹膜炎；成年公鸡主要表现为睾丸严重萎缩，输精管内腔增大。禽伤寒急性病例常见肝脏、脾脏和肾脏由于充血导致的红肿；亚急性和慢性病例剖检见肝脏肿大，呈青铜色；肝脏、心肌、肺脏和肌胃均存在点状黄白色或灰白色的坏死病灶，胆囊充满胆汁而肿大。禽副伤寒病理变化为：肝脏肿大，呈古铜色，可见条纹状坏死病灶；肺发生坏死，肾脏可见出血，有出血性肠炎。

（四）实验室诊断

通过临床观察仅能作出初步诊断，对其确诊定性仍需通过实验室诊断的方法。目前，实验室诊断的方法主要包括：病原菌分离培养鉴定、酶联免疫吸附法、PCR等方法。实验室诊断对于临床病例的确诊具有重要作用，且具有一定的预后作用，预测病情的流行态势，利于沙门氏菌病的防治。

二、防控技术

（一）预防

严格执行卫生检疫和检验措施工作，切断传播途径，搞好畜禽疫病的净化工作。对患病畜禽首先要采取隔离，对症治疗，病死畜禽要深埋或焚烧。杜绝疫源性和食物源性感染，所有动物性食物必须加热消毒后再喂。经常灭鼠、灭蝇，防止由其污染或传染病害。保持环境卫生，畜禽舍、设备、用具、垫料、笼具、食盆要经常清洗、清扫、更换、消毒。

发病症状明显者或疑似该病症的畜禽，应从速急宰。肉尸有明显病变者，应全尸无害化处理或销毁；无明显病变或病变轻微者，可有效高温处理后出厂，血液和内脏进行无害化处理或销毁。舍内及场址周边严格消毒。

人食用带菌禽肉，可引起食物中毒及沙门氏菌感染，特别是年幼的儿童和体弱多病的老人，应加以防范。

（二）治疗

对沙门氏菌有较好疗效的药物有氨苄西林钠、头孢噻呋、盐酸大观霉素、硫酸安普霉素、土霉素、恩诺沙星等。

单味金银花是良好的替抗剂；蒲公英作为物美价廉的中草药，防治沙门氏菌拥有广阔前景；肉桂醛对沙门氏菌具有较好的抑菌效果；迷迭香精油作为体外良好的抗菌剂，在体内也能有效防治沙门氏菌引起的感染，是一种潜在的防治沙门氏菌病的替抗物。

第九节　牛结核病

牛结核病是由牛型结核分枝杆菌引起的一种慢性消耗性传染病，是《全国畜间人兽共患病防治规划（2022—2030年）》确定须重点防治的畜间人兽共患病之一，农业农村部将其列为二类动物疫病。近年来，由于奶牛饲养量大、调运频繁等原因，我国牛结核病在奶牛群体中仍有一定程度的流行，奶牛结核病防控形势不容乐观。

（一）诊断要点

1. 流行特点

牛结核病的病原为结核分枝杆菌，有牛型、人型以及禽型三种类型，以牛型结核分枝杆菌的致病力最强。奶牛结核病的流行特点是传染源广、传播速度快、疾病治愈率低。奶牛最易感，水牛、黄牛、牦牛、鹿等多种动物也易感，人也有易感性。通过病牛、病畜及病人，经排出的痰液、乳汁、粪尿等污染的饮水、草料、空气及环境等传播，人食用了带有结核分枝杆菌的奶、肉时，易感染。该病无明显的季节性和地域性，若检疫不严格、没有及时消灭阳性牛，则会导致较大面积的交叉感染。

2. 临床症状

自然感染的牛结核病潜伏期一般为16～45天甚至更长达数年，呈慢性经过，以泌乳量减少、逐渐消瘦和干咳为主要临床特征。临床上常见的类型如下。

（1）肺结核。病初无明显临床症状，只有短干咳，渐变为湿咳；随之咳嗽加重，呼吸增数，轻微气喘，肺部听诊有磨擦音；有淡黄色黏液或脓性鼻液；午后、夜间低烧。贫血，但体温一般正常或稍高。病程顽固，经久不愈。

（2）淋巴结核。可见于各型结核病的各个时期，体表淋巴结肿大明显，如咽喉淋巴结核肿大，可引起吞咽、嗳气障碍。

（3）乳房结核。以后方乳腺区的乳房上淋巴结肿大最常见，两乳病区发生局限性或弥漫性硬结，乳房表面有局限性或弥漫性硬结，呈现大小不等、凹凸不平的硬结，无热痛，乳汁变稀，有时混有脓块。

（4）肠结核。肠结核多见于犊牛，以腹痛，下痢和便秘交替发生，后期顽固性下痢，粪便粥样带血或脓汁，腥臭粪便。

（5）神经结核。中枢神经系统受结核分枝杆菌侵害时，在脑和脑膜等处可发现粟粒状或干酪样结核而表现神经症状，多呈癫痫样发作，转圈运动或运动障碍等。

3. 病理变化

病畜的肉尸通常比较消瘦。器官或组织形成结核结节是结核病的特征病变。单个的结核结节其大小如帽针头至粟粒大，呈半透明灰白色圆形，随着病程发展，其中心区多陷于坏死，因而变成混浊的微黄色干燥物。最后发生钙化。结核结节也可能继续增长变大，或几个相互融合成外形和大小不一的结核病变。这种增生型的结核结节多呈局灶性，但有时也表现为灰白色、多汁、半透明、软而韧的绒毛状肉芽组织的弥漫性增生，其间散布着黄色小结节，部分为坚硬的圆形构造，犹如葡萄状肉疣。随后在部分结节或肉疣的组织中也形成干酪样或灰浆状物质，此种现象多见于浆膜，称为"珍珠病"，对诊断有一定的价值。该病变可发生在任何器官和淋巴结，以牛的胸膜、支气管和纵隔淋巴结最为多见，消化器官的淋巴结、腹膜和肝也常发病。

（1）肺结核。常发生于胸腔器官，尤其是肺。肺粟粒性结核具有多数如粟粒大的小结节，呈黄白色，坚硬而透明。后期结节增大，并被覆纤维素性包膜。肺部病灶如与支气管连接，则有脓样内容物随痰液咳出，而病灶处留有空洞。肺结核结节的内容物也可形成黄色干酪样坏死物。

（2）胸、腹膜结核。胸、腹膜的浆膜上常出现特殊的结核性增殖，形成许多灰白色至粉红色且有光泽的坚硬结节，切面有干酪样或石灰样变性。珍珠样小结节常集合成丛，形似葡萄状或疣状团块。

（3）乳房结核。常见于乳房后部，一侧或两侧乳房增大；乳腺内有坚硬结节，含干酪样或钙化内容物。乳房上淋巴结肿大、硬化。

（4）肠结核。多见于小肠和盲肠，形成大小不一的外口狭窄内腔膨大的囊形溃疡，内有黏液脓状物，底部有细小的肉眼可见的小结节。

（5）淋巴结核。淋巴结肿大多汁，内含灰白色、半透明、结节状的结核灶及各种大小的干酪样变性和钙化灶。

4. 实验室诊断

按国家规定，实验室细菌学诊断必须在相应级别的生物安全实验室进行。可通过细菌学免疫学（结核菌素皮试法、酶联免疫吸附试验、体外 γ - 干扰素检测方法、淋巴细胞增生试验等）、分子生物学、噬菌体测定等诊断方法确诊。

（二）防控措施

农业农村部发布的《全国畜间人兽共患病防治规划（2022—2030年）》对牛结核病防治目标是：到2025年，25%以上的规模奶牛养殖场达到净化或无疫标准；到2030年，50%以上的规模奶牛场养殖场（户）达到净化或无疫标准。为此，必须严格落实监测净化、检疫监管、无害化处理等综合防治措施。

1. 监测净化

当前,规模化奶牛场对结核病的监测比较重视,但部分肉牛养殖场(户)却忽视了对该病的监测,或监测的积极性不高,或监测能力不足,尤其是在春、秋季节,可能会导致因阳性牛未被及时检出而出现结核病传播、扩散、伪阳性、假阴性状况的发生,给结核病的有效防控带来隐患。

建立健全并认真实施奶牛的防疫制度。各地动物防疫监督机构要不断强化和加大对牛结核病疫情的监测力度,加强对奶牛场结核病防治工作的指导和监督,及时准确把握当地养殖场、屠宰场、交易市场等场所的牛结核分枝杆菌分布和结核病疫情动态,在科学监测和评估结核病疫情风险的同时,及时发布预警信息,提高应对的时效性。

要逐步建立奶牛个体健康档案和追溯标识。规模化奶牛场要逐步完善奶牛的系谱、产奶等基础信息,饲料及饲料添加剂购买、饲喂信息,消毒信息,免疫和诊疗记录等内容为主的健康档案。对规模化奶牛场的每一头奶牛都要实行"一牛一标"的可追溯标识,发现感染奶牛要及时进行追踪溯源并持续跟踪监测。在此基础上,根据"一场一策"的要求,对规模化奶牛场实行分类指导,分别制定切实可行的净化计划和净化方案,统筹推进对结核病的防治工作。

在非结核病疫区,对结核病监测发现的阳性牛和临床发现的患病牛,发现一头淘汰一头,加速对牛场结核病的净化。

2. 检疫监管

加强对奶牛的产地检疫和屠宰检疫。奶牛跨省调运过程中,必须切实加强产地检疫和流通监管,严格落实《跨省调运乳用种用家畜产地检疫规程》,按标准、按程序检疫并做好检疫记录和检疫结果处理。规范牛的屠宰检疫,对淘汰的奶牛,要严格按照《牛屠宰检疫规程》要求进行屠宰检疫,坚决杜绝已经染上结核病的奶牛和奶牛产品包括牛奶、牛肉、皮张等产品流入百姓市场。

3. 无害化处理

要加大推进奶牛标准化规模养殖的力度,提高饲养管理水平。努力构建以科学选址与规划、规范引种和生产管理、严格防疫、隔离和定期消毒、对病死奶牛和粪污进行无害化处理等为主要内容的、持续有效的生物安全防御体系,促进奶牛养殖业转型升级。结核病阳性奶牛要坚决扑杀,积极培育奶牛结核病阴性群。

第十节 日本血吸虫病

日本血吸虫病是由日本血吸虫寄生于人或哺乳动物引起的一种人兽共患的寄生虫病。农业农村部将其列为二类动物疫病,国家卫生健康委员会将其列为乙类人间传染病。

一、诊断方法

（一）流行情况

我国日本血吸虫病流行区可划分为三个类型，即水网型、湖沼型及山丘型。水网型：地处长江与钱塘江之间，即长江三角洲的广大平原地区。湖沼型：地处长江中下游沿江两岸的洲滩以及与长江相通的广大湖区。山丘型：主要分布在四川、云南两省的山区和丘陵地带。

日本血吸虫病畜和患者的粪便中含有活卵，为该病主要传染源。猪、犬本身为宿主，可成为传染源。哺乳动物对日本血吸虫几乎都易感。牛（水牛、黄牛）和羊最易感，人也易感。该病主要通过皮肤、黏膜与疫水接触遭受感染。感染钉螺逸出尾蚴污染水源，含有尾蚴的水称为疫水，人畜接触疫水而发病。经水传播是血吸虫病的主要传播途径。各种动物与疫水接触的频率及接触的面积不同，因而感染率及感染程度也不同。同种动物的感染率与感染程度在不同地域也不相同。

（二）临床症状

临床症状因感染家畜的品种、年龄和感染强度而异，一般黄牛、奶牛较水牛、马属动物、猪明显，山羊较绵羊明显，犊牛较成年牛明显。临床症状主要表现为消瘦，被毛粗乱，腹泻，便血，生长停滞，役牛耕作力下降，奶牛产奶量下降，母畜不孕或流产，少数患畜特别是重度感染的犊牛和羊，往往长期腹泻、便血，直肠外翻、疼痛，食欲停止，步态摇摆、久卧不起，呼吸缓慢，最后衰竭而死亡。

人感染血吸虫病临床症状可分为急性、慢性和晚期三种。急性血吸虫病的症状，多发生于初次感染者，有的人在接触部位的皮肤出现点状红色丘疹，奇痒。慢性血吸虫病的症状，主要表现为慢性腹泻或下痢。晚期血吸虫病有几种类型，腹水型，腹水是晚期血吸虫病的主要体征之一；巨脾型；侏儒型；结肠增殖型。晚期血吸虫病常见的并发症有上消化道出血和肝昏迷。上消化道大出血和肝衰竭是死亡的主要原因。

二、防控技术

（一）防治措施

实施农业工程灭螺（水改旱、水旱轮作、沟渠硬化、养殖灭螺）和家畜传染源管理（家畜圈养、以机代牛、建沼气池、家畜查治）等农业血防重点项目、保护水源及安全放牧，切断血吸虫病传播途径，预防和控制血吸虫病。

在疫区进行病原学或血清学方法查病，或采用血清学方法筛查，对查出的阳性畜再用病原学方法确诊，查出的病畜采用吡喹酮进行治疗或对所有接触疫水的家畜实施普治。做好病畜治疗记录并整理成册，归档备查。

（二）公共卫生与人员防护

在血防重疫区有螺地带，加强警戒标志，杜绝放牧家畜和人员接触疫水，如果非要接触，必须做好人员防护。

人只要接触疫水就可能感染血吸虫，继而发病。接触疫水的次数越多，感染血吸虫的可能性也就越大。在血吸虫病疫区从事生产劳动的农民、渔民、船民等人群更容易感染。近年来，有从疫区流向非疫区，从非疫区流向疫区，或从一个疫区流向另一个疫区的人群，上述人员出现皮疹、发热、腹痛、腹泻、乏力、肝脏不适等症状时应主动接受检查。少年儿童、家庭妇女要远离疫水。从事生产活动的农民朋友要穿戴防护器具及使用防护药物。要穿高筒胶鞋或防护服，戴手套；凡接触疫水的部位均要涂遍防护药物。目前使用较多的防护药剂主要有：防护油膏、皮避敌、防蚴霜、防蚴笔等。目前口服的药物有吡喹酮、青蒿琥酯或蒿甲醚，可杀死进入体内的血吸虫童虫，预防效果较好。做好粪便处理工作，防止粪便污染水源，杀灭粪便中的血吸虫卵。

第十一节 日本脑炎（流行性乙型脑炎）

猪乙型脑炎（又称流行性乙型脑炎、日本脑炎）是由流行性乙型脑炎病毒引起的一种中枢神经系统的急性、人兽共患的自然疫源性传染病。蚊虫为传播媒介，猪以流产、死胎和睾丸炎为特征。农业农村部将其列为二类动物疫病，国家卫生健康委员会将其列为乙类人间传染病。

一、诊断方法

（一）流行情况

我国是乙脑发病率最高的国家，占世界总发病人数的80%以上。目前为止我国除新疆、青海、西藏无乙脑病例报道外，其他省区市均有乙脑病例发生。乙型脑炎是一种自然疫源性疾病，有明显季节性，多发生于7—9月蚊虫滋生繁殖和活动季节。除热带地区一年四季散在发生外，亚热带和温带地区有严格的季节性，绝大多数病例集中在7—9月，占全年发病数的80%～90%。我国华中地区流行高峰在7—8月，华南提早一个月，华北推迟一个月。猪群中的流行特征为感染率高，发病率低，一般为隐性感染，绝大多数在病愈后不再复发，成为带毒猪。一般来说，猪的自然感染高峰比人乙脑流行高峰早3～4周。

猪乙脑的主要传染源为带毒动物，其中猪和马是最重要的动物宿主和传染源。马是病毒的天然宿主，猪是病毒的增殖宿主和传染源，病毒通过蚊→猪→蚊循环，使乙脑病毒不断扩散。鸟类也是该病毒的重要储存宿主。鸟类感染后能产生较高滴度的病毒血症。在日本从多种鸟类血液中查到乙脑病毒的抗体，且从苍鹭的雏鸟中分离出乙脑病毒。除猪和鸟类之外，牛、羊、蝙蝠等其他动物均可感染乙型脑炎病毒而成为该病毒的储存宿主和传染源。

主要通过蚊虫（库蚊、伊蚊、按蚊等）叮咬传播，其中最主要的是三带喙库蚊。越冬蚊虫可以隔年传播病毒，病毒还可能经蚊虫卵传递至下一代。病毒的传播循环是在越冬动物及易感动物间通过蚊虫叮咬反复进行的。猪还可经胎盘垂直传播给胎儿。

马属动物、猪、牛、羊、鸡和野鸟都可感染。马最易感，猪不分品种和性别均易感染，其中幼畜易感性最高。人亦易感，主要是通过蚊虫（三带喙库蚊）等媒介昆虫叮咬感染。一般以10岁以下儿童发病为主，占病人总数的80%以上，成人大多为隐性感染。

（二）临床症状及诊断

人工感染潜伏期一般为3~4天。患病猪表现为体温升高，抑郁，嗜睡，食欲下降。体温升高至40~41℃，呈稽留热。精神沉郁，食欲减少，结膜潮红。妊娠母猪患病时，常突然发生流产、早产，产死胎或木乃伊胎。流产多发生在妊娠后期，流产时乳房肿胀，流出乳汁，常见胎衣停滞，自阴道流出红褐色或灰褐色黏液。仔猪生后几天内发生痉挛症状而死亡，或成为僵猪。公猪症状不明显，可发生睾丸炎。

患病马初期体温升高，少动，食欲下降。严重者站立不稳，四肢呈游泳状。有的马兴奋狂躁。一般表现为抑郁、兴奋和麻痹症状先后或交替出现。

人乙型脑炎多发于10岁以下儿童，潜伏期为4~21天，一般为10~14天。临床症状主要表现为急性起病，发热、头痛、喷射性呕吐，发热2~3天后出现不同程度的意识障碍，重症患者可出现全身抽搐、强直性痉挛或瘫痪等中枢神经症状，严重病例出现中枢性呼吸衰竭。

根据临床症状和病理变化可作出初步诊断，确诊需进一步作实验室诊断。应与伪狂犬病、细小病毒、猪瘟等疫病进行鉴别诊断。

二、防控技术

（一）防治措施

在乙脑流行季节前1~2个月对猪群接种乙脑弱毒疫苗。加强动物的饲养管理，提高动物抵抗力，定期做好环境消毒，灭蚊、防蚊工作，减少疫病发生。

发生乙脑疫病时，采取严格控制、扑灭措施，防止疫病扩散。患病动物予以扑杀并进行无害化处理。死猪、流产胎儿、胎衣、羊水等均须无害化处理。污染场所及用具应彻底消毒。

（二）公共卫生与人员防护

在农村和饲养场要做好猪的饲养环境卫生和免疫接种工作，通过猪乙脑的控制，从而降低人乙脑的流行。养殖场、兽医、实验室人员等，在接触病畜或病毒污染物前，应穿戴防护服、口罩、手套等防护装备。工作结束后，所有防护装备应就地脱下，洗净消毒，一次性物品应做无害化处理。在乙脑疫区的适龄人群及相关工作人员应接种乙脑疫苗。

第十二节　猪链球菌Ⅱ型感染

猪链球菌病是由链球菌Ⅱ型引起的人兽共患病，农业农村部将其列为第三类动物疫病。

一、诊断方法

（一）流行特点

不同年龄、品种和性别猪均易感，也可感染人。

链球菌常存在于正常动物和人的呼吸道、消化道、生殖道等，感染发病动物的排泄物、分泌物、血液、内脏器官及关节内均有病原体存在。

病猪和带菌猪是该病的主要传染源，对病死猪的处置不当和运输工具的污染是造成该病传播的重要因素。

该病主要经消化道、呼吸道和损伤的皮肤感染。一年四季均可发生，夏秋季多发。呈地方性流行，新疫区可呈暴发流行，发病率和死亡率较高。老疫区多呈散发，发病率和死亡率较低。

（二）临床症状

可表现为败血型、脑膜炎型和淋巴结脓肿型等类型。

（1）败血型。分为最急性、急性和慢性三类。最急性型发病急、病程短，常无任何症状即突然死亡。体温高达41～43℃，呼吸迫促，多在24小时内死于败血症。急性型多突然发生，体温升高40～43℃，呼吸迫促，鼻镜干燥，从鼻腔中流出浆液性或脓性分泌物。结膜潮红，流泪。颈部、耳廓、腹下及四肢下端皮肤呈紫红色，并有出血点。多在1～3天死亡。慢性型表现为多发性关节炎。关节肿胀，跛行或瘫痪，最后因衰弱、麻痹致死。

（2）脑膜炎型。以脑膜炎为主，多见于仔猪。主要表现为神经症状，如磨牙、口吐白沫，转圈运动，抽搐、倒地四肢划动似游泳状，最后麻痹而死。病程短的几小时，长的1～5天，致死率极高。

（3）淋巴结脓肿型。以颌下、咽部、颈部等处淋巴结化脓和形成脓肿为特征。

二、防控技术

（一）疫情处置

发现疑似猪链球菌病疫情时，当地畜牧兽医部门要及时派员到现场进行流行病学调查、临床症状检查等，并采样送检。确认为疑似猪链球菌病疫情时，应立即采取隔离、限制移动等防控措施。

该病呈零星散发时，应对病猪作无血扑杀处理，对同群猪立即进行强制免疫接种或用药物预防，并隔离观察14天。必要时对同群猪进行扑杀处理。对被扑杀的猪、病死猪及排泄物、可能被污染饲料、污水等按有关规定进行无害化处理；对可能被污染的物品、交通工具、用具、畜舍进行严格彻底消毒。周围所有易感动物进行紧急免疫接种。

该病呈暴发流行时（一个乡镇30天内发现50头以上病猪或者2个以上乡镇发生疫情），应对疫点内病猪作无血扑杀处理，对同群猪立即进行强制免疫接种或用药物预防，并隔离观察14天。必要时对同群猪进行扑杀处理。对病死猪及排泄物、可能被污染饲料、污水等按附件的要求进行无害化处理；对可能被污染的物品、交通工具、用具、畜舍进行严格彻底消毒。交通要道建立动物卫生监督检查站，派专人监管动物及其产品的流动，对进出人员、车辆须进行消毒。停止疫区内生猪的交易、屠宰、运输、移动。对畜舍、道路等可能污染的场所进行消毒。对疫点内的同群健康猪和疫区内的猪，可使用高敏抗菌药物进行紧急预防性给药。对疫区和受威胁区内的所有猪按使用说明进行紧急免疫接种。

对于猪的排泄物和被污染或可能被污染的垫料、饲料等物品均需进行无害化处理。猪尸体运送时，应使用防漏容器。

（二）人员防护

参与处理疫情的有关人员，应穿防护服、胶鞋、戴口罩和手套，做好自身防护。

第十三节　囊尾蚴病

囊尾蚴病是由猪带绦虫幼虫囊尾蚴寄生于人、畜组织器官所致的疾病，分别于2010年和2014年被世界卫生组织和联合国粮食及农业组织，列为被忽视的热带病和被忽视的人兽共患病。囊尾蚴病呈世界性分布，在许多地区仍是一种重要公共卫生问题。人食入猪带绦虫虫卵是引起人囊尾蚴病的主要原因，当摄入被猪带绦虫虫卵污染的食物，或猪带绦虫病患者因呕吐或肠道逆蠕动，造成绦虫孕节返流入胃而造成感染，虫卵在人体内发育成幼虫囊尾蚴，引起囊尾蚴病。囊尾蚴主要分布在中枢神经系统，也可侵入肌肉、眼睛和皮下组织等，前者称为神经系统囊尾蚴病，常引起患者出现癫痫、头痛、头晕等症状。

在我国，囊尾蚴病曾是重要的公共卫生问题之一，随着经济社会的发展和寄生虫病防控工作的开展，目前该病在全国范围内呈低水平流行，但西南局部地区仍呈高流行状态。

一、诊断方法

（一）流行特点

囊尾蚴病曾在我国广泛分布，特别是西南部地区少数民族人口众多，经济水平相对落后，医疗卫生资金投入相对不足，环境卫生条件较差，许多寄生虫病在西南部地区持续处于流行状态，且凡有猪带绦虫病流行的地区均有囊尾蚴病流行。

猪是猪带绦虫的中间宿主，人是终宿主。但有研究表明，犬在食入带绦虫虫卵后，也可感染囊尾蚴，表明猪带绦虫生活史的完成不仅是在人和猪之间，也可在人和犬之间。在一些食用狗肉的流行区，如以食用狗肉而闻名的印度尼西亚库布村庄，已证实当地有犬只感染了猪带绦虫，居民面临感染囊尾蚴的风险。因此，相关研究需对犬只在猪带绦虫生活史中的作用进行评估，对犬只的管理也应纳入到防控工作中。

囊尾蚴病通常不受季节因素影响，但在西藏和四川等偏僻地区，季节的变化影响着水环境和土壤环境。如旱季到来时，村民很难获取经过卫生处理的饮用水，饲养猪的方式多转为散养，猪群随意排泄，造成环境污染。此外，在旱季或非农忙季节，当地居民常前往大城市务工，猪带绦虫传播至非流行区的风险增加，这种情况曾出现在泰国和缅甸边境线的难民中，在印度尼西亚的巴厘岛地区也有类似的现象发生。

（二）临床症状与病理变化

细颈囊尾蚴主要对仔猪、羔羊和犊牛的致病力较强，有时可引起死亡。症状以感染数量的多寡而异，一般少量感染时不表现显著的症状，多量寄生时可引起病畜虚弱，消瘦和黄疸。如引起急性肝炎、腹膜炎时，则体温升高，呼吸呈胸式而短促，心悸亢进，按压腹部表现疼痛。有的病例由于腹腔内出血，呈现腹围下半部增大下垂。有时幼虫侵入胸腔，亦可引起肺炎、胸膜炎。

在急性病程时，可见肝脏体积增大，肝表面粗糙无光，覆有纤维性薄膜，在肝脏表面散布有出血点。在肝实质中可以观察到有虫体移行的虫道，初期虫道内充满血液，后期则呈黄灰色。同时可见有急性腹膜炎，腹腔内腹水较多并混有渗出的血液，液体内含有幼小的囊尾蚴虫体。

目前，对细颈囊尾蚴病尚无有效的诊断和治疗方法，只要在屠宰检疫和尸体进行剖检时，发现了幼虫，即可确诊。

二、防控技术

（一）加强管理，消灭病原

抓好散播病原的动物管理，尤其是做好犬的管理，养殖场内最好不要饲养犬，对野犬要进行捕杀，对警犬、牧羊犬等每年要定期进行驱虫，一般不要少于4次。驱虫药首选内服吡喹酮。

吡喹酮对绵羊、山羊大多数绦虫均有高效，10~15毫克/千克剂量对扩展莫尼茨绦虫、贝氏莫尼茨绦虫、球点斯泰绦虫和无卵黄腺绦虫均有100%驱杀效果。对矛形双腔吸虫、胰阔盘吸虫、绵羊绦虫需用50毫克/千克量才能有效。对细颈囊尾蚴应以75毫克/千克，连服3天，杀灭效果100%。对绵羊、山羊日本分体吸虫有高效，20毫克/千克日量灭虫率接近100%。10~25毫克/千克日量，连用4天，或一次内服50毫克/千克，对牛细颈囊尾蚴、耕牛血吸虫有高效。对犬豆状带绦虫、大复孔绦虫，猫肥颈带绦虫、乔伊绦虫有高效；对细粒棘球绦虫、多房棘球绦虫需用5~10毫克/千克剂量，始能驱净虫体；对1~14日龄幼虫应用更高剂量，对曼氏迭宫绦虫、宽节裂头绦虫必须按25毫克/千克日量，连用2天。吡喹酮对猪细颈囊尾蚴有较好效果。

用药后3~4天内，其排出的粪便以及垫草都要彻底收集起来烧毁。畜舍、饲料、饮水要防止被犬粪污染，这是防控该病的一个重要环节。

（二）提高机体的抵抗力

提高机体的抵抗力是预防寄生虫病的关键措施。保持家畜高度、稳定的抵抗力，不仅可以防止寄生虫的侵入，还可以阻止寄生虫侵入后继续发育，甚至将寄生虫包埋或致死，将感染寄生虫的数量降到最低。在养殖生产中，要确保营养平衡，全价，适当地增加饲料中蛋白质、维生素、微量元素的含量，增加青绿饲料的饲喂量，提高机体的抗感染能力。

一般来说，成年动物对寄生虫病的抵抗力较强，不易感染，即使感染病情也较轻，甚至没有症状，但却是最危险的传染源。幼畜的抵抗力较弱，易感染发病，死亡率也相对较高。

（三）做好病畜的屠宰管理

小心处理带有细颈囊尾蚴的病畜内脏，不准把有病的内脏喂犬，如果要把这些器官当作饲料时，必须煮熟才能利用。防止犬进入屠宰场和肉品加工场内偷吃到带病内脏。

第十四节　片形吸虫病

片形吸虫病是由肝片形吸虫寄生于牛肝脏胆管引起，主要表现食欲减退、反刍异常、腹胀、贫血、消瘦、被毛粗乱、颌下水肿、腹泻，并伴发有肝炎、胆管炎等。

一、诊断方法

（一）流行特点

由肝片吸虫寄生于牛的肝脏和胆管中引起。该病的发生与中间宿主椎实螺密切相关，多发于低洼地、湖泊草滩、沼泽地带。干旱年份流行轻，多雨年份流行重，尤其是久旱逢雨的温暖季节更容易暴发流行；夏季为主要感染季节，急性型多发于夏末和秋初，慢性型多发于冬春季。

（二）临床症状

临床症状取决于牛感染寄生虫的数量、虫体产生毒素的强弱和牛的体质状况。轻度感染往往不表现症状，感染数量多时则表现症状，但幼畜即使轻度感染也表现症状。临床上一般可分为急性型和慢性型2种类型。

1. 急性型

多见于犊牛，表现为离群落后，精神沉郁，衰弱，易疲劳，被毛粗乱，食欲减少或废绝，腹胀，偶有腹泻，体温升高，很快出现贫血、黏膜苍白、黄疸等。肝脏叩诊时，半浊音区扩大，压迫敏感，重者多在数天内死亡。

2. 慢性型

牛的症状多为慢性经过，病情发展很慢，表现为渐进性消瘦、贫血、结膜与黏膜苍白，食欲不振，消化障碍，瘤胃蠕动无力，便秘与腹泻交替发生，粪便呈黑褐色。病牛高度消瘦，被毛粗乱，干燥易脱断，无光泽，眼睑、颌下水肿，水肿呈圆形肿包，有时也发生胸、腹下水肿，最后极度衰竭死亡。

（三）病理变化

剖检，急性病例肝肿大、质软，包膜有纤维素沉积，有长2～5毫米的暗红色虫道，虫道有凝固的血液和很小的童虫；腹腔中有血色的液体，有腹膜炎病变。慢性病例肝实质萎缩、褪色、变硬，胆管肥厚、扩张呈绳索样突出于肝表面，胆管内壁粗糙，内含大量血性黏液和虫体及黑褐色或黄褐色磷酸盐结石。

（四）实验室诊断

生前诊断常采用水洗沉淀法检查虫卵。如果在粪便中能检出吸虫虫卵则可以确诊。但由于牛片形吸虫排卵是间歇性的，因此，粪便虫卵检查比较困难。血液学检查会出现低清蛋白血症，在移行阶段，谷氨酸脱氢酶会升高。一旦胆管黏膜脱落，血浆中的 γ-谷氨酸转移酶会升高，这是一种有效的诊断指标。

二、防控技术

（一）治疗

硝氯酚（拜耳9015），按每千克体重3～7毫克用药，一次内服。或用阿苯达唑（丙硫咪唑），按每千克体重10～15毫克用药，一次内服，禁用于产奶牛和怀孕前期45天的牛。

硫双二氯酚（别丁），按每千克体重40～60毫克用药，装于小纸袋内一次投服。

（二）预防

1. 定期驱虫

驱虫不仅能有效治疗牛肝片吸虫病，也是预防该病的重要方法之一，应有计划地进行全群性驱虫，一般每年春、秋两季各驱虫1次，第一次可在4—5月，第二次可在10—11月。在该病常发的牛群，每年应进行3次，第一次在1—2月，在大量虫体成熟之前20～30天（成虫期前驱虫）；第二次在第一次驱虫后5个月（即6—7月，成虫期驱虫）进行；第三次在第二次驱虫后2～3个月（即8—9月）进行。

2. 保护水源，防止吞入囊蚴

不要把栏舍建在低湿地区；不在有椎实螺的潮湿牧场上放牧，尽可能选择地势高燥的地方放牧，以防感染囊蚴；不让牛饮用池塘、沼泽、水潭及沟渠里的脏水和死水，要给予清洁卫生的自来水、井水或流动的河水。

3. 对粪便进行无害化处理

及时清理病牛、病羊的粪便，堆积发酵，杀死其中的虫卵。对实行驱虫的牛、羊，必须圈养5～7天，对所排粪便进行严格堆积发酵。

4. 严格处理病畜的肝脏

对检查出严重感染的病畜，其肝和肠内容物应深埋或烧毁；对轻微感染的动物肝，应该废弃被感染的部分。将废弃的肝进行高温处理，禁止用作其他动物的饲料。

5. 消灭中间宿主

配合农田水利建设，填平低洼水塘，使椎实螺无法滋生；对沼泽地和低洼的牧地排水，通过阳光暴晒，杀死牧地中的椎实螺。对于较小而不能排水的死水地，可用 5% 硫酸铜溶液定期喷洒。

第十五节 华支睾吸虫病

华支睾吸虫病是由华支睾吸虫所致人兽共患传染病，是我国最严重的食源性寄生虫病之一。华支睾吸虫又称肝吸虫、华肝蛭，寄生于人、犬、猫、猪及其他一些野生动物肝脏胆管和胆囊内，可引起肝脏肿大，并导致其他病变，人类常因食用未经煮熟的含有华支睾吸虫囊蚴的淡水鱼或虾而被感染。

一、诊断方法

（一）病原

华支睾吸虫是雌雄同体的吸虫。成虫虫体狭长、扁薄，前端尖细，后端较钝圆，状似葵花子仁，体表无棘，呈褐色半透明。成虫大小为 (10~25) 毫米 × (3~5) 毫米，有口、腹两个吸盘，消化器官有口、咽、食管和分支的肠管。其虫卵大小为 (27~35) 微米 × (12~20) 微米，呈椭圆形，黄褐色，顶端有盖，卵孔的周缘突起，似电灯泡状，后端有一个小结，壳厚，内有成熟的毛蚴。

成虫寄生于猫、犬及人等宿主的肝脏胆管内，所产虫卵与粪便一起排出体外，虫卵如落入池塘和溪沟中，被第一中间宿主淡水螺（赤豆螺、长角涵螺等）吞食后，卵内毛蚴即在螺肠内孵出，毛蚴进入螺的淋巴系统和肝脏，发育为胞蚴、雷蚴和尾蚴。尾蚴离开螺体逸入水中，钻入第二中间宿主淡水鱼和淡水虾体内，形成囊蚴。人、猫、犬等由于吞入含有囊蚴的生或半生的鱼虾而遭感染。成虫在人体的寿命尚缺准确数据，一般认为有的可长达 20~30 年。

华支睾吸虫囊蚴抵抗力顽强，在醋中可活 2 小时，在酱油中可活 5 小时，1 毫米厚鱼肉在水温 60℃ 时需 15 秒才能将囊蚴赶尽杀绝。在烧、烤、烫或蒸全鱼时，可因温度不够、时间不足或鱼肉过厚等原因，未能杀死全部囊蚴。

华支睾吸虫病主要分布在东亚和东南亚的一些国家和地区，如日本、朝鲜、韩国、越南北部、中国大部分地区以及俄罗斯的少部分地区。广东是我国发病率最高的省份，我国东北地区的三江平原也是华支睾吸虫病的高发地区，每年 4—5 月华支睾吸虫感染率较高。

（二）流行特点

感染华支睾吸虫的哺乳动物（猫、犬、猪等）和人为主要传染源。猫、犬多因食用生鱼类而感染，猪因散养及食用生鱼及内脏等饲料而感染。人多因食用生的或未煮熟的鱼虾类而感染，例如进食生的或未经彻底煮熟的鱼片和醉虾等食物，未煮熟的火锅或烧烤食物等。口粪途径亦是另一个重要的传播途径。南方地区将厕所建于鱼塘上或将猪舍建于池塘上，该病虫卵随人、畜粪便进入池内，使螺、鱼受感染，促进了该病流行。

人对该病普遍易感。感染率高低与居民的生活、卫生习惯及饮食嗜好有密切关系，而与年龄、性别、种族无关。

（三）临床症状

虫体在胆管内寄生吸血，破坏胆管上皮，引起卡他性胆管炎及胆囊炎，可使肝组织脂变、增生和肝硬变。当大量寄生时，病畜食欲减退、下痢、浮肿，出现腹水及轻度黄疸等。

人轻度感染不表现症状，或只出现胃肠道不适症状。重度感染时才出现明显症状，可出现消化不良、上腹隐痛、腹泻、精神不振，主要危害是患者的肝脏受损，严重感染者在晚期可造成肝硬化、腹水等临床表现，甚至死亡。

儿童和青少年感染华支睾吸虫后，临床表现往往较重，病死率较高。除消化道症状外，常有营养不良、生长发育障碍、贫血、肝大，甚至肝硬化，极少数患者可患侏儒症。

二、防控技术

（一）预防

（1）流行区的猪、猫和犬要定期进行检查和驱虫。

（2）禁用生的鱼、虾饲喂动物。

（3）管好人、猪和犬等的粪便，禁止在鱼塘边盖猪舍或厕所。

（二）治疗

1. 首选药物为吡喹酮

吡喹酮片。以吡喹酮计，内服，一次量，每千克体重，猪10～35毫克；犬、猫2.5～5毫克。

吡喹酮粉。以吡喹酮计，内服，一次量，每千克体重，猪10～35毫克；犬、猫2.5～5毫克。

吡喹酮咀嚼片。以吡喹酮计，内服，一次量每千克体重，犬5毫克。每3～4日1次，连用3次。

吡喹酮硅胶棒。在犬上腹部体侧选择4厘米^{2}左右皮肤，剪毛，消毒，局部麻醉下切1厘米左右切口，在专用植入器紧贴皮下进入后，将药棒呈扇形植入犬皮下，创口缝合即可。使用剂量每千克体重100～200毫克。一般使用可按犬体重在10千克以下者,埋2支(每支0.5克),10千克以上者埋4支,20千克以上者埋5支。不推荐用于4周龄以内的幼犬。埋植1次后驱虫作用可维持2年。或遵医嘱。

2. 阿苯达唑

可用阿苯达唑片、阿苯达唑粉、阿苯达唑混悬液、阿苯达唑颗粒等。以阿苯达唑计,内服,一次量,每千克体重,猪5~10毫克;犬25~50毫克。

第八章　其他重大动物传染病防控技术

第一节　猪　瘟

猪瘟是由猪瘟病毒引起猪的一种急性、热性、出血性的高度传染性疫病。猪瘟呈全球分布，对养猪生产的危害极大，世界动物卫生组织将其列为必须报告的动物疫病，我国将其列为二类动物疫病。

一、诊断技术

1. 病原与流行特点

猪瘟病毒属于黄病毒科、瘟病毒属成员，仅有一种血清型，但可分为3个主要基因型，每个基因型又可分为3～4个亚型。

猪瘟病毒对自然环境的抵抗力较强，对一些消毒剂也有抵抗力。猪瘟病毒对温度较为敏感，56℃处理60分钟或60℃处理10分钟即可被灭活；不耐酸碱，对乙醚、氯仿和去污剂等敏感，2%氢氧化钠最适用于猪瘟病毒污染场所的消毒。

该病的易感动物是家猪和野猪，不同品种、年龄、性别的猪均易感。病猪是主要的传染源，可经唾液、粪便、尿液和眼鼻分泌物排毒。感染途径主要是消化道，也可经呼吸道、结膜、生殖道黏膜及皮肤创口感染。健康带毒猪、持续性感染猪和先天感染仔猪也可传播该病。食入被病猪分泌物（如唾液、泪液、鼻液等）和排泄物（尿、粪）污染的饲料、食物、饮水，以及接触猪瘟病毒污染的猪舍地面、土壤等，可造成猪的感染。

人员、运输工具、鸟和昆虫可机械传播猪瘟病毒。猪场如果引进感染猪或带毒猪，可造成猪瘟的暴发。也可经垂直传播，带毒母猪妊娠后病毒通过胎盘屏障感染胎儿；受感染的公猪可经精液排毒，因此猪瘟病毒可通过人工授精而传播。

猪瘟的流行和发生无明显的季节性。由于猪瘟病毒的持续性感染，仔猪先天免疫耐受，对疫苗的免疫应答低下，造成与猪肺疫、猪繁殖与呼吸综合征等疫病混合感染，以及并发猪链球菌病、仔猪副伤寒等病例增多。同时，发病猪还可继发猪沙门氏菌病、猪丹毒、猪巴氏杆菌病等，导致猪群病情加重和猪场更大的经济损失。

2. 临床症状与病理变化

该病潜伏期为 2～21 天，一般为 5～7 天。因猪瘟病毒毒株毒力、猪的品种与日龄、疫苗免疫情况等不同，临床表现存在差异。一般而言，基于病程长短猪瘟可分为急性、亚急性、慢性和持续性感染/非典型。

（1）急性型。在新疫区和无免疫力猪群的发病初期，常可见到无明显症状而突然死亡的最急性型病例，病程 1～2 天，病死率极高。急性型的病程为 1～3 周，死亡率可达 60%～80%。主要临床表现为体温升高到 41～42℃、稽留不退；食欲减退、精神沉郁、扎堆、颤抖、嗜睡；结膜炎和鼻黏膜炎、眼和鼻分泌物增多、眼睑粘连；病初便秘，后期腹泻、粪便恶臭和带黏液或血。病猪消瘦、虚弱、步态不稳、后肢麻痹而不能站立，常呈犬坐姿势。在病猪鼻、耳、腹部、四肢，甚至全身皮肤可见大小不等的红色或紫色出血点，进而可发展成出血斑，甚至坏死区；口腔黏膜发绀，唇内面、齿龈、口角等处有出血斑点。公猪包皮炎，用手挤压有恶臭混浊液体射出。仔猪还伴有神经症状，受外界刺激时出现尖叫、倒地、痉挛。

（2）亚急性型。临床症状与急性型相似，一般较缓和，病程 3～4 周。

（3）慢性型。病猪的临床症状不规律，体温时高时低，便秘、腹泻交替出现。病猪明显消瘦、贫血、全身衰弱、精神委顿、步态不稳，皮肤有紫斑或坏死痂。病程一般持续 1 个月以上，终归死亡，但有的病例成为僵猪或终身带毒猪。

（4）持续性感染/非典型。低毒力猪瘟病毒毒株感染或免疫猪群受到中、强毒力毒株感染，可形成持续性感染和出现非典型猪瘟病例。病程较长，临床症状和剖检变化不典型，发病率和死亡率都较低。先天性感染猪瘟病毒时，母猪表现为流产、死产、产弱仔或产出部分外表健康的带毒仔猪，胎儿木乃伊化、畸形；生后仔猪在较短时间内无明显异常临床症状，但随后可见轻度厌食、沉郁、结膜炎、皮炎、腹泻、共济失调、后躯麻痹等，最终死亡，这类病例又称为"迟发性"猪瘟。

当前，我国猪群感染猪瘟主要表现为非典型性。种猪的持续性感染和仔猪的先天性感染比较普遍，这种类型的感染通常是隐性感染。

持续性感染可以造成妊娠母猪带毒综合征，引起妊娠母猪流产、产死胎和弱仔等，导致母猪出现繁殖障碍。妊娠期间胎儿通过胎盘感染病毒导致先天感染，胎儿出生后表现体弱、死亡或震颤等临床症状，有的呈现免疫耐受而无临床症状，对以后注射的疫苗不产生免疫应答，但当环境条件改变时发生猪瘟，不发病的仔猪也可以向外界排毒成为传染源。这也是导致免疫失败的主要原因之一。

最急性病例常无明显的病理变化，有的病例可见浆膜、黏膜和部分器官组织出血。急性和亚急性猪瘟呈典型的败血症病变，以实质器官多发性出血性为特征。皮肤和皮下脂肪有出血斑点；全身淋巴结肿大、呈暗红色、呈大理石样或红黑色外观；肾脏皮质散在或密集出血点，肾盂和肾乳头出血；脾脏边缘梗死，呈暗红色，被认为是猪瘟最具特征性的病变；喉头黏膜、会厌软骨、膀胱黏膜、心脏、肺脏、胃、肠道、胆囊、腹膜等有大小不一、数量不等的出血斑点；有的病例可见扁桃体出血、坏死。

病程稍长的病例（慢性猪瘟），在盲肠和结肠可见坏死（纤维素性坏死性肠炎）、纽扣状溃疡。如果继发多杀性巴氏杆菌感染，可见到肺脏出血性坏死。

妊娠母猪感染可见死胎全身皮下水肿、腹水和胸水；胎儿畸形，表现为小脑、肺、肌肉发育不良，头、四肢变形。胸腺萎缩是先天感染的胎猪的突出病变。

3. 实验室诊断

典型猪瘟可根据临床症状、流行病学调查与分析和现场剖检作出初步诊断。我国普遍采用疫苗免疫接种控制猪瘟，临床上典型猪瘟的病例已较为少见，多以非典型猪瘟为主。因此，准确诊断需依靠相应的实验室诊断技术，如猪瘟病毒分离、检测、抗体检测等。

（二）防控措施

1. 疫苗免疫防控

疫苗免疫是防控猪瘟的重要手段。选用高质量的猪瘟疫苗，制订科学合理的猪瘟免疫程序，加强免疫效果监测评估，掌握猪群的整体免疫状态，提升猪群的整体免疫水平。同时通过监测淘汰疑似先天感染和免疫耐受的仔猪，杜绝可能的传染源。

猪瘟兔化弱毒疫苗具有良好的保护效力和安全性，应用普遍。近年来，已研发出猪瘟病毒 E2 蛋白基因工程亚单位疫苗，并已开始商业化运作。猪场应根据疫苗免疫后仔猪母源抗体水平消长规律，科学制订和不断调整免疫程序，提高免疫效果。

2. 净化种猪群

种猪（主要是繁殖母猪）的持续性感染是仔猪发生猪瘟的最主要因素，通过监测种猪群的感染和免疫状态，坚决淘汰感染种猪是有效控制仔猪感染猪瘟的关键措施。由于监测抗体比监测抗原容易，加上持续感染的母猪在疫苗免疫后抗体水平上升不明显，所以通过抗体监测，可以淘汰无抗体反应或抗体水平低的种猪，从而达到净化种猪群的目的。

3. 提升猪场生物安全水平

在整个养猪生产系统和生产过程中执行有效的生物安全管理措施，逐步改善生猪养殖场生态环境,提高猪场的生物安全水平,切断猪瘟病毒在养殖场内外传播的可能,逐步建立起猪瘟阴性猪群。

第二节 非洲猪瘟

2018年8月3日,辽宁省沈阳市沈北新区发生一起非洲猪瘟疫情,这是我国首次发生非洲猪瘟疫情。非洲猪瘟是由非洲猪瘟病毒引起的家猪、野猪的一种急性、热性、高度接触性动物传染病,所有品种和年龄的猪均可感染,发病率和死亡率最高可达100%,且目前全世界没有有效的疫苗。世界动物卫生组织将其列为法定报告动物疫病,我国将其列为一类动物疫病。

一、诊断方法

(一)病原与流行特点

非洲猪瘟病毒是非洲猪瘟病毒科、非洲猪瘟病毒属的唯一成员,其病毒毒株种类繁多,目前可分为24个基因型。我国当前流行的主要为基因Ⅱ型毒株,但已有基因Ⅰ型毒株的报道。非洲猪瘟病毒对外界环境的抵抗力强,在血液、组织、粪便等有机质中能存活较长时间,病毒在4℃保存的血液或冻肉中的存活时间分别可达18个月和100天以上。对乙醚、氯仿、过硫酸氢钾、次氯酸盐、碱类、戊二醛等消毒剂以及高温敏感,在60℃处理20分钟条件下可被灭活。经60℃加热30分钟可灭活猪血液中的非洲猪瘟病毒,未经加工猪肉中的非洲猪瘟病毒在70℃加热30分钟条件下可被灭活。

非洲猪瘟的流行病学特征主要表现在以下几个方面。

1. 传染源

非洲猪瘟感染猪、发病猪、耐过猪及猪肉产品和相关病毒污染物品等都是该病的传染源,感染病毒的钝缘软蜱也是传染源之一。非洲猪瘟的潜伏期一般为5~9天,最长可达21天。高致病性毒株感染后,生猪的发病率多在90%以上,感染猪多在2周内死亡,病死率最高可高达100%。

2. 传播途径

非洲猪瘟以接触传播为主,群内传播速度较快,但群间传播速度较为缓慢。目前,我国出现的病毒株为高致病性毒株。流行病学调查表明,我国非洲猪瘟的主要传播途径是:污染的车辆与人员机械性带毒进入养殖场(户)、使用餐厨废弃物喂猪、感染的生猪及其产品调运。

(1)车辆。运送生猪、饲料、兽药、生活物资等的外来车辆,或去往生猪集散地/交易市场、屠宰场、农贸市场、饲料/兽药店、其他养殖场等高风险场所的本场车辆（生产、生活和办公），未经彻底清洗消毒进入本养殖场，是当前病毒传入的主要途径。

（2）售猪。出售生猪特别是淘汰母猪时，出猪台和内部转运车受到外部病毒污染，或贩运/承运人员携带病毒，是非洲猪瘟病毒传入的重要途径。

（3）人员。外来人员（生猪贩运/承运人员、保险理赔人员、兽医、技术顾问、兽药/饲料销售人员等）进入本场，本场人员到兽药/饲料店、其他养殖场、屠宰场、农贸市场返回后未更换衣服/鞋并严格消毒，是病毒传入的重要途径。

（4）餐厨废弃物（泔水）。使用餐厨废弃物（泔水）喂猪，或养殖人员接触外部生肉后未经消毒接触生猪，是小型养殖场（户）病毒传入的主要途径。

（5）引进生猪。引进生猪、精液或配种时，病毒可通过多种方式传入。

（6）水源污染。病毒污染的河流、水源可传播病毒。

（7）生物学因素。在病毒高污染地区、养殖密集区，养殖场内的犬、猫、禽和环境中的鼠、蜱、蚊蝇等，以及养殖场周边有野猪活动，可能机械携带病毒并导致病毒传入。

（8）饲料污染。使用自配料的养殖场饲料原料被污染；使用成品料的养殖场其饲料中含有猪源成分（肉骨粉、血粉、肠黏膜蛋白粉等），可能导致病毒传入。

（二）临床症状与病理变化

非洲猪瘟的潜伏期5~9天，病猪最初4天之内体温上升至40.5℃，呈稽留热，无其他症状，但在发烧期食欲如常，精神良好。到死亡前48小时，体温下降，停止吃食。身体虚弱，伏卧一角或呆立，不愿行动，脉搏加速，强迫行走时困难，特别是后肢虚弱，甚至麻痹。有些病猪咳嗽，呼吸困难，结膜发炎，有脓性分泌物。有的下痢或呕吐、鼻镜干燥。四肢下端发绀，白细胞总数下降，淋巴细胞减少。一般病猪在发烧后，约7天死亡。可见，非洲猪瘟通常是先出现体温升高，后出现其他症状，而猪瘟则随体温升高，几乎同时出现其他症状，可作为二者鉴别诊断的一个指标。

血液的变化很类似猪瘟，以白细胞减少为特征，半数以上病猪比正常白细胞数减少50%。这种白细胞减少，是由广泛存在于淋巴组织中的淋巴细胞坏死，导致血液中淋巴细胞显著减少。白细胞减少时，正值体温开始上升，发热4天后，约减少40%。此外，还发现未成熟的中性粒细胞增多，嗜酸、嗜碱性细胞等无变化，红细胞、血红素及血沉等未见异常。

病猪一般常在发热后7天，出现症状后1~2天死亡。死亡率接近100%。

病猪自然康复的极少。极少数病例转为慢性经过，多为幼龄病猪，呈间歇热型，并有发育不全、关节障碍、失明、角膜混浊等后遗症。

非洲猪瘟有多种表现形式，从特急性、急性、亚急性到慢性和无明显症状，最常见的是急性发病形式。接种过猪瘟疫苗的猪群突然出现无症状死亡异常增多，或不同程度地出现以下一种或几种临床症状时，可怀疑为非洲猪瘟：大量生猪出现步态僵直；食欲不振、呼吸困难；口腔或鼻腔出现血液泡沫；腹泻或便秘，粪便带血；关节肿胀；耳、腹部或后肢出现斑点状或片状淤血或出血；局部皮肤溃疡、坏死；妊娠母猪在孕期各阶段发生流产等。

剖检病死猪，可见到组织器官广泛性出血、脾脏肿大且质脆、淋巴结出血等。

（三）实验室诊断

临床上，发现猪只不食、发热，皮肤出血和母猪流产，剖检病死猪见到组织器官广泛性出血、脾脏肿大且质脆、淋巴结出血等，应疑似最急性和急性非洲猪瘟。慢性型病例可见到关节肿大以及皮肤溃烂。

根据非洲猪瘟的临床症状和病理变化可作出初步诊断，脾脏异常肿大可作为非洲猪瘟的特征性肉眼病变，但确诊必须进行实验室检测，如非洲猪瘟病毒分离、检测和抗体检测等。

二、疫情处置

目前，非洲猪瘟防控没有批准的疫苗，主要依靠猪场环境控制、猪群健康管理、饲料营养、饲养管理、卫生防疫、消毒、无害化处理等方面的生物安全措施，清除病原、减少传染概率。对发生可疑和疑似疫情的相关场点，所在地县级人民政府农业农村（畜牧兽医）主管部门和乡镇人民政府应立即组织采取隔离观察、采样检测、流行病学调查、限制易感动物及相关物品进出、环境消毒等措施。必要时可采取封锁、扑杀等措施。

疫情确诊后，县级以上地方人民政府农业农村（畜牧兽医）主管部门应立即划定疫点、疫区和受威胁区，向本级人民政府提出启动相应级别应急响应的建议，由本级人民政府依法作出决定。影响范围涉及两个以上行政区域的，由有关行政区域共同的上一级人民政府农业农村（畜牧兽医）主管部门划定，或者由各有关行政区域的上一级人民政府农业农村（畜牧兽医）主管部门共同划定。

疫点、疫区和受威胁区的划定及疫情处置按照《非洲猪瘟疫情应急实施方案（第五版）》的规定实施。

（一）疫点划定与处置

1. 疫点划定

对具备良好生物安全防护水平的规模养殖场，发病猪舍与其他猪舍有效隔离的，可将发病猪舍划为疫点；发病猪舍与其他猪舍未能有效隔离的，以该猪场为疫点，或以发病猪舍及流行病学关联猪舍为疫点。

对其他养殖场（户），以病猪所在的养殖场（户）为疫点；如已出现或具有交叉污染风险，以病猪所在养殖场（户）和流行病学关联场（户）为疫点。放养猪，以病猪活动场地为疫点。在运输过程中发现疫情的，以运载病猪的车辆、船只、飞机等运载工具为疫点。在牲畜交易和隔离场所发生疫情的，以该场所为疫点。在屠宰过程中发生疫情的，以该屠宰加工场所（不含未受病毒污染的肉制品生产加工车间、冷库）为疫点。

2. 应采取的措施

县级人民政府应依法及时组织扑杀疫点内的所有生猪，并参照《病死及病害动物无害化处理技术规范》等相关规定，对所有病死猪、被扑杀猪及其产品，以及排泄物、餐厨废弃物、被污染或可能被污染的饲料和垫料、污水等进行无害化处理；按照《非洲猪瘟消毒规范》等相关要求，对被污染或可能被污染的人员、交通工具、用具、圈舍、场地等进行严格消毒，并强化灭蝇、灭鼠等媒介生物控制措施；禁止易感动物出入和相关产品调出。疫点为生猪屠宰场所的，还应暂停生猪屠宰等生产经营活动，并对流行病学关联车辆进行清洗消毒。运输途中发现疫情的，应对运载工具进行彻底清洗消毒，不得劝返。

（二）疫区划定与处置

1. 疫区划定

对生猪生产经营场所发生的疫情，应根据当地天然屏障（如河流、山脉等）、人工屏障（道路、围栏等）、行政区划、生猪存栏密度和饲养条件、野猪分布等情况，综合评估后划定。具备良好生物安全防护水平的场所发生疫情时，可将该场所划为疫区；其他场所发生疫情时，可视情将病猪所在自然村或疫点外延 3 千米范围内划为疫区。运输途中发生疫情，经流行病学调查和评估无扩散风险的，可以不划定疫区。

2. 应采取的措施

县级以上地方人民政府农业农村（畜牧兽医）主管部门报请本级人民政府对疫区实行封锁。当地人民政府依法发布封锁令，组织设立警示标志，设置临时检查消毒站，对出入的相关人员和车辆进行消毒；关闭生猪交易场所并进行彻底消毒，对场所内的生猪及其产品予以封存；禁止生猪调入、生猪及其产品调出疫区，经检测合格的出栏肥猪可经指定路线就近屠宰；监督指导养殖场（户）隔离观察存栏生猪，增加清洗消毒频次，并采取灭蝇、灭鼠等媒介生物控制措施。

疫区内的生猪屠宰加工场所，应暂停生猪屠宰活动，进行彻底清洗消毒，经当地县级人民政府农业农村（畜牧兽医）主管部门组织对其环境样品和生猪产品检测合格的，由疫情所在县的上一级人民政府农业农村（畜牧兽医）主管部门组织开展风险评估通过后可恢复生产；恢复生产后，经检测、检验、检疫合格的生猪产品，可在所在地县级行政区内销售。

封锁期内，疫区内发现疫情或检出核酸阳性的，应参照疫点处置措施处置。经流行病学调查和风险评估，认为无疫情扩散风险的，可不再扩大疫区范围。

（三）受威胁区划定与处置

1. 受威胁区划定

受威胁区应根据当地天然屏障（如河流、山脉等）、人工屏障（道路、围栏等）、行政区划、生猪存栏密度和饲养条件、野猪分布等情况，综合评估后划定。没有野猪活动的地区，一般从疫区边缘向外延伸 10 公里；有野猪活动的地区，一般从疫区边缘向外延伸 50 公里。

2. 应采取的措施

所在地县级以上地方人民政府应及时关闭生猪交易场所；农业农村（畜牧兽医）主管部门应及时组织对生猪养殖场（户）全面排查，必要时采样检测，掌握疫情动态，强化防控措施。禁止调出未按规定检测、检疫的生猪；经检测、检疫合格的出栏肥猪，可经指定路线就近屠宰；对取得"动物防疫条件合格证"、按规定检测合格的养殖场（户），其出栏肥猪可与本省符合条件的屠宰企业实行"点对点"调运，出售的种猪、商品仔猪（重量在 30 千克及以下且用于育肥的生猪）可在本省范围内调运。

受威胁区内的生猪屠宰加工场所，应彻底清洗消毒，在官方兽医监督下采样检测，检测合格且由疫情所在县的上一级人民政府农业农村（畜牧兽医）主管部门组织开展风险评估通过后，可继续生产。

封锁期内，受威胁区内发现疫情或检出核酸阳性的，应参照疫点处置措施处置。经流行病学调查和风险评估，认为无疫情扩散风险的，可不再扩大受威胁区范围。

三、防控技术

（一）确保消毒效果

为提高消毒效果，要注意消毒液温度。低温会影响消毒剂的稳定性和溶解性，使得消毒效果明显减弱。冬春季，养殖场（户）在消毒剂配制和使用过程中要充分考虑温度影响。

1. 舍外消毒

若室外温度高于 -6℃时，可使用 0.5% 的戊二醛水溶液消毒。温度过低时，可选用低温消毒剂（二氯异氰脲酸钠/过硫酸氢钾复合物＋乙二醇、氯化钙等，其中，二氯异氰脲酸钠有效浓度为 0.2%～0.3%，过硫酸氢钾复合物有效浓度为 0.2%～0.5%）。可使用高温火焰对地面进行消毒。

2. 舍内消毒

冬春季不建议舍内带猪消毒，舍内环境消毒时可使用 0.2%～0.5% 的过硫酸氢钾复合物。

3. 饮水消毒

使用二氧化氯、漂白粉等对猪只饮用水进行消毒，可合理添加酸化剂。

4. 物资消毒

物资（疫苗和精液等温度敏感物品除外）到达养殖场后，应恢复至室温后再进行消毒处理。物资消毒宜在室内，避免露天消毒。优先选择烘干消毒，无法烘干消毒的物资可选择浸泡消毒。

（1）烘干消毒。在 60～70℃保持 30 分钟，消毒过程中，物品之间留有空隙，避免堆叠，确保热空气流通。

（2）浸泡消毒。宜使用 25℃左右的温水配制消毒剂，也可在室内安装供暖设备，将室温控制在 25℃左右。消毒液应完全浸没消毒物品 30 分钟以上，期间可轻微搅动，确保所有物品表面均充分接触消毒液。

5. 应急消毒

疫情风险较大时，可考虑每周进行一次全面、无死角的"白化"消毒（使用 15%～20% 的石灰乳 +2%～3% 的火碱溶液，配制成碱石灰混悬液），以便可视化消毒区域，并且延长消毒剂作用时间。也可使用 10% 戊二醛、苯扎溴铵溶液进行"泡沫白化"消毒。

（二）做好物资储备

为减少物资进场频次，降低非洲猪瘟传入风险，可做好物资采购计划，建议根据生产需求集中采购，适当储备 2～3 个月的物资。不同批次物资标记好入库时间，按入库先后顺序取用。冬季可增加物资的静置存放时间，25℃以上静置 10 天。

1. 规模化猪场

可在猪场外围和场内建物资静置库，静置库宜独立专用，室内温度控制在 20～25℃。加强静置库管理，做好采样检测，保证消毒效果。易耗物资尽量选用固定供货商，并定期采样检测。

2. 中小养殖场（户）

可在猪场门口配置物资消毒间，包括烘干房和浸泡池（桶）。消毒时应确保烘干间内物品受热均匀，物资要完全浸泡在消毒液液面以下。入冬前，可提前购置冬春季使用的兽药疫苗，消毒后放入库房备用；食物干货类可提前进场，水果蔬菜类每 2 周供应一次。不采购和食用非本场猪肉及与猪肉相关的熟食、火腿、风干肉、水饺、方便面等产品。

（三）加强引种管理

北方地区猪场在每年11月前，宜一次性引入足够量的小日龄后备猪，至翌年3—4月，不再进行引种，尽可能降低引种带来的风险。

1. 规模化猪场

若必须引种，需制定严格的引种生物安全方案，从种源选择、车辆洗消、路途运输到猪只卸载均需制定操作方案，各环节要有专人负责。要对种源进行背景资料调查和实地调研，包括供种猪场的选址、生物安全防护水平、途经区域环境等。要对猪场周边环境采样评估。引种严格执行3次非洲猪瘟病毒核酸和抗体的全群检测（引种前1周、引种后1周、入群前1周）。

2. 中小养殖场（户）

选择信誉好的集团猪场采购仔猪。同一猪场选择单一种源，并采取"全进全出"的原则。运猪车辆须经清洗、洗消、烘干、采样检测合格后方可使用。

（四）减少人员流动

人员携带被污染的物品流动，是非洲猪瘟病毒进入场内、在场内扩散的重要途径。冬春季节，可采取措施减少场内人员流动，降低出入次数。禁止无关人员靠近场区；鼓励员工带薪工作，减少休假频次。外来人员（如维修人员、施工人员）进场时，要保证彻底淋浴，全程监管。

1. 采用三段式洗浴

人员进场淋浴是防止人员机械性带入非洲猪瘟病毒的有效措施。合理采用三段式洗浴（一次更衣、淋浴、二次更衣）可消除人员携带非洲猪瘟病毒的风险。

（1）规模化猪场。猪场外围、门卫及生产线须配置标准淋浴间（一次更衣间、淋浴间、二次更衣间）。人员经充分淋浴、全面采样检测合格后方可进场进线。也可在场外设立人员隔离点，入场人员先在此进行采样、淋浴更衣，检测结果阴性后再由专车送到猪场，到达猪场生活区后再次进行采样、淋浴更衣，经过24小时隔离后即可淋浴更衣后进入猪舍。另外，入场人员也可在场区内隔离点采样检测，结果合格的，经淋浴后可以直接进入场区生活区，缩短隔离时间。

（2）中小养殖场（户）。可在猪场门口配置标准淋浴间（一次更衣间、淋浴间、二次更衣间），需有上下水和地暖。人员进场前在家或宾馆充分淋浴，住宿隔离8小时以上，换干净衣服到场。进场流程为：在一次更衣间内将衣服脱下后放入盛有消毒液的桶内浸泡，进入淋浴间充分淋浴，之后在二次更衣间内换新衣服进场。猪舍门口也应配置换衣间，人员进出猪舍要洗手、换衣服和鞋靴。

2. 注意个人物品消毒

对人员携带的个人物品也要经消毒后带入。对于电子产品类（手机、电脑、充电器、耳机、鼠标、键盘、U盘等），可使用75%酒精擦拭；对于防水的生产配件、工具、用品等，可用过硫酸氢钾复合物粉（1∶200），或过硫酸氢钾复合盐泡腾片（1∶400，即10片兑水4千克）浸泡消毒30分钟；对于劳保用品、办公用品等不能浸泡的物品，可60～70℃烘干30分钟。

（五）控制车辆进场

猪场使用的拉猪车、拉料车、无害化处理车等运输车辆易污染非洲猪瘟病毒。运输车辆要经彻底清洗、消毒、烘干及检测合格后使用。要尽量选择在场外作业，避免车辆入场。

1. 规模化猪场

要专车专用，要严格执行车辆洗消流程：粗洗—皂洗（泡沫清洗）—精洗—沥干—消毒—干燥—检测。当室外温度低于18℃时，车辆消毒可使用低温消毒剂。车辆经过的路面可使用火焰消毒。

2. 中小养殖场（户）

可对猪场门口的路面进行硬化，硬化面积应大于 $(15×4)$ 米^2，便于对到场车辆进行彻底消毒。猪场内使用围挡进行分区。使用散装料的，建散装料仓，拉料车到达猪场附近，场外指定人员对车辆轮胎、底盘消毒后打料，拉料车驶离后，立即对车辆经停地消毒。使用袋装料的，建密闭的饲料静置库，到场饲料静置15天以上后使用。静置库内可加地仓和绞龙，在舍内加接料管，饲喂时在舍内接料。

（六）提高猪只健康水平

健康程度好的猪群，群体免疫力高，疫病抵抗力强。入冬前全面提升猪群的健康水平非常重要。

1. 控制常见病

冬春季支原体病、格拉瑟病（副猪嗜血杆菌病）、链球菌病等呼吸道疫病以及大肠杆菌病、产气荚膜梭菌病等消化道疫病高发。生猪患病后，呼吸道、消化道黏膜受损，非洲猪瘟病毒更易通过损伤黏膜侵入。可对生猪进行药物保健以降低病原在猪群中的循环，也可通过疫苗免疫方式提高群体抵抗力。为降低因饲料导致的胃肠道损伤，可通过调整饲料配方及生产工艺，减小饲料粒径。

2. 及时淘汰病猪

加大病弱猪淘汰力度，及时将猪群中的易感动物剔除，降低猪群感染非洲猪瘟病毒风险。

3. 加强饲养管理

（1）饲喂。检查每批入库饲料数量、料号、保质期，确保料号和数量正确并在保质期内。查看料槽、料斗，确保不缺料，保证猪只自由采食，仔猪料槽添加最大量不超过料槽容量的1/3，少喂勤添，不饲喂霉变饲料。

（2）饮水。检查储水桶是否按要求消毒，水量是否充足，水嘴是否能正常使用，水管是否有损坏、漏水等现象，每天按压水嘴，检查水压流速是否满足猪只需求，缺水时及时补充。

（3）通风。查看猪舍门窗、风机是否正常，有无贼风情况，防止出现对流风、穿堂风。查看出粪口是否封闭。早晨进入猪舍时通过感受舍内氨气味，判断通风状况。

（4）温湿度。查看猪舍温度、湿度是否满足当前猪群日龄的需求，关注舍内温差大小。

（5）卫生。查看地面是否干净，是否存在粪便堆积、尿水积存的现象，猪栏墙、水管、料槽等部位是否尘土过多，舍内是否有蜘蛛网。

4. 做好环境控制

冬季，规模化猪场做好风机、水帘、门窗等的密封保暖工作，同时在所有进风口加装初效过滤棉，风机口加风机罩，降低春季刮风时病原随风沙进入猪场的风险。

（1）保温。冬季在进猪前一天将舍温提升到26℃以上，锅炉水温达到55～65℃。配备足够的地暖面积、散热器、煤炭等燃料，按照猪只体重、日龄保证相应的舍内温度，昼夜温差控制在2～3℃以内。可增加保温措施，舍外北墙封无纺布，门口外设挡风墙，粪口设挡板，封住风机和湿帘口，舍门内设门帘，舍中间设隔离帘，舍内吊顶，备足垫料，弱猪配备烤灯。冬季肥猪销售后，空栏期要把地暖、暖风机、饮水器内的水全部放掉，防止冻坏，下次运行时先加水排气再烧锅炉供暖。

（2）通风。冬季舍内应没有氨气味，空气粉尘含量低，通风的风速控制在3米/秒以内，舍内温度控制均匀。自然通风的猪舍，冬季开窗时要注意打开所有窗户，打开的大小以人站在舍内窗户前感受不到风速为标准，达到均匀通风，不能打开舍门。机械通风的猪舍，采用排风扇定时抽风，抽风时段保证对温度影响控制在2℃以内。也可开启天窗排风，每小时通风量 = 猪数 × 猪只均重 ×0.65，根据猪舍所需通风量选择风机大小。安装变频温控设备的，不使用定时开关。

（七）强化防鼠措施

冬季天气寒冷、食物匮乏，温暖的猪舍以及猪舍内的饲料对老鼠有很大的吸引力。虽然老鼠不是非洲猪瘟病毒的潜在宿主，但非洲猪瘟病毒可以通过机械携带的方式通过它们进入猪舍。

每周对实体围墙、猪舍围墙的密闭性进行检查，遇到缝隙应用水泥、腻子粉、发泡胶等进行填补，生产区顶棚与生产区连接处使用发泡胶或尼龙网密封，投放机械式捕鼠笼。垃圾桶使用前套垃圾袋，使用后盖上盖子。餐厨剩余物要做到每天处理。垃圾坑安装防护网，坑内定期投放鼠药，防止老鼠觅食。料车离开后，应立即清扫料塔周边残余饲料，装入密闭垃圾桶。定期查看场内有无老鼠痕迹，舍内检查有无鼠粪，各建筑物、设备等有无老鼠啃咬痕迹。

（八）降低饲料带毒风险

饲料原料的种植、收获、运输，成品料的生产加工、储存和运输等环节，均可能被病毒污染。特别是在田间地头或公路进行自然晾晒的饲料原料极易受到污染。使用袋装饲料的猪场，可设立袋装饲料静置库，在20～25℃环境中静置14天后再转运到生产区饲喂；采用散装料仓的猪场，可增加静置料塔，静置7～14天后再进入饲喂管道。

第三节　口蹄疫

口蹄疫是由口蹄疫病毒感染引起偶蹄动物的一种急性、烈性、接触性传染病。口蹄疫可造成巨大经济损失和社会影响，世界动物卫生组织将口蹄疫列为必须报告的动物传染病，我国农业农村部规定口蹄疫为一类动物疫病。

一、诊断方法

（一）流行情况

目前，我国仍是口蹄疫危害较为严重的国家之一，流行情况比较复杂。O型、亚洲Ⅰ型、A型3种血清型口蹄疫病毒并存，猪牛羊等易感动物都有感染。其中，O型呈地方性流行，亚洲Ⅰ型持续多年无疫，A型零星散发。加之，周边国家或地区常年发生口蹄疫，境外疫情传入风险极大，对我国构成严重威胁，特别是来自境外的O型、亚洲Ⅰ型、A型变异毒株以及C型、SAT1型、SAT2型、SAT3型等其他血清型口蹄疫传入风险较大，控制和消灭口蹄疫的工作仍将面临不少困难和挑战，任重道远。

（二）易感动物

偶蹄目动物，包括牛科动物（牛、瘤牛、水牛、牦牛）、绵羊、山羊及所有野生反刍动物和猪科动物对口蹄疫病毒均易感，骆驼科动物易感性较低。马属动物不感染口蹄疫。

（三）临床症状

易感动物卧地不起或跛行，牛可见呆立流涎；易感动物唇部、舌面、齿龈、鼻镜、蹄踵、蹄叉、乳房等部位出现水疱；发病后期，水疱破溃、结痂，严重者蹄壳脱落，恢复期可见瘢痕、新生蹄甲；传播速度快，发病率高；成年动物死亡率低，幼畜常突然死亡且死亡率高，仔猪常成窝死亡。

（四）病理变化

消化道可见水泡、溃疡；幼畜可见骨骼肌、心肌表面出现灰白色条纹，形色酷似虎斑。

（五）结果判定

易感动物出现上述临床症状和病理变化，可判定为疑似口蹄疫。确诊应采集有临床症状动物的水疱皮、水泡液，也可采集未见明显临床症状易感动物的血清、反刍动物O-P液进行实验室诊断。

二、防控技术

当前，我国口蹄疫疫情形势总体平稳，但国家口蹄疫参考实验室发现部分猪群中口蹄疫流行毒株发生变异，同时中东地区近年来流行的南非2型（SAT 2型）口蹄疫病毒传入我国风险较高，防控工作面临新挑战。

（一）确保疫苗免疫到位

1. 科学选择疫苗

疫苗免疫是口蹄疫防控的有效手段。口蹄疫有7个血清型，不同血清型之间无交叉免疫保护性，同一血清型不同毒株的抗原性也存在差异，需选择疫苗毒株与优势流行毒株匹配性好的疫苗。从监测数据看，目前我国猪群中主要流行O型CATHAY拓扑型毒株和O型Mya-98毒株，牛羊群中主要流行O型Ind-2001e毒株。从国家口蹄疫参考实验室对流行毒株和疫苗株抗原匹配性分析看，当前部分疫苗毒株与猪CATHAY流行毒株匹配性下降。为确保防控效果，选择使用抗原谱广、纯度高的疫苗，并实施加强免疫，提高保护效果。各地在监测工作中，重点关注口蹄疫免疫群体中的发病畜，及时将阳性样品送国家口蹄疫参考实验室进行病原分析。密切跟踪流行毒株变异情况，评价疫苗免疫的有效性。

2. 规范实施免疫

鼓励有条件的养殖场监测幼畜母源抗体水平，通常畜群母源抗体合格率在50%左右时，进行首次免疫。仔猪可选择在28～60日龄时进行初免，羔羊可在28～35日龄时进行初免，犊牛可在90日龄左右进行初免。首次免疫后，间隔1个月进行一次加强免疫，以后每间隔4～6个月再次进行加强免疫。家畜在调运前21～28天可进行一次强化免疫。免疫前应认真阅读疫苗使用说明书，检查家畜健康状况和疫苗性状，遵守疫苗注射操作规程，严格消毒注射器械和部位，注射深度应适中，注射后观察不良反应。

3. 评估免疫效果

免疫后需定期监测抗体水平，评估免疫效果。使用灭活疫苗免疫的，按《口蹄疫诊断技术》（GB/T 18935—2018）推荐的ELISA方法检测抗体；使用合成肽疫苗免疫的，采用 VP1 结构蛋白抗体 ELISA 方法检测抗体。猪免疫 28 天后，牛羊等免疫 21 天后，抗体检测结果合格，判定为个体免疫合格。免疫合格个体数量占免疫群体总数不低于 70% 的，判定为群体免疫合格。根据监测结果，及时调整免疫程序或实施补免。

（二）加强疫病风险监测

1. 强化边境地区监测

中东地区持续流行的 SAT 2 型口蹄疫病毒，可能通过动物或动物产品贸易、野生动物跨境活动及走私等途径传入我国。边境地区要加大排查力度，科学布局监测场点，针对接壤地区、动物或动物产品集散地等重点区域和场所，强化病原学监测，检出阳性的，及时报送监测信息，并及时将阳性样品送国家口蹄疫参考实验室作进一步分析。

2. 强化重点环节监测

要强化调运、屠宰环节和散养场户等免疫薄弱环节的监测，加大抽样检测比例和频次，及时组织补免，筑牢防疫屏障。密切关注不同口蹄疫病毒株在畜群中的感染和流行状况，及时发现变异毒株。

3. 科学选择检测试剂

目前市售检测试剂的敏感性和特异性存在差异，部分抗体检测试剂存在血清型交叉检出情况。要使用口蹄疫样品盘筛选检测试剂，根据检测目的选择相应试剂，免疫效果评估应选择能反映免疫保护水平，且特异性好的检测试剂，并通过标准样品等质控品跟踪评价所用试剂的稳定性。

（三）强化家畜及其产品的检疫

1. 严格产地检疫

家畜离开饲养地之前，养殖场（户）应当向所在地动物卫生监督机构申报检疫。已经取得产地检疫证明的，从交易市场继续出售或运输的，货主应当向所在地动物卫生监督机构申报检疫。动物卫生监督机构受理检疫申报时，应当结合当地口蹄疫疫情状况，并根据动物检疫管理办法和检疫规程规定作出是否受理决定。实施检疫时，官方兽医或协检人员应当了解养殖场（户）是否按规定进行了口蹄疫免疫，且在免疫保护期内。检疫合格的，出具检疫证明；检疫不合格的，按照国家有关规定处理。

2. 强化屠宰检疫

屠宰加工场所要严格执行家畜入场查验登记、待宰巡查等制度，查验进场待宰家畜的产地检疫证明和畜禽标识，发现家畜出现疑似口蹄疫症状的，应当立即向农业农村主管部门或者动物疫病预防控制机构报告。

（四）强化生物安全管理

指导养殖场（户）根据本场实际建立人员、车辆、畜群、物资等管理制度，严格落实生物安全措施。限制无关人员进出养殖场，严格执行进出人员更衣换鞋、手部消毒等卫生制度，有条件的养殖场，可在入口处设立淋浴间。禁止外来车辆随意进入养殖场，确需进入的，应彻底清洗消毒。场内严格实施净区和污区管理，人员、物资、车辆、家畜等应遵循从低风险区向高风险区移动的原则。落实引种隔离观察制度，确认畜群健康后方可混群饲养。

（五）严格疫情报告处置

一旦发现病畜出现体温升高，唇部、舌面、齿龈、鼻镜、蹄踵、蹄叉、乳房等部位有水疱等症状，要立即向所在地农业农村主管部门或者动物疫病预防控制机构报告，限制家畜及其产品、饲料及垫料、废弃物、运载工具、有关设施设备等移动。对所有病死畜、被扑杀畜及其产品、排泄物，以及被污染或可能被污染的饲料、垫料及污水等，进行无害化处理。对被污染或可能被污染的物品、用具、交通工具、圈舍环境等进行彻底清洗消毒。

第四节　高致病性蓝耳病

高致病性猪蓝耳病是由猪繁殖与呼吸综合征（俗称蓝耳病）病毒变异株引起的一种急性高致死性疫病。农业农村部将其列为一类动物疫病。

一、诊断方法

（一）流行特点

蓝耳病病毒在我国猪群的感染率很高，猪群抗体阳性率在10%～88%，目前，蓝耳病病毒在猪场的持续性感染是该病在流行病学上的一个重要特征，在感染猪的血清、淋巴结、脾脏、肺脏等组织可以存活很长时间，并可向环境排毒。日龄大的猪和种猪表现为隐性感染。在我国，种猪带毒现象比较严重，从母猪血液和公猪精液经常可以检测到蓝耳病病毒，病毒可通过胎盘和精液传播。带毒母猪和感染母猪可表现出发情障碍，如滞后产、不发情等。

（二）临床症状

体温明显升高，可达41℃以上；眼结膜炎、眼睑水肿；咳嗽、气喘等呼吸道症状；部分猪后躯无力、不能站立或共济失调等神经症状；仔猪发病率可达100%、死亡率可达50%以上，母猪流产率可达30%以上，成年猪也可发病死亡。

二、疫情处置

任何单位和个人发现猪出现急性发病死亡情况,应及时向当地动物疫病预防控制机构报告。当地动物疫病预防控制机构在接到报告或了解临床怀疑疫情后,应立即派员到现场进行初步调查核实,并采集样品进行实验室诊断以确认疫情。

判定为疑似疫情时,应对发病场/户实施隔离、监控,禁止生猪及其产品和有关物品移动,并对其内、外环境实施严格的消毒措施。对病死猪、污染物或可疑污染物进行无害化处理。必要时,对发病猪和同群猪进行扑杀并无害化处理。

确认疫情后,由所在地县级以上兽医主管部门划定疫点、疫区、受威胁区。疫点内,扑杀所有病猪和同群猪;对病死猪、排泄物、被污染饲料、垫料、污水等进行无害化处理;对被污染的物品、交通工具、用具、猪舍、场地等进行彻底消毒。疫区内,对被污染的物品、交通工具、用具、猪舍、场地等进行彻底消毒;对所有生猪用高致病性猪蓝耳病灭活疫苗进行紧急强化免疫,并加强疫情监测。对受威胁区所有生猪用高致病性猪蓝耳病灭活疫苗进行紧急强化免疫,并加强疫情监测。

三、防控技术

(一)加强监测力度

对种猪场、隔离场、边境、近期发生疫情及疫情频发等高风险区域的生猪进行重点监测。各级动物疫病预防控制机构对监测结果及相关信息进行风险分析,做好预警预报。农业农村部指定的实验室对分离到的毒株进行生物学和分子生物学特性分析与评价。

各地要加大疫情监测力度,及时准确掌握病原分布和疫情动态,科学评估发生风险,及时发布预警信息。要选择一定数量的养殖场(户)、屠宰场和交易市场作为固定监测点,持续开展监测。

养殖场要按照"一场一策、一病一案"要求,根据本场实际,制订切实可行的净化方案,有计划地实施监测净化。在稳定控制阶段,重点开展免疫效果监测,达到良好的免疫保护后,加大病原学监测力度;在净化阶段,要以血清学监测为主、病原学监测为辅。通过扑杀阳性动物,逐步培育建立阴性种猪群和后备猪群。国家核心育种场要优先开展监测净化工作,发挥带动作用。

(二)提高免疫质量

对所有生猪用高致病性猪蓝耳病灭活疫苗进行免疫。发生高致病性猪蓝耳病疫情时,用高致病性猪蓝耳病灭活疫苗进行紧急强化免疫。各级动物疫控机构定期对免疫猪群进行免疫抗体水平监测,根据群体抗体水平消长情况及时加强免疫。

（三）加强饲养管理

实行封闭饲养，建立健全各项防疫制度，做好消毒、杀虫灭鼠等工作。

第五节　猪肺疫

猪肺疫（猪巴氏杆菌病）是由多杀性巴氏杆菌引起的一种急性传染病。

一、诊断方法

（一）流行特点

多杀性巴氏杆菌能感染多种动物，猪是其中一种，各种年龄的猪都可感染发病，小猪和中猪的发病率较高。病猪和健康带菌猪是传染源，病原体随分泌物及排泄物排出体外，经呼吸道、消化道及损伤的皮肤而传染。带菌猪受寒、感冒、过劳、饲养管理不当，使抵抗力降低时，可发生个体内源性传染。猪肺疫常为散发，当猪处在不良的外界环境中，如寒冷、闷热、气候剧变、潮湿、拥挤、通风不良、营养缺乏、疲劳、长途运输等，致使猪的抵抗力下降，这时病原菌大量增殖并引起发病。另外病猪经分泌物、排泄物等排菌，污染饮水、饲料、用具及外界环境，经消化道而传染给健康猪，也是重要的传染途径。也可由咳嗽、喷嚏排出病原，通过飞沫经呼吸道传染。此外，吸血昆虫叮咬皮肤及黏膜伤口都可传染。该病一般无明显的季节性，但以冷热交替、气候多变、洪涝灾区高温季节多发，一般呈散发性或地方流行性。

该病常见于中、小猪发病；一年四季中，以秋末春初及气候骤变季节发生最多，南方易发生于潮湿闷热的5—9月，以流行性猪肺疫出现。

（二）临床症状

该病潜伏期1～5天，一般为2天左右。主要症状为体温明显升高（42.2℃），食欲废绝，呼吸极度困难，持续性咳嗽，可视黏膜发脓性结膜炎，先便秘后腹泻，耳根、腹侧、四肢内侧出现红斑，死亡率高达50%。临床症状分为最急性、急性和慢性三型。最急性型多见于流行初期，常突然死亡。病程稍长者，体温升高（40～42℃），食欲废绝，全身衰弱，卧地不起。结膜充血、发绀。耳根、颈部、腹侧及下腹部等处皮肤发生红斑，指压不全褪色。最特征症状是咽喉红、肿、热、痛，急性炎症，严重者局部肿胀可扩展到耳根及颈部。呼吸极度困难，口鼻流血样泡沫，多经1～2天窒息而死。急性型主要呈现纤维素性胸膜肺炎。除败血症状外，病初体温升高达40～41℃，痉挛性干咳，有鼻漏和脓性结膜炎。初便秘，后腹泻。呼吸困难，常呈犬坐姿势，胸部触诊有痛感，听诊有啰音和摩擦音。多因窒息死亡。病程 4～6 天，不死者转为慢性。慢性型主要呈现慢性肺炎或慢性胃肠炎。病猪持续咳嗽，呼吸困难，鼻流出黏性或脓性分泌物，胸部听诊有啰音和摩擦音。关节肿胀。时发腹泻，呈进行性营养不良，极度消瘦，最后多因衰竭致死，病程 2～4 周。

（三）鉴别诊断

该病的最急性型病例常突然死亡，慢性病例的症状、病变都不典型，并常与其他疾病混合感染，单靠流行病学、临床症状、病理变化诊断难以确诊，应根据流行病学、症状、病理变化及细菌学检查的综合资料分析、判定。注意与猪瘟、猪丹毒相区别。最急性病例，咽喉部的肿胀和炎症，剖检时的胶冻样浸润都与败血型的炭疽相似，但猪急性炭疽很少发生，且不形成流行。剖检时炭疽脾脏肿大与猪肺疫不同，如取局部病料细菌学检查，两者病原形态等有明显的不同，易于区别。

二、防控技术

在部分健康猪的上呼吸道带有巴氏杆菌，由于不良因素的作用，常可诱发该病。因此，预防该病的根本办法，必须贯彻"预防为主"的方针，消除降低猪体抵抗力的一切不良因素，加强饲养管理，做好动物防疫工作，以增强猪体的抵抗力；每年春秋两季定期进行预防注射，以增强猪体的特异性抵抗力。

发病时，隔离病猪，及时治疗。病猪可用青霉素水剂 40 万单位肌内注射，每天 2～3 次，连用 3～5 天。链霉素为 1 克，每日分 2 次肌内注射。20% 磺胺噻唑钠或磺胺嘧啶钠注射液，小猪为 10～15 毫升，大猪为 20～30 毫升，肌内或静脉注射，每日 2 次，连用 3～5 天。

对洪涝地区做好消毒和护理工作。猪舍的墙壁、地面、饲养管理用具要进行消毒，粪便废弃物堆积发酵；必要时，对发病群的假定健康猪，可用猪肺疫抗血清进行紧急预防注射，剂量为治疗量的一半；患慢性猪肺疫的小僵猪淘汰处理为好。

第六节　新城疫

新城疫是由新城疫病毒（副黏病毒 NDV）强毒株引起的一种高度接触性禽类烈性传染病。世界动物卫生组织将其列为必须报告的动物疫病，我国将其列为二类动物疫病。

一、诊断技术

依据该病流行病学特点、临床症状、病理变化、实验室检验等可作出诊断，必要时由国家指定实验室进行毒力鉴定。

（一）病原与流行特点

该病的病原为副黏病毒，即新城疫病毒，属副黏病毒科、副黏病毒亚科、腮腺炎病毒属，存在于病禽的血液、粪便、肾、肝、脾、肺、气管等，其中脑、脾、肺中含量最高，因此进行实验室诊断采集病料时可以有重点地采集这些病毒含量高的组织器官。

病毒的抵抗力不强，对热、干燥、日光等敏感。在酸性或碱性溶液中易被破坏，对乙醚、氯仿等有机溶剂敏感。对一般消毒剂的抵抗力不强，常用消毒剂如2%氢氧化钠、1%来苏儿、3%石炭酸、1%~2%甲醛溶液均可在几分钟内杀死该病毒。病毒在阴暗、潮湿、寒冷的环境中能存活很久，如组织或尿囊液中的病毒在0℃环境中至少能存活1年以上，在-35℃冰箱中至少能存活7年。

鸡、火鸡、鹌鹑、鸽子、鸭、鹅等多种家禽及野禽均易感，各种日龄的禽类均可感染。非免疫易感禽群感染时，发病率、死亡率可高达90%以上；免疫效果不好的禽群感染时症状不典型，发病率、死亡率较低。该病传播途径主要是消化道和呼吸道。传染源主要为感染禽及其粪便和口、鼻、眼的分泌物。被污染的水、饲料、器械、器具和带毒的野生飞禽、昆虫及有关人员等均可成为主要的传播媒介。

（二）临床症状

该病的潜伏期为21天。临床症状差异较大，严重程度主要取决于感染毒株的毒力、免疫状态、感染途径、品种、日龄、其他病原混合感染情况及环境因素等。根据病毒感染禽所表现临床症状的不同，可将新城疫病毒分为5种致病型：嗜内脏速发型以消化道出血性病变为主要特征，死亡率高；嗜神经速发型以呼吸道和神经症状为主要特征，死亡率高；中发型以呼吸道和神经症状为主要特征，死亡率低；缓发型以轻度或亚临床性呼吸道感染为主要特征；无症状肠道型以亚临床性肠道感染为主要特征。

发病急、死亡率高；体温升高、极度精神沉郁、呼吸困难、食欲下降；粪便稀薄，呈黄绿色或黄白色；发病后期可出现各种神经症状，多表现为扭颈、翅膀麻痹等。在免疫禽群表现为产蛋下降。

（三）病理变化

剖检，全身黏膜和浆膜出血，以呼吸道和消化道最为严重；腺胃黏膜水肿，乳头和乳头间有出血点；盲肠扁桃体肿大、出血、坏死；十二指肠和直肠黏膜出血，有的可见纤维素性坏死病变；脑膜充血和出血；鼻道、喉、气管黏膜充血，偶有出血，肺可见淤血和水肿。

多种脏器的血管充血、出血，消化道黏膜血管充血、出血，喉气管、支气管黏膜纤毛脱落，血管充血、出血，有大量淋巴细胞浸润；中枢神经系统可见非化脓性脑炎，神经元变性，血管周围有淋巴细胞和胶质细胞浸润形成的血管套。

《国家新城疫防治指导意见（2017—2020年）》发布实施以来，各地各部门坚持预防为主，切实落实免疫、监测、扑杀、消毒、无害化处理等各项综合防治措施，加大防控工作力度，新城疫疫情发生概率明显下降，感染率总体维持在较低水平，全国防控工作取得显著成效，农业农村部在2022年6月23日发布公告第573号中，将新城疫从一类动物疫病调整为二类动物疫病。但是，我国局部地区新城疫病毒污染仍较严重，疫情呈持续性地方流行。由于免疫密度和剂量的增加，典型的新城疫发病虽得到有效控制，而非典型新城疫的发病则随时可见。

一般的，在下列情况下要首先考虑有非典型性新城疫发生：所有的以咳嗽为主的呼吸声音异常，几乎所有新城疫引起的呼吸道异常，鸡群内咳嗽声是最明显，并且是湿性咳嗽；顽固性呼吸道病，长时间治疗无效，或轻微有效的呼吸道病；鸡群内陆续出现运动失调的鸡，尤其是青年鸡，其他没什么症状；出现扭头，角弓反张，翅膀不停扇动，异常兴奋地前跑后退等现象的鸡群；遇到有怪叫鸡只的鸡群，有口流乳白色液体的鸡只出现的鸡群；粪便内有明显的黄白色的稀便，堆型有1元硬币大小的，粪便内有黄色稀便加带草绿色的，像乳猪料样的疙瘩粪，或加带有草绿的黏液脓状物质，顽固性腹泻的鸡群；蛋壳质量明显变差，最近60天左右没用过新城疫疫苗的鸡群；刚开产，可产蛋率徘徊不升的鸡群（多是因为慢性球虫病，但新城疫也会），其他无异常；刚用过新城疫疫苗，出现呼吸困难，呼吸异常的鸡群。

（四）实验室诊断

根据流行病学、症状和病理变化可以作出初步诊断。该病的症状主要是消化道症状明显、排稀粪，有的表现神经症状；症状明显，如流眼泪、流鼻液、呼吸困难等。病理变化特点主要是肠道出血、结痂，脾脏有白色坏死灶，胰脏有白色坏死灶等。确诊需要进行实验室诊断。病原学诊断必须在相应级别的生物安全实验室进行。

二、防控技术

（一）预防

1. 免疫预防

各地要继续对鸡实施全面免疫，根据当地实际和监测情况对其他家禽开展免疫。及时制订实施新城疫免疫方案，做好免疫效果评价。

免疫接种是控制该病的重要措施。以鹅副黏病毒病为例，鹅副黏病毒属于基因Ⅳ NDV，与生产中常用的鸡新城疫疫苗株存在明显差异。因此，用鸡新城疫疫苗免疫不能有效预防鹅发生副黏病毒感染。在生产中。一般可以采用鹅源 NDV 的流行株来制备油乳剂灭活苗，对易感鹅群进行免疫。

种鹅产蛋前 2 周，每只皮下或肌内注射油乳剂灭活苗 0.5～1 毫升。抗体维持半年左右。免疫期内，种鹅的后代体内均有母源抗体保护，可以抵抗强毒的感染。种鹅未免疫副黏病毒疫苗的，其后代应在 7 日龄进行免疫接种，每只皮下或肌内注射油乳剂灭活苗 0.3～0.5 毫升，接种后 10 天内隔离饲养；种鹅免疫过油苗，其后代体内有母源抗体，可在 15～20 日龄进行免疫，每只皮下或肌内注射油乳剂灭活苗 0.3～0.5 毫升。首免后 2 个月进行 2 次免疫。

2. 监测净化

各地要持续开展疫情监测工作，加大病原学监测力度，及时准确掌握病原遗传演化规律、病原分布和疫情动态，科学评估新城疫发生风险和疫苗免疫效果，及时发布预警信息。要选择一定数量的养殖场（户）、屠宰场和交易市场作为固定监测点，开展监测工作。

及时扑杀野毒感染种禽，培育健康种禽群和后备禽群，逐步实现净化目标。

养殖场要按照"一病一案、一场一策"要求，根据本场实际，制订切实可行的净化方案，有计划地实施监测净化。

3. 检疫监管

各地动物卫生监督机构要加强家禽产地检疫和屠宰检疫，逐步建立以实验室检测和动物卫生风险评估为依托的产地检疫机制，提升检疫科学化水平。加强活禽移动监管，做好跨省调运种禽产地检疫和监管工作。要规范跨省调运电子出证，实现检疫数据互联互通。

（二）治疗

发病后，将病禽隔离或淘汰，死禽进行无害化处理。禽群中尚未出现症状的禽采用新城疫油乳剂灭活苗进行紧急接种，适当应用抗菌药物，以防止继发感染细菌性传染病，也可促进肠道病变的恢复。

对病禽可采用新城疫高免血清或高免卵黄抗体进行紧急注射，具有一定的治疗效果。

第七节　小反刍兽疫

小反刍兽疫（也称羊瘟）是由副黏病毒科、麻疹病毒属、小反刍兽疫病毒引起的，以发热、口炎、腹泻、肺炎为特征的急性接触性传染病，山羊和绵羊易感，山羊发病率和病死率均较高。2007年7月，小反刍兽疫首次传入我国。世界动物卫生组织将其列为法定报告动物疫病，我国将其列为一类动物疫病。

一、诊断方法

依据该病流行病学特点、临床症状、病理变化可作出疑似诊断，确诊需做病原学和血清学检测。

（一）流行特点

山羊和绵羊是该病唯一的自然宿主，山羊比绵羊更易感，且临床症状比绵羊更为严重。山羊不同品种的易感性有差异。牛多呈亚临床感染，并能产生抗体。猪表现为亚临床感染，无症状，不排毒。鹿、野山羊、长角大羚羊、东方盘羊、瞪羚羊、驼可感染发病。

该病主要通过直接或间接接触传播，感染途径以呼吸道为主。该病一年四季均可发生，但多雨季节和干燥寒冷季节多发。该病潜伏期一般为4～6天，也可达到10天，《OIE陆生动物卫生法典》规定潜伏期为21天。

（二）临床症状

山羊临床症状比较典型，绵羊症状一般较轻微。突然发热，第2～3天体温达40～42℃高峰。发热持续3天左右，病羊死亡多集中在发热后期。

病初有水样鼻液，此后变成大量的黏脓性卡他样鼻液，阻塞鼻孔造成呼吸困难。鼻内膜发生坏死。眼流分泌物，遮住眼睑，出现眼结膜炎。

发热症状出现后，病羊口腔内膜轻度充血，继而出现糜烂。初期多在下齿龈周围出现小面积坏死，严重病例迅速扩展到齿垫、硬腭、颊和颊乳头以及舌，坏死组织脱落形成不规则的浅糜烂斑。部分病羊口腔病变温和，并可在48小时内愈合，这类病羊可很快康复。多数病羊发生严重腹泻或下痢，造成迅速脱水和体重下降。怀孕母羊可发生流产。易感羊群发病率通常达60%以上，病死率可达50%以上。

特急性病例发热后突然死亡，无其他症状，在剖检时可见支气管肺炎和回盲肠瓣充血。

（三）病理变化

口腔和鼻腔黏膜糜烂坏死；支气管肺炎，肺尖肺炎；有时可见坏死性或出血性肠炎，盲肠、结肠近端和直肠出现特征性条状充血、出血，呈斑马状条纹；有时可见淋巴结特别是肠系膜淋巴结水肿，脾脏肿大并可出现坏死病变。

组织学上可见肺部组织出现多核巨细胞以及细胞内嗜酸性包涵体。

(四)实验室检测

检测活动必须在生物安全 3 级以上实验室进行。通过病原学检测、血清学检测等方法,进行结果判定。

1. 疑似小反刍兽疫

山羊或绵羊出现急性发热、腹泻、口炎等症状,羊群发病率、病死率较高,传播迅速,且出现肺尖肺炎病理变化时,可判定为疑似小反刍兽疫。

2. 确诊小反刍兽疫

符合疑似小反刍兽疫,且血清学或病原学检测阳性,可判定为确诊小反刍兽疫。

二、疫情报告与疫情处置

(一)疫情报告

任何单位和个人发现以发热、口炎、腹泻为特征,发病率、病死率较高的山羊或绵羊疫情时,应立即向当地动物疫病预防控制机构报告。

县级动物疫病预防控制机构接到报告后,应立即赶赴现场诊断,认定为疑似小反刍兽疫疫情的,应在 2 小时内将疫情逐级报省级动物疫病预防控制机构,并同时报所在地人民政府兽医行政管理部门。省级动物疫病预防控制机构接到报告后 1 小时内,向省级兽医行政管理部门和中国动物疫病预防控制中心报告。省级兽医行政管理部门应当在接到报告后 1 小时内报省级人民政府和国务院兽医行政管理部门。国务院兽医行政管理部门根据最终确诊结果,确认小反刍兽疫疫情。疫情确认后,当地兽医行政管理部门应建立疫情日报告制度,直至解除封锁。

疫情报告内容包括:疫情发生时间、地点,易感动物、发病动物、死亡动物和扑杀、销毁动物的种类和数量,病死动物临床症状、病理变化、诊断情况,流行病学调查和疫源追踪情况,已采取的控制措施等内容。

已经确认的疫情,当地兽医行政管理部门要认真组织填写"动物疫病流行病学调查表",并报中国动物卫生与流行病学中心调查分析室。

(二)疫情处置

1. 疑似疫情的应急处置

对发病场(户)实施隔离、监控,禁止家畜、畜产品、饲料及有关物品移动,并对其内、外环境进行严格消毒。必要时,采取封锁、扑杀等措施。

疫情溯源。对疫情发生前 30 天内,所有引入疫点的易感动物、相关产品来源及运输工具进行追溯性调查,分析疫情来源。必要时,对原产地羊群或接触羊群(风险羊群)进行隔离观察,对羊乳和乳制品进行消毒处理。

疫情跟踪。对疫情发生前 21 天内以及采取隔离措施前,从疫点输出的易感动物、相关产品、运输车辆及密切接触人员的去向进行跟踪调查，分析疫情扩散风险。必要时，对风险羊群进行隔离观察，对羊乳和乳制品进行消毒处理。

2. 确诊疫情的应急处置

按照"早、快、严"的原则，坚决扑杀、彻底消毒，严格封锁、防止扩散。

（1）划定疫点、疫区和受威胁区。

疫点：相对独立的规模化养殖场（户），以病死畜所在的场（户）为疫点；散养畜以病死畜所在的自然村为疫点；放牧畜以病死畜所在牧场及其活动场地为疫点；家畜在运输过程中发生疫情的，以运载病畜的车、船、飞机等为疫点；在市场发生疫情的，以病死畜所在市场为疫点；在屠宰加工过程中发生疫情的，以屠宰加工厂（场）为疫点。

疫区：由疫点边缘向外延伸3千米范围的区域划定为疫区。

受威胁区：由疫区边缘向外延伸10千米的区域划定为受威胁区。

划定疫区、受威胁区时，应根据当地天然屏障（如河流、山脉等）、人工屏障（道路、围栏等）、野生动物栖息地存在情况，以及疫情溯源及跟踪调查结果，适当调整范围。

（2）封锁。疫情发生地所在地县级以上兽医行政管理部门报请同级人民政府对疫区实行封锁，跨行政区域发生疫情的，由共同上级兽医行政管理部门报请同级人民政府对疫区发布封锁令。

（3）疫点内应采取的措施。扑杀疫点内的所有山羊和绵羊，并对所有病死羊、被扑杀羊及羊鲜乳、羊肉等产品按国家规定标准进行无害化处理，具体可参照《口蹄疫扑杀技术规范》和《口蹄疫无害化处理技术规范》执行；对排泄物、被污染或可能污染饲料和垫料、污水等按规定进行无害化处理，具体可参照《口蹄疫无害化处理技术规范》执行；羊毛、羊皮按规定方式进行处理，经检疫合格，封锁解除后方可运出；被污染的物品、交通工具、用具、禽舍、场地进行严格彻底消毒；出入人员、车辆和相关设施要按规定进行消毒；禁止羊、牛等反刍动物出入。

（4）疫区内应采取的措施。在疫区周围设立警示标志，在出入疫区的交通路口设置动物检疫消毒站，对出入的人员和车辆进行消毒；必要时，经省级人民政府批准，可设立临时动物卫生监督检查站，执行监督检查任务。

禁止羊、牛等反刍动物出入；关闭羊、牛交易市场和屠宰场，停止活羊、牛展销活动；羊毛、羊皮、羊乳等产品按规定方式进行处理，经检疫合格后方可运出；对易感动物进行疫情监测，对羊舍、用具及场地消毒；必要时，对羊进行免疫。

（5）受威胁区应采取的措施。加强检疫监管，禁止活羊调入、调出，反刍动物产品调运必须进行严格检疫；加强对羊饲养场、屠宰场、交易市场的监测，及时掌握疫情动态。

必要时，对羊群进行免疫，建立免疫隔离带。

（6）野生动物控制。加强疫区、受威胁区及周边地区野生易感动物分布状况调查和发病情况监测，并采取措施，避免野生羊、鹿等与人工饲养的羊群接触。当地兽医行政管理部门与林业部门应定期进行通报有关信息。

（7）解除封锁。疫点内最后一只羊死亡或扑杀，并按规定进行消毒和无害化处理后至少21天，疫区、受威胁区经监测没有新发病例时，经当地动物疫病预防机构审验合格，由兽医行政管理部门向原发布封锁令的人民政府申请解除封锁，由该人民政府发布解除封锁令。

（8）处理记录。各级人民政府兽医行政管理部门必须完整详细地记录疫情应急处理过程。

（9）非疫区应采取的措施。加强检疫监管，禁止从疫区调入活羊及其产品；做好疫情防控知识宣传，提高养殖户防控意识；加强疫情监测，及时掌握疫情发生风险，做好防疫的各项工作，防止疫情发生。

三、预防技术

（一）饲养管理

易感动物饲养、生产、经营等场所必须符合《动物防疫条件审核管理办法》规定的动物防疫条件，并加强种羊调运检疫管理。羊群应避免与野羊群接触。各饲养场、屠宰厂（场）、交易市场、动物防疫监督检查站等要建立并实施严格的卫生消毒制度。

（二）监测报告

县级以上动物疫病预防控制机构应当加强小反刍兽疫监测工作。发现以发热、口炎、腹泻为特征，发病率、病死率较高的山羊和绵羊疫情时，应立即向当地动物疫病预防控制机构报告。

（三）免疫

必要时，经国家兽医行政管理部门批准，可以采取免疫措施；与有疫情国家相邻的边境县，定期对羊群进行强制免疫，建立免疫带；发生过疫情的地区及受威胁地区，定期对风险羊群进行免疫接种。

《国家动物疫病强制免疫指导意见（2022—2025年）》中规定，对全国所有羊进行小反刍兽疫免疫。开展非免疫无疫区建设的区域，经省级农业农村部门同意后，可不实施免疫。日常对易感动物进行免疫接种时，通常在6月之前对2～6月龄的羔羊进行免疫接种。目前，最常用的是小反刍兽疫弱毒疫苗、可经颈部皮下注射，2周左右即可产生免疫抗体。也可使用小反刍兽疫活疫苗和小反刍兽疫、山羊痘二联活疫苗，按说明书使用。

（四）检疫

1. 产地检疫

羊在离开饲养地之前，养殖场（户）必须向当地动物卫生监督机构报检。动物卫生监督机构接到报检后必须及时派员到场（户）实施检疫。检疫合格后，出具合格证明；对运载工具进行消毒，出具消毒证明，对检疫不合格的按照有关规定处理。

2. 屠宰检疫

动物卫生监督机构的检疫人员对羊进行验证查物，合格后方可入厂（场）屠宰。检疫合格并加盖（封）检疫标志后方可出厂（场），不合格的按有关规定处理。

3. 运输检疫

国内跨省调运山羊、绵羊时，应当先到调入地动物卫生监督机构办理检疫审批手续，经调出地按规定检疫合格，方可调运。种羊调运时还需在到达后隔离饲养10天以上，由当地动物卫生监督机构检疫合格后方可投入使用。

4. 边境防控

与疫情国相邻的边境区域，应当加强对羊只的管理，防止疫情传入：禁止过境放牧、过境寄养，以及活羊及其产品的互市交易；必要时，经国务院兽医行政管理部门批准，建立免疫隔离带；加强对边境地区的疫情监视和监测，及时分析疫情动态。

第八节　牛结节性皮肤病

牛结节性皮肤病是由牛结节性皮肤病病毒引起的牛的一种全身性感染疫病，以皮肤出现结节为主要临床特征。牛结节性皮肤病不是人兽共患病，人不感染。我国农业农村部将其列为二类动物疫病。

一、诊断方法

（一）流行特点

该病的病原是痘病毒科、山羊痘病毒属、牛结节性皮肤病病毒。感染牛结节性皮肤病病毒的牛是该病的传染源。感染牛和发病牛的皮肤结节、唾液、精液等含有病毒。主要通过吸血昆虫（蚊、蝇、蠓、虻、蜱等）叮咬传播。可通过相互舔舐传播，摄入被污染的饲料和饮水也会感染该病，共用污染的针头也会导致在群内传播。感染公牛的精液中带有病毒，可通过自然交配或人工授精传播。

能感染所有牛，黄牛、奶牛、水牛等易感，无年龄差异。《OIE 陆生动物卫生法典》规定，潜伏期为 28 天。发病率可达 2%～45%。病死率一般低于 10%。该病主要发生于吸血虫媒活跃季节。

（二）临床症状

临床表现差异很大，跟动物的健康状况和感染的病毒量有关。体温升高，可达 41℃，可持续 1 周。浅表淋巴结肿大，特别是肩前淋巴结肿大。奶牛产奶量下降。精神消沉，不愿活动。眼结膜炎流鼻涕，流涎。发热后 48 小时皮肤上会出现直径 10～50 毫米的结节，以头、颈、肩部、乳房、外阴、阴囊等部位居多。结节可能破溃，吸引蝇蛆，反复结痂，迁延数月不愈。口腔黏膜出现水泡，继而溃破和糜烂。牛的四肢及腹部、会阴等部位水肿，导致牛不愿活动。公牛可能暂时或永久性不育。怀孕母牛流产，发情延迟可达数月。牛结节性皮肤病与牛疱疹病毒病、伪牛痘、疥螨病等临床症状相似，需开展实验室检测进行鉴别诊断。

（三）病理变化

消化道和呼吸道内表面有结节病变。淋巴结肿大，出血。心脏肿大，心肌外表充血、出血，呈现斑块状瘀血。肺脏肿大，有少量出血点。肾脏表面有出血点。气管黏膜充血，气管内有大量黏液肝脏肿大，边缘钝圆。胆囊肿大，为正常 2～3 倍，外壁有出血斑脾脏肿大，质地变硬，有出血状况。胃黏膜出血。小肠弥漫性出血。

（四）实验室检测

通过抗体检测、病原检测等方法进行病原检测和病毒核酸检测、病毒分离鉴定。

病毒分离鉴定工作应在中国动物卫生与流行病学中心（国家外来动物疫病研究中心）或农业农村部指定实验室进行。

（五）疫情报告和确认

按照动物防疫法和农业农村部规定，对牛结节性皮肤病疫情实行快报制度。任何单位和个人发现牛出现疑似牛结节性皮肤病症状，应立即向所在地畜牧兽医主管部门、动物卫生监督机构或动物疫病预防控制机构报告，有关单位接到报告后应立即按规定通报信息，按照"可疑疫情—疑似疫情—确诊疫情"的程序认定疫情。

1. 可疑疫情

县级以上动物疫病预防控制机构接到信息后，应立即指派两名中级以上技术职称人员到场，开展现场诊断和流行病学调查，符合牛结节性皮肤病典型临床症状的，判定为可疑病例，并及时采样送检。

县级以上地方人民政府畜牧兽医主管部门根据现场诊断结果和流行病学调查信息，认定可疑疫情。

2. 疑似疫情

可疑病例样品经县级以上动物疫病预防控制机构或经认可的实验室检出牛结节性皮肤病病毒核酸的，判定为疑似病例。

县级以上地方人民政府畜牧兽医主管部门根据实验室检测结果和流行病学调查信息，认定疑似疫情。

3. 确诊疫情

疑似病例样品经省级动物疫病预防控制机构或省级人民政府畜牧兽医主管部门授权的地市级动物疫病预防控制机构实验室复检，其中各省份首例疑似病例样品经中国动物卫生与流行病学中心（国家外来动物疫病研究中心）复核，检出牛结节性皮肤病病毒核酸的，判定为确诊病例。

省级人民政府畜牧兽医主管部门根据确诊结果和流行病学调查信息，认定疫情；涉及两个以上关联省份的疫情，由农业农村部认定疫情。

在牛只运输过程中发现的牛结节性皮肤病疫情，由疫情发现地负责报告、处置，计入牛只输出地。

相关单位在开展疫情报告、调查以及样品采集、送检、检测等工作时，应及时做好记录备查。疑似、确诊病例所在省份的动物疫病预防控制机构，应按疫情快报要求将疑似、确诊疫情及其处置情况、流行病学调查情况、终结情况等信息按快报要求，逐级上报至中国动物疫病预防控制中心，并将样品和流行病学调查信息送中国动物卫生与流行病学中心。中国动物疫病预防控制中心依程序向农业农村部报送疫情信息。

牛结节性皮肤病疫情由省级畜牧兽医主管部门负责定期发布，农业农村部通过《兽医公报》等方式按月汇总发布。

二、防控技术

（一）疫情处置

2020 年，农业农村部发布的《牛结节性皮肤病防治技术规范》（农牧发〔2020〕30 号）中，一方面要做好外防输入性病例，必须严把国门，严防引进疫区国家的活牛及其肉制品、皮张、精液等产品；还要求对确诊的 LSD 病例和病原学阳性病例立即扑杀，和病死牛及产品、污物、垫料等同时进行无害化处理。做好同群病原学阴性奶牛的隔离饲养和临床监视，发现异常，及时处置；对奶牛场环境、设施、车辆、用具、人员等进行彻底消毒，消灭蚊、蝇、蠓、虻、硬蜱等昆虫媒介，防止叮咬奶牛；疫区、受威胁区内，限制同群奶牛移动，禁止所有活牛调出和引进，严密监测和排查养殖场、屠宰场、交易场等感染风险和疫情动态，做好疫情监测和预警；在国内尚无特异性疫苗的情况下，选择临时替代疫苗山羊痘活疫苗对所有牛只进行紧急免疫，以保护非疫区健康牛群。

（二）预防

1. 加强饲养管理

要加强奶牛饲养管理，严格落实各项生物安全措施，加强并实施严格的卫生消毒，杀灭蠓、蜱、蚊、蝇等吸血虫媒，填埋养殖场周边死水塘，清理杂草和污物、垃圾，消除蚊虫滋生环境；按照动物疫病监测与流行病学调查计划的要求，加强对重点防控地区和重点环节的监测，加强对边境地区散放奶牛的巡查力度，为LSD风险评估提供科学依据。

2. 免疫接种

如有必要，根据各地实际情况，疫区可进行免疫接种，但必须逐级上报，待批准并备案后方可实施。

（1）常规免疫程序。每年3月，可试用山羊痘活疫苗5头份对所有易感牛进行普免，21～30天后再进行强化免疫1次；犊牛在出生后，可试用5头份山羊痘疫苗进行首次免疫，21～30天后强化免疫1次。

（2）一刀切式免疫程序。下列一刀切式免疫程序（表8-1）可供参考。

表8-1　一刀切式免疫程序

项目		时间	免疫对象
基础免疫	首免	3月底到4月初	全部易感牛
	二免	4月底到5月初	
犊牛免疫	首免	0～30日龄	犊牛
	二免	30～60日龄	

第九节　绵羊痘和山羊痘

绵羊痘和山羊痘是绵羊和山羊的病毒性疾病，是由绵羊痘病毒引起的一种接触性传染病，呈流行性，特征为发热、全身性丘疹或结节，有时也在黏膜上出现典型的痘疹，并有较高的死亡率。世界动物卫生组织把该病列为A类疾病，我国农业农村部列为二类动物疫病。

一、诊断方法

1. 病原及流行特点

由绵羊痘病毒引起。绵羊以细毛羊、羔羊易感，山羊痘少发。多发于冬末春初。

2. 临床症状及病理变化

绵羊痘和山羊痘的潜伏期一般为 7～14 天，感染初期表现为发热，精神、食欲渐差，经 2～3 天，当体温升至 40℃以上时，即先在体表无毛或少毛部皮肤及可视黏膜上出现痘疹，随后在全身出现散在或密集的痘疹，进而形成痘肿，分典型痘肿和非典型痘肿。

典型（全经过型）痘肿：初起时，痘肿呈圆形皮肤隆起，皮肤呈微红色，边缘整齐，进而发展为皮下湿润、水肿、水泡、化脓、结痂等系列反应，同时，痘肿的质地由软变硬，皮肤颜色也由微红色逐渐变为深红紫红，严重的可成为"血痘"。患羊一般为全身发痘，并伴有全身性反应。

非典型（不全经过型）痘肿：痘肿在发生、发展，直至消退的全过程中，皮肤无明显红色，无严重水肿以及出现水泡、化脓、结痂等系列反应，痘肿较小，质地较硬及至有的成为"石痘"。患羊无严重的全身性反应。

随病程发展，有的病羊尚可见鼻炎、眼结膜炎，失明，浅表淋巴结肿大，喜卧不起，废食，呼吸困难，肺炎和继发感染等症状。严重的体温急剧下降，随后死亡。

存活病羊，可在痘肿结痂后 1～2 个月，因痂皮自然脱落，而在皮肤上留下痘痕（疤）。

病羊痘肿皮肤的主要病理变化表现为一系列的炎性反应，包括细胞浸润、水肿、坏死和形成毛细血管血栓等。尸体剖检，通常可见不同程度的黏膜坏死、全身淋巴结肿大，呼吸和消化器官上有大小、多少不等的痘斑、结节或溃疡。特别是在肺脏尤为明显。在肝、肾表面，偶能见到白斑。

3. 实验室诊断

在皮肤或可视黏膜上有明显呈散在或密集痘疹、痘肿或病理变化明显的判为病羊。精神、食欲、体态有异常，皮肤或可视黏膜上有疑似痘疹、痕（疤）的判为可疑羊。可疑羊应继续观察或做血清学试验以及电镜检查或包涵体检查才能确诊。

二、防控技术

(一) 预防

1. 疫苗预防

定期对羊群进行免疫预防，新生羔羊可经过初乳获得被动免疫。每年定期对流行地区的健康羊注射疫苗，不论羊只大小，一律在尾根内面或股内侧皮内注射弱毒疫苗，免疫期为1年。对重症病羊应用高免血清，可减轻症状，降低死亡率。

2. 加强饲养管理

做好四季补饲，注意防寒保暖，严禁到疫区放牧，搞好圈内卫生。加强疫情监测，一旦发生疫情，及时上报，并采取强有力的措施进行封锁和扑灭，严防疫情扩散，对发病山羊及其同栏羊全部扑杀后深埋，对病死山羊尸体进行消毒后深埋。对羊舍、运动场地及时清扫，将羊粪、垫草等污物集中运往指定地点，消毒后堆积发酵，对羊栏、器具、水槽、料槽、发病羊舍、通道和周围环境消毒。对附近的羊群进行普查，对假定健康羊群实行圈养，禁止放牧，并及时接种山羊痘弱毒疫苗，严格限制羊只及其产品运出，严格实行产地检疫，复检后若为阴性，数月后解除封锁。严禁从疫区引进羊和购入羊肉、皮毛制品。从非疫区买羊也要进行检疫和隔离观察，证实无病后再合群。

(二) 治疗

1. 清疮治疗

给病羊用药物治疗皮肤上的痘疮，用0.1%高锰酸钾溶液清洗，然后涂上碘甘油、紫药水，水疱或脓疱破裂后应先用3%来苏儿洗涤后，涂上紫药水。

2. 药物治疗

用注射青霉素钾80万~240万单位，柴胡注射液10~20毫升，肌内注射，2次/天，连用3天。

第十节 小鹅瘟

小鹅瘟是由小鹅瘟病毒引起的一种鹅的烈性、高度接触性、败血性传染病，具有传播速度快、感染率和致死率高等特点，严重威胁水禽安全生产。

一、诊断方法

(一) 病原及流行特点

小鹅瘟的病原是小鹅瘟病毒，属于细小病毒科、细小病毒属，仅有一种血清型，无凝血活性。该病毒粒子为球形、无囊膜、单株DNA，直径为20～25纳米。该病毒具有很强的抗酸碱能力，对外部环境抵抗力也很强，56℃经1小时后仍不能彻底灭活，50℃经3小时或37℃经7天，该病毒滴度仍不降低，-25℃下至少能存活2年，但使用2%～5%氢氧化钠溶液或10%～20%石灰乳，可将该病毒杀灭，而对乙醚、氯仿等有机溶剂不敏感。

小鹅瘟的易感动物主要是鹅和番鸭，尤其是5～25日龄的雏鹅与雏番鸭，10日龄以内发病率和死亡率可达95%～100%，随着日龄增长，发病率与死亡率逐渐降低，1月龄以上很少发病。其他禽类无易感性；病愈鹅、免疫鹅、免疫种鹅所产种蛋孵出的雏鹅均可获得免疫力。

病鹅和带毒鹅是小鹅瘟主要的传染源，主要通过消化道以及鼻、眼分泌物和黏膜水平传播，也可通过种蛋垂直传播。无明显季节性，但有一定的周期性，某个地区小鹅瘟大流行后，该地区鹅群一般都能产生较强的免疫力，同一地区连续2年发生大流行的机会小。饲养管理不善、育雏温度忽高忽低、育雏舍潮湿、饲养密度大、卫生状况差、有应激因素等均可诱发该病。鹅群一旦染病，通常呈暴发流行，传播迅速，若有混合感染或继发感染，则病死率明显提高。

（二）临床症状与病理变化

该病潜伏期一般为3～10天，感染后传播速度快。根据病程长短和临床症状不同，临床上常可分为最急性型、急性型和亚急性型。

1. 最急性型

出壳后1周，尤其3～5天内的雏鹅最易发生。雏鹅不表现任何前驱临床症状就突然倒地，双腿乱划，急性死亡，并在短时间内传遍全群。剖检，有时仅能见到急性卡他性炎症，其他病变不明显。

2. 急性型

通常见到的小鹅瘟大多表现急性型，临床症状典型。多见于1～2周龄内的雏鹅。病初，雏鹅精神萎靡，羽毛蓬乱；粪便稀薄，呈灰黄色或灰白色，有时带有泡沫和组织碎片；鼻、眼有多量浆液性分泌物，甩头，呼吸困难。病的后期，雏鹅肢体瘫痪，双腿抽搐呈"划船"状，脱水死亡。病程一般2～4天。

病死雏鹅尸体脱水，病变多见小肠黏膜充血、出血，黏膜脱落后与纤维素渗出物凝固形成圆柱状、灰白色伪膜凝固栓子，外观膨大，质地坚硬如"腊肠"，尤以卵黄囊柄与回盲部的肠段更为明显；肝脏肿大、充血、出血，质脆；胆囊胀大，充满稀薄、淡绿色胆汁。

3. 亚急性型

15日龄以上的雏鹅或疫病流行后期，发病后多表现亚急性型，或由急性期病例转来。其主要临床症状较轻，精神沉郁，采食量减少，常伴有腹泻；耐过雏鹅成为僵鹅，生长发育迟缓。病程一般 5~7 天。剖检，偶见胰腺有小白点，心肌色淡，肾肿，脑膜下充血。肠黏膜脱落，有时可见肠管被黄色栓子阻塞。

（三）实验室诊断

根据流行特点、临床症状与病理变化可作出初步诊断，确诊需进行病毒分离、血清学检查等实验室诊断。

二、疫情紧急处置

当前治疗小鹅瘟的难度较大。若发现鹅群有疑似感染或确诊有该病发生，应采取紧急措施，及时隔离病鹅、疑似病鹅和密切接触鹅，淘汰无治疗价值的病鹅，与病死鹅、污物等同时进行焚烧、深埋等无害化处理；对鹅舍彻底清扫，用稀戊二醛配成 0.78% 溶液喷雾，保持 5 分钟至干后更换新鲜垫料，料槽、水槽等进行彻底清洗、浸泡、消毒。

感染发病的雏鹅，可皮下注射抗小鹅瘟血清 1~1.5 毫升/羽，对临床症状表现比较严重的病鹅，可间隔 24 小时后重复注射 1 次；也可以皮下或肌内注射小鹅瘟精制蛋黄抗体，感染发病的雏鹅，1~1.5 毫升/羽。

为防止继发细菌感染，可在饲料中添加恩诺沙星 40 毫克/千克。如雏鹅食欲较差，可选择使用黄栀口服液（黄连、黄芩、栀子、穿心莲、白头翁等）饮水，按 2 千克饮水中配 1 毫升药物的比例，供鹅群连续自由饮用 3~5 天；也可用白头翁散（白头翁、黄连、黄柏、秦皮），按照每只雏鹅 2~3 克/天药物的配比与日粮均匀混合，连续用药 3 天。每 100 只雏鹅，用鲜半边莲 50 克捣烂取汁，肉豆蔻 20 克，青风藤 20 克，砂仁、鸡矢藤各 5 克，肉桂 3 克，共煎汁 500 毫升，拌料喂服也有效。

未发病雏鹅在隔离后，皮下或肌内注射小鹅瘟精制蛋黄抗体进行紧急预防，1 日龄雏鹅 0.5 毫升/羽，2~5 日龄雏鹅 0.5~0.8 毫升/羽。

三、防控技术

（一）坚持自繁自养、全进全出的饲养制度

规模化鹅场应坚持自繁自养的饲养制度，一般不要从外地引种，严禁从疫区引进种鹅、种蛋和雏鹅；必须引种时，种鹅要隔离饲养 1 个月以上，对引进的种蛋进行严格消毒，未接种抗体的雏鹅立即注射小鹅瘟病毒卵黄抗体。

鹅场也要遵循全进全出的饲养制度，鹅场饲养的每批鹅都要来源一致、日龄一致，不可将不同场区、不同批次、不同日龄的雏鹅集中混养在一个场区甚至一个栏舍内。同一批鹅群出栏后，集中清扫鹅舍，清除粪便，严格消毒后更换垫料，空舍 2 周以上再养下一批雏鹅。

（二）严格消毒防疫

鹅场门口设立消毒池，与门口等宽，长度至少为车轮周长2倍，池深0.2～0.3米，加注2%～3%氢氧化钠溶液并定期更换；鹅舍要通风透光，定期清理粪便和污物，并轮换使用3%戊二醛、2%福尔马林等进行全面彻底消毒；每隔3～5天，使用0.2%～0.5%过氧乙酸消毒液带鹅消毒；种蛋、孵化室、孵化器要加强通风管理，使用甲醛高锰酸钾熏蒸消毒；病死鹅收集后集中进行焚烧或深埋等无害化处理，严禁随意丢弃；注重杀蚊蝇、灭老鼠。

（三）强化免疫接种和免疫监测

为使雏鹅获得母源抗体，提升免疫力，降低小鹅瘟发病率，可在种鹅产蛋前20～30天，按瓶签注明的羽份，用生理盐水稀释，肌内注射小鹅瘟活疫苗（GD株）1毫升/只（含1羽份）。接种后21～270天内所产种蛋孵出的小鹅具有抵抗小鹅瘟的免疫力。

未免疫的种鹅或免疫期超过100天的种鹅，其所产种蛋繁殖的雏鹅，应在出壳当日皮下注射抗小鹅瘟血清0.5毫升/羽。

要建立完善的小鹅瘟免疫监测体系，加大监测力度，发现异常，要及时向场内兽医报告并及时处置，降低该病大规模暴发的概率。

附　录

中华人民共和国动物防疫法

（2021年1月22日第十三届全国人民代表大会常务委员会第二十五次会议第二次修订）

第一章　总则

第一条　为了加强对动物防疫活动的管理，预防、控制、净化、消灭动物疫病，促进养殖业发展，防控人畜共患传染病，保障公共卫生安全和人体健康，制定本法。

第二条　本法适用于在中华人民共和国领域内的动物防疫及其监督管理活动。

进出境动物、动物产品的检疫，适用《中华人民共和国进出境动植物检疫法》。

第三条　本法所称动物，是指家畜家禽和人工饲养、捕获的其他动物。

本法所称动物产品，是指动物的肉、生皮、原毛、绒、脏器、脂、血液、精液、卵、胚胎、骨、蹄、头、角、筋以及可能传播动物疫病的奶、蛋等。

本法所称动物疫病，是指动物传染病，包括寄生虫病。

本法所称动物防疫，是指动物疫病的预防、控制、诊疗、净化、消灭和动物、动物产品的检疫，以及病死动物、病害动物产品的无害化处理。

第四条　根据动物疫病对养殖业生产和人体健康的危害程度，本法规定的动物疫病分为下列三类：

（一）一类疫病，是指口蹄疫、非洲猪瘟、高致病性禽流感等对人、动物构成特别严重危害，可能造成重大经济损失和社会影响，需要采取紧急、严厉的强制预防、控制等措施的；

（二）二类疫病，是指狂犬病、布鲁氏菌病、草鱼出血病等对人、动物构成严重危害，可能造成较大经济损失和社会影响，需要采取严格预防、控制等措施的；

（三）三类疫病，是指大肠杆菌病、禽结核病、鳖腮腺炎病等常见多发，对人、动物构成危害，可能造成一定程度的经济损失和社会影响，需要及时预防、控制的。

前款一、二、三类动物疫病具体病种名录由国务院农业农村主管部门制定并公布。国务院农业农村主管部门应当根据动物疫病发生、流行情况和危害程度，及时增加、减少或者调整一、二、三类动物疫病具体病种并予以公布。

人畜共患传染病名录由国务院农业农村主管部门会同国务院卫生健康、野生动物保护等主管部门制定并公布。

第五条 动物防疫实行预防为主，预防与控制、净化、消灭相结合的方针。

第六条 国家鼓励社会力量参与动物防疫工作。各级人民政府采取措施，支持单位和个人参与动物防疫的宣传教育、疫情报告、志愿服务和捐赠等活动。

第七条 从事动物饲养、屠宰、经营、隔离、运输以及动物产品生产、经营、加工、贮藏等活动的单位和个人，依照本法和国务院农业农村主管部门的规定，做好免疫、消毒、检测、隔离、净化、消灭、无害化处理等动物防疫工作，承担动物防疫相关责任。

第八条 县级以上人民政府对动物防疫工作实行统一领导，采取有效措施稳定基层机构队伍，加强动物防疫队伍建设，建立健全动物防疫体系，制定并组织实施动物疫病防治规划。

乡级人民政府、街道办事处组织群众做好本辖区的动物疫病预防与控制工作，村民委员会、居民委员会予以协助。

第九条 国务院农业农村主管部门主管全国的动物防疫工作。

县级以上地方人民政府农业农村主管部门主管本行政区域的动物防疫工作。

县级以上人民政府其他有关部门在各自职责范围内做好动物防疫工作。

军队动物卫生监督职能部门负责军队现役动物和饲养自用动物的防疫工作。

第十条 县级以上人民政府卫生健康主管部门和本级人民政府农业农村、野生动物保护等主管部门应当建立人畜共患传染病防治的协作机制。

国务院农业农村主管部门和海关总署等部门应当建立防止境外动物疫病输入的协作机制。

第十一条 县级以上地方人民政府的动物卫生监督机构依照本法规定，负责动物、动物产品的检疫工作。

第十二条 县级以上人民政府按照国务院的规定，根据统筹规划、合理布局、综合设置的原则建立动物疫病预防控制机构。

动物疫病预防控制机构承担动物疫病的监测、检测、诊断、流行病学调查、疫情报告以及其他预防、控制等技术工作；承担动物疫病净化、消灭的技术工作。

第十三条 国家鼓励和支持开展动物疫病的科学研究以及国际合作与交流，推广先进适用的科学研究成果，提高动物疫病防治的科学技术水平。

各级人民政府和有关部门、新闻媒体，应当加强对动物防疫法律法规和动物防疫知识的宣传。

第十四条 对在动物防疫工作、相关科学研究、动物疫情扑灭中作出贡献的单位和个人，各级人民政府和有关部门按照国家有关规定给予表彰、奖励。

有关单位应当依法为动物防疫人员缴纳工伤保险费。对因参与动物防疫工作致病、致残、死亡的人员，按照国家有关规定给予补助或者抚恤。

第二章 动物疫病的预防

第十五条 国家建立动物疫病风险评估制度。

国务院农业农村主管部门根据国内外动物疫情以及保护养殖业生产和人体健康的需要，及时会同国务院卫生健康等有关部门对动物疫病进行风险评估，并制定、公布动物疫病预防、控制、净化、消灭措施和技术规范。

省、自治区、直辖市人民政府农业农村主管部门会同本级人民政府卫生健康等有关部门开展本行政区域的动物疫病风险评估，并落实动物疫病预防、控制、净化、消灭措施。

第十六条 国家对严重危害养殖业生产和人体健康的动物疫病实施强制免疫。

国务院农业农村主管部门确定强制免疫的动物疫病病种和区域。

省、自治区、直辖市人民政府农业农村主管部门制定本行政区域的强制免疫计划；根据本行政区域动物疫病流行情况增加实施强制免疫的动物疫病病种和区域，报本级人民政府批准后执行，并报国务院农业农村主管部门备案。

第十七条 饲养动物的单位和个人应当履行动物疫病强制免疫义务，按照强制免疫计划和技术规范，对动物实施免疫接种，并按照国家有关规定建立免疫档案、加施畜禽标识，保证可追溯。

实施强制免疫接种的动物未达到免疫质量要求，实施补充免疫接种后仍不符合免疫质量要求的，有关单位和个人应当按照国家有关规定处理。

用于预防接种的疫苗应当符合国家质量标准。

第十八条 县级以上地方人民政府农业农村主管部门负责组织实施动物疫病强制免疫计划，并对饲养动物的单位和个人履行强制免疫义务的情况进行监督检查。

乡级人民政府、街道办事处组织本辖区饲养动物的单位和个人做好强制免疫，协助做好监督检查；村民委员会、居民委员会协助做好相关工作。

县级以上地方人民政府农业农村主管部门应当定期对本行政区域的强制免疫计划实施情况和效果进行评估，并向社会公布评估结果。

第十九条 国家实行动物疫病监测和疫情预警制度。

县级以上人民政府建立健全动物疫病监测网络，加强动物疫病监测。

国务院农业农村主管部门会同国务院有关部门制定国家动物疫病监测计划。省、自治区、直辖市人民政府农业农村主管部门根据国家动物疫病监测计划，制定本行政区域的动物疫病监测计划。

动物疫病预防控制机构按照国务院农业农村主管部门的规定和动物疫病监测计划，对动物疫病的发生、流行等情况进行监测；从事动物饲养、屠宰、经营、隔离、运输以及动物产品生产、经营、加工、贮藏、无害化处理等活动的单位和个人不得拒绝或者阻碍。

国务院农业农村主管部门和省、自治区、直辖市人民政府农业农村主管部门根据对动物疫病发生、流行趋势的预测，及时发出动物疫情预警。地方各级人民政府接到动物疫情预警后，应当及时采取预防、控制措施。

第二十条 陆路边境省、自治区人民政府根据动物疫病防控需要，合理设置动物疫病监测站点，健全监测工作机制，防范境外动物疫病传入。

科技、海关等部门按照本法和有关法律法规的规定做好动物疫病监测预警工作，并定期与农业农村主管部门互通情况，紧急情况及时通报。

县级以上人民政府应当完善野生动物疫源疫病监测体系和工作机制，根据需要合理布局监测站点；野生动物保护、农业农村主管部门按照职责分工做好野生动物疫源疫病监测等工作，并定期互通情况，紧急情况及时通报。

第二十一条 国家支持地方建立无规定动物疫病区，鼓励动物饲养场建设无规定动物疫病生物安全隔离区。对符合国务院农业农村主管部门规定标准的无规定动物疫病区和无规定动物疫病生物安全隔离区，国务院农业农村主管部门验收合格予以公布，并对其维持情况进行监督检查。

省、自治区、直辖市人民政府制定并组织实施本行政区域的无规定动物疫病区建设方案。国务院农业农村主管部门指导跨省、自治区、直辖市无规定动物疫病区建设。

国务院农业农村主管部门根据行政区划、养殖屠宰产业布局、风险评估情况等对动物疫病实施分区防控，可以采取禁止或者限制特定动物、动物产品跨区域调运等措施。

第二十二条 国务院农业农村主管部门制定并组织实施动物疫病净化、消灭规划。

县级以上地方人民政府根据动物疫病净化、消灭规划，制定并组织实施本行政区域的动物疫病净化、消灭计划。

动物疫病预防控制机构按照动物疫病净化、消灭规划、计划，开展动物疫病净化技术指导、培训，对动物疫病净化效果进行监测、评估。

国家推进动物疫病净化，鼓励和支持饲养动物的单位和个人开展动物疫病净化。饲养动物的单位和个人达到国务院农业农村主管部门规定的净化标准的，由省级以上人民政府农业农村主管部门予以公布。

第二十三条 种用、乳用动物应当符合国务院农业农村主管部门规定的健康标准。

饲养种用、乳用动物的单位和个人，应当按照国务院农业农村主管部门的要求，定期开展动物疫病检测；检测不合格的，应当按照国家有关规定处理。

第二十四条 动物饲养场和隔离场所、动物屠宰加工场所以及动物和动物产品无害化处理场所，应当符合下列动物防疫条件：

（一）场所的位置与居民生活区、生活饮用水水源地、学校、医院等公共场所的距离符合国务院农业农村主管部门的规定；

（二）生产经营区域封闭隔离，工程设计和有关流程符合动物防疫要求；

（三）有与其规模相适应的污水、污物处理设施，病死动物、病害动物产品无害化处理设施设备或者冷藏冷冻设施设备，以及清洗消毒设施设备；

（四）有与其规模相适应的执业兽医或者动物防疫技术人员；

（五）有完善的隔离消毒、购销台账、日常巡查等动物防疫制度；

（六）具备国务院农业农村主管部门规定的其他动物防疫条件。

动物和动物产品无害化处理场所除应当符合前款规定的条件外，还应当具有病原检测设备、检测能力和符合动物防疫要求的专用运输车辆。

第二十五条 国家实行动物防疫条件审查制度。

开办动物饲养场和隔离场所、动物屠宰加工场所以及动物和动物产品无害化处理场所，应当向县级以上地方人民政府农业农村主管部门提出申请，并附具相关材料。受理申请的农业农村主管部门应当依照本法和《中华人民共和国行政许可法》的规定进行审查。经审查合格的，发给动物防疫条件合格证；不合格的，应当通知申请人并说明理由。

动物防疫条件合格证应当载明申请人的名称（姓名）、场（厂）址、动物（动物产品）种类等事项。

第二十六条 经营动物、动物产品的集贸市场应当具备国务院农业农村主管部门规定的动物防疫条件，并接受农业农村主管部门的监督检查。具体办法由国务院农业农村主管部门制定。

县级以上地方人民政府应当根据本地情况，决定在城市特定区域禁止家畜家禽活体交易。

第二十七条 动物、动物产品的运载工具、垫料、包装物、容器等应当符合国务院农业农村主管部门规定的动物防疫要求。

染疫动物及其排泄物、染疫动物产品，运载工具中的动物排泄物以及垫料、包装物、容器等被污染的物品，应当按照国家有关规定处理，不得随意处置。

第二十八条 采集、保存、运输动物病料或者病原微生物以及从事病原微生物研究、教学、检测、诊断等活动，应当遵守国家有关病原微生物实验室管理的规定。

第二十九条 禁止屠宰、经营、运输下列动物和生产、经营、加工、贮藏、运输下列动物产品：

（一）封锁疫区内与所发生动物疫病有关的；

（二）疫区内易感染的；

（三）依法应当检疫而未经检疫或者检疫不合格的；

（四）染疫或者疑似染疫的；

（五）病死或者死因不明的；

（六）其他不符合国务院农业农村主管部门有关动物防疫规定的。

因实施集中无害化处理需要暂存、运输动物和动物产品并按照规定采取防疫措施的，不适用前款规定。

第三十条 单位和个人饲养犬只，应当按照规定定期免疫接种狂犬病疫苗，凭动物诊疗机构出具的免疫证明向所在地养犬登记机关申请登记。

携带犬只出户的，应当按照规定佩戴犬牌并采取系犬绳等措施，防止犬只伤人、疫病传播。

街道办事处、乡级人民政府组织协调居民委员会、村民委员会，做好本辖区流浪犬、猫的控制和处置，防止疫病传播。

县级人民政府和乡级人民政府、街道办事处应当结合本地实际，做好农村地区饲养犬只的防疫管理工作。

饲养犬只防疫管理的具体办法，由省、自治区、直辖市制定。

第三章 动物疫情的报告、通报和公布

第三十一条 从事动物疫病监测、检测、检验检疫、研究、诊疗以及动物饲养、屠宰、经营、隔离、运输等活动的单位和个人，发现动物染疫或者疑似染疫的，应当立即向所在地农业农村主管部门或者动物疫病预防控制机构报告，并迅速采取隔离等控制措施，防止动物疫情扩散。其他单位和个人发现动物染疫或者

疑似染疫的，应当及时报告。

接到动物疫情报告的单位，应当及时采取临时隔离控制等必要措施，防止延误防控时机，并及时按照国家规定的程序上报。

第三十二条　动物疫情由县级以上人民政府农业农村主管部门认定；其中重大动物疫情由省、自治区、直辖市人民政府农业农村主管部门认定，必要时报国务院农业农村主管部门认定。

本法所称重大动物疫情，是指一、二、三类动物疫病突然发生，迅速传播，给养殖业生产安全造成严重威胁、危害，以及可能对公众身体健康与生命安全造成危害的情形。

在重大动物疫情报告期间，必要时，所在地县级以上地方人民政府可以作出封锁决定并采取扑杀、销毁等措施。

第三十三条　国家实行动物疫情通报制度。

国务院农业农村主管部门应当及时向国务院卫生健康等有关部门和军队有关部门以及省、自治区、直辖市人民政府农业农村主管部门通报重大动物疫情的发生和处置情况。

海关发现进出境动物和动物产品染疫或者疑似染疫的，应当及时处置并向农业农村主管部门通报。

县级以上地方人民政府野生动物保护主管部门发现野生动物染疫或者疑似染疫的，应当及时处置并向本级人民政府农业农村主管部门通报。

国务院农业农村主管部门应当依照我国缔结或者参加的条约、协定，及时向有关国际组织或者贸易方通报重大动物疫情的发生和处置情况。

第三十四条　发生人畜共患传染病疫情时，县级以上人民政府农业农村主管部门与本级人民政府卫生健康、野生动物保护等主管部门应当及时相互通报。

发生人畜共患传染病时，卫生健康主管部门应当对疫区易感染的人群进行监测，并应当依照《中华人民共和国传染病防治法》的规定及时公布疫情，采取相应的预防、控制措施。

第三十五条　患有人畜共患传染病的人员不得直接从事动物疫病监测、检测、检验检疫、诊疗以及易感染动物的饲养、屠宰、经营、隔离、运输等活动。

第三十六条　国务院农业农村主管部门向社会及时公布全国动物疫情，也可以根据需要授权省、自治区、直辖市人民政府农业农村主管部门公布本行政区域的动物疫情。其他单位和个人不得发布动物疫情。

第三十七条　任何单位和个人不得瞒报、谎报、迟报、漏报动物疫情，不得授意他人瞒报、谎报、迟报动物疫情，不得阻碍他人报告动物疫情。

第四章 动物疫病的控制

第三十八条 发生一类动物疫病时,应当采取下列控制措施。

(一)所在地县级以上地方人民政府农业农村主管部门应当立即派人到现场,划定疫点、疫区、受威胁区,调查疫源,及时报请本级人民政府对疫区实行封锁。疫区范围涉及两个以上行政区域的,由有关行政区域共同的上一级人民政府对疫区实行封锁,或者由各有关行政区域的上一级人民政府共同对疫区实行封锁。必要时,上级人民政府可以责成下级人民政府对疫区实行封锁;

(二)县级以上地方人民政府应当立即组织有关部门和单位采取封锁、隔离、扑杀、销毁、消毒、无害化处理、紧急免疫接种等强制性措施;

(三)在封锁期间,禁止染疫、疑似染疫和易感染的动物、动物产品流出疫区,禁止非疫区的易感染动物进入疫区,并根据需要对出入疫区的人员、运输工具及有关物品采取消毒和其他限制性措施。

第三十九条 发生二类动物疫病时,应当采取下列控制措施。

(一)所在地县级以上地方人民政府农业农村主管部门应当划定疫点、疫区、受威胁区;

(二)县级以上地方人民政府根据需要组织有关部门和单位采取隔离、扑杀、销毁、消毒、无害化处理、紧急免疫接种、限制易感染的动物和动物产品及有关物品出入等措施。

第四十条 疫点、疫区、受威胁区的撤销和疫区封锁的解除,按照国务院农业农村主管部门规定的标准和程序评估后,由原决定机关决定并宣布。

第四十一条 发生三类动物疫病时,所在地县级、乡级人民政府应当按照国务院农业农村主管部门的规定组织防治。

第四十二条 二、三类动物疫病呈暴发性流行时,按照一类动物疫病处理。

第四十三条 疫区内有关单位和个人,应当遵守县级以上人民政府及其农业农村主管部门依法作出的有关控制动物疫病的规定。

任何单位和个人不得藏匿、转移、盗掘已被依法隔离、封存、处理的动物和动物产品。

第四十四条 发生动物疫情时,航空、铁路、道路、水路运输企业应当优先组织运送防疫人员和物资。

第四十五条 国务院农业农村主管部门根据动物疫病的性质、特点和可能造成的社会危害,制定国家重大动物疫情应急预案报国务院批准,并按照不同动物疫病病种、流行特点和危害程度,分别制定实施方案。

县级以上地方人民政府根据上级重大动物疫情应急预案和本地区的实际情

况，制定本行政区域的重大动物疫情应急预案，报上一级人民政府农业农村主管部门备案，并抄送上一级人民政府应急管理部门。县级以上地方人民政府农业农村主管部门按照不同动物疫病病种、流行特点和危害程度，分别制定实施方案。

重大动物疫情应急预案和实施方案根据疫情状况及时调整。

第四十六条 发生重大动物疫情时，国务院农业农村主管部门负责划定动物疫病风险区，禁止或者限制特定动物、动物产品由高风险区向低风险区调运。

第四十七条 发生重大动物疫情时，依照法律和国务院的规定以及应急预案采取应急处置措施。

第五章　动物和动物产品的检疫

第四十八条 动物卫生监督机构依照本法和国务院农业农村主管部门的规定对动物、动物产品实施检疫。

动物卫生监督机构的官方兽医具体实施动物、动物产品检疫。

第四十九条 屠宰、出售或者运输动物以及出售或者运输动物产品前，货主应当按照国务院农业农村主管部门的规定向所在地动物卫生监督机构申报检疫。

动物卫生监督机构接到检疫申报后，应当及时指派官方兽医对动物、动物产品实施检疫；检疫合格的，出具检疫证明、加施检疫标志。实施检疫的官方兽医应当在检疫证明、检疫标志上签字或者盖章，并对检疫结论负责。

动物饲养场、屠宰企业的执业兽医或者动物防疫技术人员，应当协助官方兽医实施检疫。

第五十条 因科研、药用、展示等特殊情形需要非食用性利用的野生动物，应当按照国家有关规定报动物卫生监督机构检疫，检疫合格的，方可利用。

人工捕获的野生动物，应当按照国家有关规定报捕获地动物卫生监督机构检疫，检疫合格的，方可饲养、经营和运输。

国务院农业农村主管部门会同国务院野生动物保护主管部门制定野生动物检疫办法。

第五十一条 屠宰、经营、运输的动物，以及用于科研、展示、演出和比赛等非食用性利用的动物，应当附有检疫证明；经营和运输的动物产品，应当附有检疫证明、检疫标志。

第五十二条 经航空、铁路、道路、水路运输动物和动物产品的，托运人托运时应当提供检疫证明；没有检疫证明的，承运人不得承运。

进出口动物和动物产品，承运人凭进口报关单证或者海关签发的检疫单证运递。

从事动物运输的单位、个人以及车辆，应当向所在地县级人民政府农业农村主管部门备案,妥善保存行程路线和托运人提供的动物名称、检疫证明编号、数量等信息。具体办法由国务院农业农村主管部门制定。

运载工具在装载前和卸载后应当及时清洗、消毒。

第五十三条 省、自治区、直辖市人民政府确定并公布道路运输的动物进入本行政区域的指定通道,设置引导标志。跨省、自治区、直辖市通过道路运输动物的,应当经省、自治区、直辖市人民政府设立的指定通道入省境或者过省境。

第五十四条 输入到无规定动物疫病区的动物、动物产品,货主应当按照国务院农业农村主管部门的规定向无规定动物疫病区所在地动物卫生监督机构申报检疫,经检疫合格的,方可进入。

第五十五条 跨省、自治区、直辖市引进的种用、乳用动物到达输入地后,货主应当按照国务院农业农村主管部门的规定对引进的种用、乳用动物进行隔离观察。

第五十六条 经检疫不合格的动物、动物产品,货主应当在农业农村主管部门的监督下按照国家有关规定处理,处理费用由货主承担。

第六章 病死动物和病害动物产品的无害化处理

第五十七条 从事动物饲养、屠宰、经营、隔离以及动物产品生产、经营、加工、贮藏等活动的单位和个人,应当按照国家有关规定做好病死动物、病害动物产品的无害化处理,或者委托动物和动物产品无害化处理场所处理。

从事动物、动物产品运输的单位和个人,应当配合做好病死动物和病害动物产品的无害化处理,不得在途中擅自弃置和处理有关动物和动物产品。

任何单位和个人不得买卖、加工、随意弃置病死动物和病害动物产品。

动物和动物产品无害化处理管理办法由国务院农业农村、野生动物保护主管部门按照职责制定。

第五十八条 在江河、湖泊、水库等水域发现的死亡畜禽,由所在地县级人民政府组织收集、处理并溯源。

在城市公共场所和乡村发现的死亡畜禽,由所在地街道办事处、乡级人民政府组织收集、处理并溯源。

在野外环境发现的死亡野生动物,由所在地野生动物保护主管部门收集、处理。

第五十九条 省、自治区、直辖市人民政府制定动物和动物产品集中无害化处理场所建设规划,建立政府主导、市场运作的无害化处理机制。

第六十条 各级财政对病死动物无害化处理提供补助。具体补助标准和办法由县级以上人民政府财政部门会同本级人民政府农业农村、野生动物保护等有关部门制定。

第七章　动物诊疗

第六十一条　从事动物诊疗活动的机构，应当具备下列条件：

（一）有与动物诊疗活动相适应并符合动物防疫条件的场所；

（二）有与动物诊疗活动相适应的执业兽医；

（三）有与动物诊疗活动相适应的兽医器械和设备；

（四）有完善的管理制度。

动物诊疗机构包括动物医院、动物诊所以及其他提供动物诊疗服务的机构。

第六十二条　从事动物诊疗活动的机构，应当向县级以上地方人民政府农业农村主管部门申请动物诊疗许可证。受理申请的农业农村主管部门应当依照本法和《中华人民共和国行政许可法》的规定进行审查。经审查合格的，发给动物诊疗许可证；不合格的，应当通知申请人并说明理由。

第六十三条　动物诊疗许可证应当载明诊疗机构名称、诊疗活动范围、从业地点和法定代表人（负责人）等事项。

动物诊疗许可证载明事项变更的，应当申请变更或者换发动物诊疗许可证。

第六十四条　动物诊疗机构应当按照国务院农业农村主管部门的规定，做好诊疗活动中的卫生安全防护、消毒、隔离和诊疗废弃物处置等工作。

第六十五条　从事动物诊疗活动，应当遵守有关动物诊疗的操作技术规范，使用符合规定的兽药和兽医器械。

兽药和兽医器械的管理办法由国务院规定。

第八章　兽医管理

第六十六条　国家实行官方兽医任命制度。

官方兽医应当具备国务院农业农村主管部门规定的条件，由省、自治区、直辖市人民政府农业农村主管部门按照程序确认，由所在地县级以上人民政府农业农村主管部门任命。具体办法由国务院农业农村主管部门制定。

海关的官方兽医应当具备规定的条件，由海关总署任命。具体办法由海关总署会同国务院农业农村主管部门制定。

第六十七条　官方兽医依法履行动物、动物产品检疫职责，任何单位和个人不得拒绝或者阻碍。

第六十八条　县级以上人民政府农业农村主管部门制定官方兽医培训计划，提供培训条件，定期对官方兽医进行培训和考核。

第六十九条　国家实行执业兽医资格考试制度。具有兽医相关专业大学专科以上学历的人员或者符合条件的乡村兽医,通过执业兽医资格考试的,由省、自治区、直辖市人民政府农业农村主管部门颁发执业兽医资格证书;从事动物诊疗等经营活动的,还应当向所在地县级人民政府农业农村主管部门备案。

执业兽医资格考试办法由国务院农业农村主管部门商国务院人力资源主管部门制定。

第七十条 执业兽医开具兽医处方应当亲自诊断,并对诊断结论负责。

国家鼓励执业兽医接受继续教育。执业兽医所在机构应当支持执业兽医参加继续教育。

第七十一条 乡村兽医可以在乡村从事动物诊疗活动。具体管理办法由国务院农业农村主管部门制定。

第七十二条 执业兽医、乡村兽医应当按照所在地人民政府和农业农村主管部门的要求,参加动物疫病预防、控制和动物疫情扑灭等活动。

第七十三条 兽医行业协会提供兽医信息、技术、培训等服务,维护成员合法权益,按照章程建立健全行业规范和奖惩机制,加强行业自律,推动行业诚信建设,宣传动物防疫和兽医知识。

第九章 监督管理

第七十四条 县级以上地方人民政府农业农村主管部门依照本法规定,对动物饲养、屠宰、经营、隔离、运输以及动物产品生产、经营、加工、贮藏、运输等活动中的动物防疫实施监督管理。

第七十五条 为控制动物疫病,县级人民政府农业农村主管部门应当派人在所在地依法设立的现有检查站执行监督检查任务;必要时,经省、自治区、直辖市人民政府批准,可以设立临时性的动物防疫检查站,执行监督检查任务。

第七十六条 县级以上地方人民政府农业农村主管部门执行监督检查任务,可以采取下列措施,有关单位和个人不得拒绝或者阻碍:

(一)对动物、动物产品按照规定采样、留验、抽检;

(二)对染疫或者疑似染疫的动物、动物产品及相关物品进行隔离、查封、扣押和处理;

(三)对依法应当检疫而未经检疫的动物和动物产品,具备补检条件的实施补检,不具备补检条件的予以收缴销毁;

(四)查验检疫证明、检疫标志和畜禽标识;

(五)进入有关场所调查取证,查阅、复制与动物防疫有关的资料。

县级以上地方人民政府农业农村主管部门根据动物疫病预防、控制需要,经所在地县级以上地方人民政府批准,可以在车站、港口、机场等相关场所派驻官方兽医或者工作人员。

第七十七条　执法人员执行动物防疫监督检查任务，应当出示行政执法证件，佩戴统一标志。

县级以上人民政府农业农村主管部门及其工作人员不得从事与动物防疫有关的经营性活动，进行监督检查不得收取任何费用。

第七十八条　禁止转让、伪造或者变造检疫证明、检疫标志或者畜禽标识。

禁止持有、使用伪造或者变造的检疫证明、检疫标志或者畜禽标识。

检疫证明、检疫标志的管理办法由国务院农业农村主管部门制定。

第十章　保障措施

第七十九条　县级以上人民政府应当将动物防疫工作纳入本级国民经济和社会发展规划及年度计划。

第八十条　国家鼓励和支持动物防疫领域新技术、新设备、新产品等科学技术研究开发。

第八十一条　县级人民政府应当为动物卫生监督机构配备与动物、动物产品检疫工作相适应的官方兽医，保障检疫工作条件。

县级人民政府农业农村主管部门可以根据动物防疫工作需要，向乡、镇或者特定区域派驻兽医机构或者工作人员。

第八十二条　国家鼓励和支持执业兽医、乡村兽医和动物诊疗机构开展动物防疫和疫病诊疗活动；鼓励养殖企业、兽药及饲料生产企业组建动物防疫服务团队，提供防疫服务。地方人民政府组织村级防疫员参加动物疫病防治工作的，应当保障村级防疫员合理劳务报酬。

第八十三条　县级以上人民政府按照本级政府职责，将动物疫病的监测、预防、控制、净化、消灭，动物、动物产品的检疫和病死动物的无害化处理，以及监督管理所需经费纳入本级预算。

第八十四条　县级以上人民政府应当储备动物疫情应急处置所需的防疫物资。

第八十五条　对在动物疫病预防、控制、净化、消灭过程中强制扑杀的动物、销毁的动物产品和相关物品，县级以上人民政府给予补偿。具体补偿标准和办法由国务院财政部门会同有关部门制定。

第八十六条　对从事动物疫病预防、检疫、监督检查、现场处理疫情以及在工作中接触动物疫病病原体的人员，有关单位按照国家规定，采取有效的卫生防护、医疗保健措施，给予畜牧兽医医疗卫生津贴等相关待遇。

第十一章 法律责任

第八十七条 地方各级人民政府及其工作人员未依照本法规定履行职责的，对直接负责的主管人员和其他直接责任人员依法给予处分。

第八十八条 县级以上人民政府农业农村主管部门及其工作人员违反本法规定，有下列行为之一的，由本级人民政府责令改正，通报批评；对直接负责的主管人员和其他直接责任人员依法给予处分：

（一）未及时采取预防、控制、扑灭等措施的；

（二）对不符合条件的颁发动物防疫条件合格证、动物诊疗许可证，或者对符合条件的拒不颁发动物防疫条件合格证、动物诊疗许可证的；

（三）从事与动物防疫有关的经营性活动，或者违法收取费用的；

（四）其他未依照本法规定履行职责的行为。

第八十九条 动物卫生监督机构及其工作人员违反本法规定，有下列行为之一的，由本级人民政府或者农业农村主管部门责令改正，通报批评；对直接负责的主管人员和其他直接责任人员依法给予处分：

（一）对未经检疫或者检疫不合格的动物、动物产品出具检疫证明、加施检疫标志，或者对检疫合格的动物、动物产品拒不出具检疫证明、加施检疫标志的；

（二）对附有检疫证明、检疫标志的动物、动物产品重复检疫的；

（三）从事与动物防疫有关的经营性活动，或者违法收取费用的；

（四）其他未依照本法规定履行职责的行为。

第九十条 动物疫病预防控制机构及其工作人员违反本法规定，有下列行为之一的，由本级人民政府或者农业农村主管部门责令改正，通报批评；对直接负责的主管人员和其他直接责任人员依法给予处分：

（一）未履行动物疫病监测、检测、评估职责或者伪造监测、检测、评估结果的；

（二）发生动物疫情时未及时进行诊断、调查的；

（三）接到染疫或者疑似染疫报告后，未及时按照国家规定采取措施、上报的；

（四）其他未依照本法规定履行职责的行为。

第九十一条 地方各级人民政府、有关部门及其工作人员瞒报、谎报、迟报、漏报或者授意他人瞒报、谎报、迟报动物疫情，或者阻碍他人报告动物疫情的，由上级人民政府或者有关部门责令改正，通报批评；对直接负责的主管人员和其他直接责任人员依法给予处分。

第九十二条 违反本法规定，有下列行为之一的，由县级以上地方人民政府农业农村主管部门责令限期改正，可以处一千元以下罚款；逾期不改正的，处一千元以上五千元以下罚款，由县级以上地方人民政府农业农村主管部门委托动物诊疗机构、无害化处理场所等代为处理，所需费用由违法行为人承担：

（一）对饲养的动物未按照动物疫病强制免疫计划或者免疫技术规范实施免疫接种的；

（二）对饲养的种用、乳用动物未按照国务院农业农村主管部门的要求定期开展疫病检测，或者经检测不合格而未按照规定处理的；

（三）对饲养的犬只未按照规定定期进行狂犬病免疫接种的；

（四）动物、动物产品的运载工具在装载前和卸载后未按照规定及时清洗、消毒的。

第九十三条 违反本法规定，对经强制免疫的动物未按照规定建立免疫档案，或者未按照规定加施畜禽标识的，依照《中华人民共和国畜牧法》的有关规定处罚。

第九十四条 违反本法规定，动物、动物产品的运载工具、垫料、包装物、容器等不符合国务院农业农村主管部门规定的动物防疫要求的，由县级以上地方人民政府农业农村主管部门责令改正，可以处五千元以下罚款；情节严重的，处五千元以上五万元以下罚款。

第九十五条 违反本法规定，对染疫动物及其排泄物、染疫动物产品或者被染疫动物、动物产品污染的运载工具、垫料、包装物、容器等未按照规定处置的，由县级以上地方人民政府农业农村主管部门责令限期处理；逾期不处理的，由县级以上地方人民政府农业农村主管部门委托有关单位代为处理，所需费用由违法行为人承担，处五千元以上五万元以下罚款。

造成环境污染或者生态破坏的，依照环境保护有关法律法规进行处罚。

第九十六条 违反本法规定，患有人畜共患传染病的人员，直接从事动物疫病监测、检测、检验检疫，动物诊疗以及易感染动物的饲养、屠宰、经营、隔离、运输等活动的，由县级以上地方人民政府农业农村或者野生动物保护主管部门责令改正；拒不改正的，处一千元以上一万元以下罚款；情节严重的，处一万元以上五万元以下罚款。

第九十七条 违反本法第二十九条规定，屠宰、经营、运输动物或者生产、经营、加工、贮藏、运输动物产品的，由县级以上地方人民政府农业农村主管部门责令改正、采取补救措施，没收违法所得、动物和动物产品，并处同类检疫合格动物、动物产品货值金额十五倍以上三十倍以下罚款；同类检疫合格动物、动物产品货值金额不足一万元的，并处五万元以上十五万元以下罚款；其中依法应当检疫而未检疫的，依照本法第一百条的规定处罚。

前款规定的违法行为人及其法定代表人（负责人）、直接负责的主管人员和其他直接责任人员，自处罚决定作出之日起五年内不得从事相关活动；构成犯罪的，终身不得从事屠宰、经营、运输动物或者生产、经营、加工、贮藏、运输动物产品等相关活动。

第九十八条 违反本法规定，有下列行为之一的，由县级以上地方人民政府农业农村主管部门责令改正，处三千元以上三万元以下罚款；情节严重的，责令停业整顿，并处三万元以上十万元以下罚款：

（一）开办动物饲养场和隔离场所、动物屠宰加工场所以及动物和动物产品无害化处理场所，未取得动物防疫条件合格证的；

（二）经营动物、动物产品的集贸市场不具备国务院农业农村主管部门规定的防疫条件的；

（三）未经备案从事动物运输的；

（四）未按照规定保存行程路线和托运人提供的动物名称、检疫证明编号、数量等信息的；

（五）未经检疫合格，向无规定动物疫病区输入动物、动物产品的；

（六）跨省、自治区、直辖市引进种用、乳用动物到达输入地后未按照规定进行隔离观察的；

（七）未按照规定处理或者随意弃置病死动物、病害动物产品的。

第九十九条 动物饲养场和隔离场所、动物屠宰加工场所以及动物和动物产品无害化处理场所，生产经营条件发生变化，不再符合本法第二十四条规定的动物防疫条件继续从事相关活动的，由县级以上地方人民政府农业农村主管部门给予警告，责令限期改正；逾期仍达不到规定条件的，吊销动物防疫条件合格证，并通报市场监督管理部门依法处理。

第一百条 违反本法规定，屠宰、经营、运输的动物未附有检疫证明，经营和运输的动物产品未附有检疫证明、检疫标志的，由县级以上地方人民政府农业农村主管部门责令改正，处同类检疫合格动物、动物产品货值金额一倍以下罚款；对货主以外的承运人处运输费用三倍以上五倍以下罚款，情节严重的，处五倍以上十倍以下罚款。

违反本法规定，用于科研、展示、演出和比赛等非食用性利用的动物未附有检疫证明的，由县级以上地方人民政府农业农村主管部门责令改正，处三千元以上一万元以下罚款。

第一百零一条 违反本法规定，将禁止或者限制调运的特定动物、动物产品由动物疫病高风险区调入低风险区的，由县级以上地方人民政府农业农村主管部门没收运输费用、违法运输的动物和动物产品，并处运输费用一倍以上五倍以下罚款。

第一百零二条 违反本法规定，通过道路跨省、自治区、直辖市运输动物，未经省、自治区、直辖市人民政府设立的指定通道入省境或者过省境的，由县级以上地方人民政府农业农村主管部门对运输人处五千元以上一万元以下罚款；情节严重的，处一万元以上五万元以下罚款。

第一百零三条 违反本法规定，转让、伪造或者变造检疫证明、检疫标志或者畜禽标识的，由县级以上地方人民政府农业农村主管部门没收违法所得和检疫证明、检疫标志、畜禽标识，并处五千元以上五万元以下罚款。

持有、使用伪造或者变造的检疫证明、检疫标志或者畜禽标识的，由县级以上人民政府农业农村主管部门没收检疫证明、检疫标志、畜禽标识和对应的动物、动物产品，并处三千元以上三万元以下罚款。

第一百零四条 违反本法规定，有下列行为之一的，由县级以上地方人民政府农业农村主管部门责令改正，处三千元以上三万元以下罚款：

（一）擅自发布动物疫情的；

（二）不遵守县级以上人民政府及其农业农村主管部门依法作出的有关控制动物疫病规定的；

（三）藏匿、转移、盗掘已被依法隔离、封存、处理的动物和动物产品的。

第一百零五条 违反本法规定，未取得动物诊疗许可证从事动物诊疗活动的，由县级以上地方人民政府农业农村主管部门责令停止诊疗活动，没收违法所得，并处违法所得一倍以上三倍以下罚款；违法所得不足三万元的，并处三千元以上三万元以下罚款。

动物诊疗机构违反本法规定，未按照规定实施卫生安全防护、消毒、隔离和处置诊疗废弃物的，由县级以上地方人民政府农业农村主管部门责令改正，处一千元以上一万元以下罚款；造成动物疫病扩散的，处一万元以上五万元以下罚款；情节严重的，吊销动物诊疗许可证。

第一百零六条 违反本法规定，未经执业兽医备案从事经营性动物诊疗活动的，由县级以上地方人民政府农业农村主管部门责令停止动物诊疗活动，没收违法所得，并处三千元以上三万元以下罚款；对其所在的动物诊疗机构处一万元以上五万元以下罚款。

执业兽医有下列行为之一的，由县级以上地方人民政府农业农村主管部门给予警告，责令暂停六个月以上一年以下动物诊疗活动；情节严重的，吊销执业兽医资格证书：

（一）违反有关动物诊疗的操作技术规范，造成或者可能造成动物疫病传播、

流行的;

(二)使用不符合规定的兽药和兽医器械的;

(三)未按照当地人民政府或者农业农村主管部门要求参加动物疫病预防、控制和动物疫情扑灭活动的。

第一百零七条 违反本法规定,生产经营兽医器械,产品质量不符合要求的,由县级以上地方人民政府农业农村主管部门责令限期整改;情节严重的,责令停业整顿,并处二万元以上十万元以下罚款。

第一百零八条 违反本法规定,从事动物疫病研究、诊疗和动物饲养、屠宰、经营、隔离、运输,以及动物产品生产、经营、加工、贮藏、无害化处理等活动的单位和个人,有下列行为之一的,由县级以上地方人民政府农业农村主管部门责令改正,可以处一万元以下罚款;拒不改正的,处一万元以上五万元以下罚款,并可以责令停业整顿:

(一)发现动物染疫、疑似染疫未报告,或者未采取隔离等控制措施的;

(二)不如实提供与动物防疫有关的资料的;

(三)拒绝或者阻碍农业农村主管部门进行监督检查的;

(四)拒绝或者阻碍动物疫病预防控制机构进行动物疫病监测、检测、评估的;

(五)拒绝或者阻碍官方兽医依法履行职责的。

第一百零九条 违反本法规定,造成人畜共患传染病传播、流行的,依法从重给予处分、处罚。

违反本法规定,构成违反治安管理行为的,依法给予治安管理处罚;构成犯罪,依法追究刑事责任。

违反本法规定,给他人人身、财产造成损害的,依法承担民事责任。

第十二章 附则

第一百一十条 本法下列用语的含义:

(一)无规定动物疫病区,是指具有天然屏障或者采取人工措施,在一定期限内没有发生规定的一种或者几种动物疫病,并经验收合格的区域;

(二)无规定动物疫病生物安全隔离区,是指处于同一生物安全管理体系下,在一定期限内没有发生规定的一种或者几种动物疫病的若干动物饲养场及其辅助生产场所构成的,并经验收合格的特定小型区域;

(三)病死动物,是指染疫死亡、因病死亡、死因不明或者经检验检疫可能危害人体或者动物健康的死亡动物;

(四)病害动物产品,是指来源于病死动物的产品,或者经检验检疫可能危害人体或者动物健康的动物产品。

第一百一十一条 境外无规定动物疫病区和无规定动物疫病生物安全隔离区的无疫等效性评估，参照本法有关规定执行。

第一百一十二条 实验动物防疫有特殊要求的，按照实验动物管理的有关规定执行。

第一百一十三条 本法自 2021 年 5 月 1 日起施行。

参考文献

朱俊平，2023．畜禽疫病防治［M］．3版．北京：高等教育出版社．
陈溥言，2017．兽医传染病学［M］．6版．北京：中国农业出版社．
陈为民，唐利君，2021．人兽共患病传染病［M］．武汉：湖北科学技术出版社．
陆承平，2013．兽医微生物学［M］．5版．北京：中国农业出版社．
张中文，2005．兽医基础［M］．北京：中央广播电视大学出版社．
杨汉春，2011．动物免疫学［M］．2版．北京：中国农业大学出版社．
陈杖榴，2009．兽医药理学［M］．3版．北京：中国农业出版社．